卓越工程师系列教材

环境规划与影响评价

黄　涛　彭道平　编著

科学出版社
北　京

内 容 简 介

本书主要介绍环境规划与影响评价的基本原理和方法，重点讨论了环境规划与影响评价的工作程序与基本内容，水体、大气、城市环境、生态环境等要素的规划方法及建设项目的环境影响评价的步骤和内容；并分别列举了水、大气、城市环境和生态环境规划的具体实例；还介绍了建设项目环境影响报告书（表）的编制、上岗考核与职业资格考试等内容。本书以环境规划与影响评价的基本理论和方法为基础，注重应用与实践，同时还注重卓越工程师培养的特殊性。

本书是环境工程专业卓越工程师的“环境规划与评价”课程的主要教材，也可供环境科学与工程、市政工程等领域科研人员和工程技术人员参考。

图书在版编目(CIP)数据

环境规划与影响评价 / 黄涛,彭道平编著. —北京：科学出版社，2013.8（2020.1 重印）

ISBN 978-7-03-038281-8

Ⅰ.环… Ⅱ.①黄… ②彭… Ⅲ.①环境规划-教材 ②环境影响-评价-教材 Ⅳ.①X32 ②X820.3

中国版本图书馆 CIP 数据核字（2013）第 182339 号

责任编辑：杨 岭 于 楠 / 封面设计：墨创文化

责任校对：陈 靖 / 责任印制：罗 科

科学出版社出版

北京东黄城根北街16号

邮政编码：100717

http://www.sciencep.com

成都锦瑞印刷有限责任公司印刷

科学出版社发行 各地新华书店经销

*

2013 年 8 月第 一 版 开本：787×1092 1/16

2020 年 1 月第三次印刷 印张：18 1/2

字数：450 千字

定价：36.00 元

前　　言

环境为人类的生活提供了物质资料，是人类生存和发展的基本条件。人类在生活和生产过程中既有意识地改造自然环境，又不由自主地影响着自然环境，而环境也反过来对人类产生影响。为了科学地引导人类活动，尽可能地减小人类活动对环境的不良影响，促进人类与环境的和谐共存和经济社会的可持续发展，必须适时地进行科学的环境规划和环境影响评价工作。

环境规划是规划管理者对一定时期内环境保护目标和措施所作出的具体规定，其目的是在发展经济的同时保护环境，使经济与社会协调发展。环境影响评价则是从环境质量的基本概念出发，依据环境价值的基本原理，运用各种方法和手段，研究、评价人类活动对环境的影响以及环境质量变化对人类社会行为、生存和发展的影响。这两门学科对整个环境科学的发展以及经济建设、社会进步都有极其重要的理论意义和实践价值。

根据我国环境保护工作发展的实际需要，结合编者在高校中给本科生和研究生授课的体会和实际工程项目环境规划与环境影响评价的实践经验，将环境规划与环境影响评价两门学科的主要内容相结合，根据国家有关法规、标准、技术导则和最新学科研究成果，编写了此书。

本书以环境规划和环境影响评价的基本内容为基础，编写过程中紧扣我国环境规划与环境影响评价的最新政策、法律法规、技术标准和技术导则，既涵盖了环境规划与环境影响评价的基本理论、基本方法，又体现了教学内容的更新。全书力求通俗易懂、简明实用，不但体现了综合教材的优点，又结合了环境影响评价工程师考试的内容，有较强的实用性。

本书可作为高等院校环境科学与工程、市政工程等相关专业研究生、本科生的教材，也可供相关领域科研人员和工程技术人员参考。

本书在编写过程中参考引用了一些环境规划与环境影响评价相关教材以及许多专家学者的著作和研究成果，在此向相关专家学者深表谢意。由于时间紧迫，加之编者水平有限，书中缺点和疏漏在所难免，恳请各位读者批评指正。

编　者

2013 年 6 月于四川成都

目　　录

第一章 绪　论

第一节 基本概念

一、环境

不同学科对环境的定义不同，主要体现在对主体的界定的差异上。在环境科学中，环境是以人类社会为主体的外部世界的总体，是影响人类生存和发展的各种自然因素和社会因素的总和。

《中华人民共和国环境保护法》所称环境，是指影响人类生存和发展的各种天然的和经过人工改造的自然因素的总体，包括大气、水、海洋、土地、矿藏、森林、草原、野生生物、自然遗骸、人文遗迹、自然保护区、风景名胜区、城市和乡村等。该定义从实际工作的需要出发，将环境中应保护的要素或对象界定为环境的工作定义，目的是对环境一词的法律适用对象或适用范围作出规定，以利于法律的实施。

人类环境不同于其他的生物环境，它包括自然环境和社会环境两部分。

自然环境包括人类赖以生存的环境要素，例如空气、阳光、水、土壤、矿物、岩石和生物等，以及由这些要素构成的各圈层，例如大气圈、水圈、土壤圈、生物圈和岩石圈。

社会环境是指人类的社会制度等上层建筑条件，包括社会的经济基础、城乡结构以及与各种制度相适应的政治、经济、法律、宗教、艺术、哲学的观念和机构等。

一般把包括地球岩石的上部、水圈和大气圈的下部的范围叫做生物圈。其范围一般认为是从地球表面不到11 km的深度(即太平洋海沟最深处)至地面以上不到9 km的高度(即珠穆朗玛峰顶)。生物圈是地球表面全部有机体及与之相互作用的物理环境的总称。由于这个环境里有空气、水、土壤，能够维持生物的生命，故人们习惯于把地球上凡是有生命的地方称为生物圈。污染物对环境的影响主要在生物圈内。环境影响评价也主要是针对这个范围。

二、环境规划与环境影响评价的含义

1. 环境规划的含义

环境规划是人们反思发展对环境造成的影响，为使环境与经济社会协调发展而对自

身活动所作的时间和空间的合理安排，以便从源头上控制污染产生和环境破坏。环境规划是社会发展和国民经济的有机组成部分，是环境决策在时间、空间上的具体安排，是规划管理者对一定时期内环境保护目标和措施所作出的具体决定，是一种带有指令性的环境保护方案，其目的在于发展经济的同时保护环境，使之与经济和社会协调发展。

在《中国大百科全书·环境科学》中，环境规划定义为：环境规划是人类为使环境与经济和社会协调发展而对自身活动和环境所作的空间和时间上的合理安排。从此定义中可以看出，环境规划的内涵包含了环境规划的目的、内容和科学性的要求。

在环境规划发展的历程中，人们对环境规划的认识也不尽相同。有的学者把环境规划看做是在一定时期、一定范围内整治和保护环境，达到预定的环境目标所作的总体布置和规定。也有人认为环境规划是对不同地域和不同空间尺度的未来环境保护行动进行规范、系统筹划，是实现预期环境目标的一种综合性手段。总之，环境规划主要在于调控人类自身的活动，减少污染和资源浪费、破坏，保护人类生存、经济和社会持续稳定发展所依赖的环境。由此可见，环境规划是一种克服人类活动盲目性和主观随意性的科学决策活动，是对一定时期内环境保护目标和措施所作的规定及环境保护战略和政策的体现。

环境规划的目的是按既定的目标和措施，合理分配排污削减量，约束排污者的行为，指导人们进行各项环境保护活动，改善生态环境，防止资源破坏，保障环境保护活动纳入国民经济和社会发展计划，以最小的投资获取最佳的环境效益，促进环境、经济和社会的可持续发展。环境规划担负着从整体上、战略上和统筹规划上来研究和解决环境问题的任务，对可持续发展战略的顺利实施起着十分重要的作用。

根据环境规划的定义，其涉及的内涵如下：

(1)环境规划以“社会-经济-环境”这一复合生态系统为研究对象，具有开放性和复杂性，涉及某个特定区域，其范围可能是一个国家、一个区域(省级区域、城市、乡镇或流域)。各地区、各部门、各行业根据环境容量和资源承载力，按照污染物排放浓度、总量控制目标和计划，制定经济发展总体规划和专项规划。

(2)环境规划的目的在于改变传统的经济发展模式，使经济、社会发展遵循自然生态规律，减轻或避免发展对环境造成的破坏，使“社会-经济-环境”系统协同发展，维护生态系统良性循环，达到经济发展和环境保护双赢的目的。

(3)环境规划依据系统理论、环境承载力理论、空间结构和环境经济学理论等，体现了环境规划学科的交叉性和边缘性。

(4)根据环境规划目的的要求，环境规划包括两个方面的内容：① 根据环境保护的需要，对人类经济活动提出约束要求，如实行正确的政策和措施，确立合理的发展规模和开发程度，确定合适的产业结构和布局，推行清洁生产工艺等；②根据经济社会发展和人们生活水平提高对环境越来越高的需求，对环境保护和建设作出长远的安排和部署，如确立长远的环境质量目标，筹划自然保护和生态建设等。这两个方面相互作用和促进，经济发展可增强环境保护的能力，消除导致环境破坏的贫穷根源；同时良好的环境也能促进经济的发展，改善人们的生存环境和生活质量，维持“社会-经济-环境”系统可持续发展。目前，我国环境保护工作基本进入了以保护环境、优化经济增长的新阶段，既要注意这两个方面的对立性，又要把这两个方面有机结合起来，以解决环境保护和经济增长的矛盾。

环境规划可为环境管理提供依据，是国家环境保护政策和战略的具体体现，为控制环境污染，改善人们生活质量，经济与环境保护协调发展提供了切实可行的最佳方案。作为国民经济和社会发展规划体系的重要组成部分，环境规划是协调人与环境、经济与环境关系的重要手段和措施。

2. 环境影响评价的含义

环境影响评价，是指对规划和建设项目实施后可能造成的环境影响进行分析、预测和评估，提出预防或者减轻不良环境影响的对策和措施并进行跟踪监测的方法与制度。

首先应当注意的是，从严格意义上讲，环境影响评价与环境影响评价制度是两个不同的概念。环境影响评价是在长期进行环保活动的实践中发展起来的一种科学方法或者说是一种技术手段，通过这种方法或者手段来预防或者减轻环境污染与生态破坏。这种方法或者手段不是固定不变的，而是随着理论研究和实践经验的发展，随着科学技术的进步，不断地改进、发展和完善的。而环境影响评价制度，则是国家通过法定程序，以法律或规范性文件的形式确立的对环境影响评价活动进行规范的制度。这一制度对环境影响评价的主体、对象、内容、程序等予以确定，具有强制执行力，任何单位和个人都不得违反，否则就要承担相应的责任。本书的环境影响评价，是一个大的概念，既包括环境影响评价方法和手段，也包括环境影响评价制度。

环境影响评价作为一种环保手段和方法，是于20世纪中期提出来的。第二次世界大战以后，全球经济加速发展，由此带来的环境问题也越来越严重，环境公害事件频繁发生，人们开始关注人类活动对环境的影响，运用各个学科的研究成果，预测和评估计划中的人类活动可能会给环境带来的影响和危害，并有针对性地提出相应的防治措施。经过一段时间的实践，1964年在加拿大召开的国际环境质量评价会议上，学者们提出了“环境影响评价”的概念。1969年，美国国会通过了《国家环境政策法》，首次以法律的形式将环境影响评价作为一项制度规定下来，该项法案于1970年1月1日起开始实施。该项法案要求，美国联邦政府在作出可能对人类环境产生影响的规划和决定时，应当确保环境资源和环境价值也能同时与经济和技术问题一并得到适当的考虑，同时对拟议中的对环境质量可能产生重大影响的行动提供各种可供选择的替代方案。为达到这一目的，美国联邦政府应综合利用自然科学和社会科学以及环境设计工艺的系统的、多学科的方法，并与环境质量委员会进行磋商，确定并发展各种环境影响评价的方法和程序；环境影响评价应当征求依法享有管辖权或者拥有特殊的专门知识的联邦官署的意见，同时应当向公众公布。

由于环境影响评价制度的实施对防止环境受到人类活动的侵害具有科学的预见性，这项制度很快就在世界范围广泛传播。加拿大1995年颁布的《环境评价法》、新西兰1991年颁布的《资源管理法》、英国1988年和1989年分别颁布的《城乡规划(环境影响评价)条例》和《环境评价条例》、日本1997年颁布的《环境影响评价法》、我国台湾省1994年颁布了环境影响评估的有关规定等，都对环境影响评价制度作了规定。同时，为了在全球范围内促进环境影响评价的发展，有关国际组织也在有关文件中对环境影响评价制度加以规定。如1989年世界银行发布的《环境评价操作指导》，明确环境评价是世界银行贷款借贷方的责任；亚洲开发银行(Asian Development Bank，ADB)在《项目筛选环境指南》、《银行程序中的环境考虑》、《工业和电力开发项目环境指南》等文件中也作了类似规定。此外，经济合作与发展组织(Organization for Economic Co-operation and Development，OECD)1992年发布的《发展合作项目环境影响评价实用指南》也对国家间在环境影响评价方面的协调和合作问题作了规定。

我国作为一个发展中大国，为了更好地促进环保工作的发展，在20世纪70年代末，也开始吸收国外的先进经验，建立我国的环境影响评价制度。1978年中共中央在批转国务院关于《环境保护工作汇报要点》的报告中，首次提出了进行环境影响评价工作的意向。1979年9月颁布的《环境保护法(试行)》，在第六条、第七条中对环境影响评价作出了具体的规定。此后，在有关法律和国务院及有关部门通过的一系列法规、规章中，都对环境影响评价制度作了规定。1998年11月，国务院颁布了《建设项目环境保护管理条例》，其中在第二章以专章的形式对环境影响评价制度进行了规定。该条例于1998年11月29日起开始施行。2000年11月，全国人大环境与资源保护委员会向全国人大常委会提出了《中华人民共和国环境影响评价法(草案)》。九届全国人大常委会第十九次、第二十九次和第三十次会议分别于2000年12月、2002年8月、2002年10月对该项草案进行了三次审议，全国人大常委会法制工作委员会还将草案印发各省、自治区、直辖市、中央有关部门、部分企业和研究机构征求意见，并通过召开座谈会等多种方式，广泛听取意见。全国人大法律委员会和全国人大常委会法制工作委员会根据全国人大常委会组成人员的审议意见和各方面的意见，对草案进行了认真反复的修改。在2002年10月28日举行的九届全国人大常委会第三十次会议的全体会议上，委员们以125票赞成、0票反对、2票弃权的表决结果，通过了这部法律，国家主席江泽民同日签发主席令予以公布，于2003年9月1日起施行。根据该法律的规定，环境影响评价包括以下三方面的内容。

(1)运用各种科学技术手段对规划和建设项目实施后可能造成的环境影响进行分析、预测和评估；

(2)根据预测和评估结果，针对规划和建设项目的具体情况，提出预防或者减轻不良环境影响的对策和措施；

(3)对评价结果进行跟踪监测，及时发现规划和建设项目实施中出现的问题，采取相应措施加以解决。

第二节　环境规划与环境影响评价的产生与发展

一、环境规划的发展历程与趋势

(一)环境规划的发展历程

1. 国外环境规划概况

工业革命以来，世界许多国家的经济迅速发展，人口不断增长，由此带来了严重的环境污染和资源耗竭问题。20 世纪 30～60 年代，美国、英国、日本等国家先后发生了震惊世界的“八大公害事件”，导致成千上万人的死亡。环境问题日益突出，成为各国讨论的热点之一。

环境规划作为协调人类、环境和经济发展的工具，逐渐引起人们的重视。20 世纪 60 年代以来，美国、日本、英国、德国、法国等国家在环境规划管理上先后采取了一系列行动，建立了环境规划委员会，制定并实施全国、州和工业区的环境规划，在经济发展战略研究中把环境规划作为重要内容，使环境保护取得了较好的效果。各国学者也在环境规划理论方法上相继提出了一些系统化的总结，发表了许多具有指导意义的论著。

2. 我国环境规划的发展历程

我国的环境规划工作始于 20 世纪 60 年代末 70 年代初，从最初单纯的点源治理、局部控制到目前的综合控制、过程规划，得到了不断发展。

1)起步阶段

在 1973 年 8 月召开的第一次全国环境保护会议上，我国提出了环境保护的“全面规划、合理布局，综合利用、化害为利，依靠群众、大家动手，保护环境、造福人民”的方针，从此我国的环境保护规划开始发展。同年 11 月，在国务院批转原国家计划委员会《关于全国环境保护会议情况的报告》中明确提出：要做好环境保护规划工作，使工业和农业、城市和乡村、生产和生活、发展和环境保护同时并进，协调发展。在这一时期，由于环境保护事业刚刚起步，在理论和实践上都缺乏足够的经验，对经济与环境的辩证关系也认识不足，大多数人认为环境保护就是“三废”治理及噪声污染控制，当时的环境保护部门竟被称为“三废”办公室。

这一阶段的环境规划处于零散、局部和不系统的状态，除一些地区开展了环境状况调查、环境质量评价等工作之外，大规模和较深入的环境保护规划工作尚未开展起来。

2)尝试阶段

1983 年年底，在北京召开了第二次全国环境保护会议，会议确定了“环境保护是我国一项基本国策”。国家制定了“三同步”、“三统一”(经济建设、城乡建设、环境建设同步规划、同步实施、同步发展；经济效益、社会效益、环境效益统一)的战略方针，并确定了环境保护的“三大政策”，即预防为主、防治结合、综合治理，谁污染谁治理和强化环境管理。此次会议明确了防治污染的原则及经济建设部门应承担治理污染的责任，推动了区域环境规划和企业环境规划的发展。

1984 年 10 月，《中共中央关于经济体制改革的决定》中明确指出，城市应该集中力量做好城市的规划、建设和管理，加强各种公用设施建设，进行环境的综合整治。1985 年 10 月，国务院环境保护委员会在河南省洛阳市召开了全国城市环境保护工作会议，会议提出了城市环境综合整治的方针任务，明确了城市环境保护工作要走综合整治道路，市长对本市的环境质量负责。这次会议指明了要制定城市环境综合整治规划，以最佳的方式利用城市环境资源，以最小的劳动消耗为城市居民创造清洁、卫生、舒适、优美的生活环境和劳动环境。

在这一阶段，环境保护规划的显著特征是国家环境保护计划作为独立的篇章纳入国民经济和社会发展规划，并提出了计划要达到的具体目标，在一些地区和部门，将环境保护规划的理论和方法作为科研课题进行研究，取得了一些有价值的成果。同时，作为环境保护规划的重要基础工作，环境影响评价和环境容量研究在全国普遍开展起来。

3)提高阶段

20 世纪 80 年代末，我国的协调发展理论已比较成熟，决策层的环境意识、经济技术发展水平和各部门的协调程度均得到提高，已初步具备了经济与环境协调发展的基础。在这一阶段，环境规划又有新的进展。

"七五"期间，全国广泛开展环境调查、环境评价和环境预测工作，环境保护规划工作结合国民经济和社会发展第七个五年计划开展，并作为独立文件，环境保护规划的技术方法、普及有了很大发展。

从 1989 年起，编制环境保护"八五"计划的准备工作全面展开，从国情分析为出发点，以总量控制为技术路线，以纳入国民经济和社会发展计划为支持保证手段，"八五"环境保护计划在科学性和可操作性方面都有了一定的发展。

1989～1991 年，全国各省、自治区、直辖市和环境保护重点城市，以及国务院有关部门都编制了环境保护十年规划及"八五"计划。这些环境规划是在统一的"技术大纲"指导下编制的，环境规划逐步走向规范化、法制化。

1989 年 12 月 26 日正式颁布的《中华人民共和国环境保护法》第四条明确规定："国家制定的环境保护规划必须纳入国民经济和社会发展计划，国家采取有利于环境保护的经济、技术政策和措施，使环境保护工作同经济建设和社会发展相协调。"第十二条规定："县级以上人民政府环境保护行政主管部门，应当会同有关部门对管辖范围内的环境状况进行调查和评价，拟定环境保护规划，经计划部门综合平衡后，报同级人民政府批准实施。"这些规定明确了环境保护规划的法律地位，从法律上保证了环境保护规划的实施。

4)提高创新阶段

1992 年 6 月"联合国环境与发展会议"以后，实行可持续发展战略，实现经济与环境协调发展已成为世界各国的共识。同年 8 月，中共中央、国务院批转了《环境与发展十大对策》，在第一条"实行可持续发展战略"中就明确提出，"转变发展战略，走可持续发展道路，是加速我国经济发展、解决环境问题的正确选择。为此必须重申'经济建设、城乡建设、环境建设同步规划、同步实施、同步发展'的战略方针。各级人民政府和有关部门在制定和实施发展战略时，要编制环境保护规划……"从"九五"和"十五"开始，环境保护规划目标在国民经济和社会发展规划中开始单列，从此环境保护规划步入了又一个新阶段。

1996 年 3 月，全国人大第八届四次会议通过了"九五"计划和 2010 年远景规划目标纲要，认为现阶段治理环境污染和保护生态的任务艰巨，并在"科技教育得到加强、社会事业全面进步"的奋斗目标下提出了环境污染和生态破坏加剧的趋势力争得到基本控制的规划目标。1996 年 7 月，在北京召开了第四次全国环境保护会议，随后制定了国家环境保护"九五"计划，要求到 2000 年，各省、自治区、直辖市要使本辖区主要污染物排放总量控制在国家规定的排放总量之内，全国所有工业污染源排放污染物要达到国家或地方规定的标准，沿海开放城市和终点旅游城市的环境空气、地面水环境质量，按功能分区分别达到国家规定的标准(即“一控双达标”)。“九五”期间，我国环境保护规划推出了两项重大措施：“九五”期间全国主要污染物排放总量控制计划和中国跨世纪绿色工程规划，在一定意义上讲是对“七五”、“八五”等历次环保计划的创新和突破。

2000年年初，国家环境保护总局制定了“地方环境保护‘十五’计划和2015年长远目标纲要”编制技术大纲，从指导思想可以看出，这是我国环境保护规划的又一次提高和创新。《国家环境保护“十五”计划》在《国民经济和社会发展“十五”计划》指导下，坚持环境保护的基本国策和可持续发展战略，以改善环境质量为目标，保障国家环境安全，保护人民健康，以流域、区域环境规划为基础，突出分类指导。环境保护“十五”计划实行污染防治和生态保护并重，全面有余，但重点特色稍逊于“九五”计划。

5)约束规划阶段

2006年开始的是第十一个五年计划，在国民经济和社会发展“十一五”规划中提出了全面建设小康社会，认为生态环境已比较脆弱，“十五”期间的快速发展又出现了一些突出问题，经济增长方式转变缓慢，资源消耗过大，环境污染没有得到有效解决。“十一五”规划中，仍延续了可持续发展能力增强的目标表述，即生态恶化趋势基本得到遏制，主要污染物排放总量减少10%，森林覆盖率达到20%，控制温室气体排放取得成效，并将其从“十五”的预期指标上升为约束性指标。

“十一五”国民经济和社会发展规划发生了一些大的变化，从传统的GDP增长和总量控制规划转向更加注重区域协调发展和空间布局、发展质量的规划。总量控制指标作为国民经济和社会发展的约束性指标，污染减排成为环境保护的主要任务和全社会关注的焦点，这一阶段可能还将持续一段时间。

“十二五”国民经济和社会发展规划中提出：“完善政府负责、环保部门统一监督管理、有关部门协调配合、全社会共同参与的环境管理体系。把主要污染物总量控制要求、环境容量、环境功能区划和环境风险评估等作为区域和产业发展的决策依据。依法对重点流域、区域开发和行业发展规划以及建设项目开展环境影响评价。健全规划环境影响评价和建设项目环境影响评价的联动机制。完善建设项目环境保护验收制度。加强对环境影响评价审查的监督管理。对环境保护重点城市的城市总体规划进行环境影响评估，探索编制城市环境保护总体规划。”

(二)环境规划的现状分析

环境规划是实现统筹兼顾、全面协调的一个载体，是对社会、经济环境关系的统筹安排，是超前谋划、理清发展思路的过程，在协调环境、经济发展和环境保护方面起到了十分积极的作用。在我国，环境规划从兴起至理论和实践都得到极大的丰富和发展，取得了很多成功的经验。但总体而言，环境规划还面临着一些问题，突出表现为体制不尽完善、规划实施力度不足、社会经济发展态势对规划实施的影响较大。

1. 环境规划制度不完善

(1)环境规划的法律基础薄弱。虽然1989年12月26日颁布实施的《中华人民共和国环境保护法》中规定国家制定的环境保护规划必须纳入国民经济和社会发展计划，并要求县级以上人民政府环境保护行政主管部门拟定环境保护规划，但没有明确定位地方环境保护规划的位置，这在一定程度上影响了地方环境保护规划的权威性，以致不能得到有效实施。

(2)法律约束性不强。我国相关的环境规划法律条款中虽然规定了责任，但缺乏对不执行法规应承担的责任的界定。这与我国普遍的环境意识薄弱、开展环境监督基础不够等现实情况有关，从而导致我国许多环境法规难以得到有效实施。

(3)各类环境规划一致性不强。环境管理部门权力分割和机构职能交叉，导致环境规划互相矛盾和冲突的现象时有发生，造成环境规划在执行时相互推诿或相互扯皮，相关内容无法付诸实施。

(4)重技术轻管理。长期以来重技术轻管理的思想导致我国的环保投入以“硬件”为主，如建设污水处理厂、河道整治、大气污染控制和购置环境监测设备等，忽视系统的环境规划的编制，造成环境规划没有专门的财政支持，从而造成环境规划成为表面工作，影响其科学性和可操作性。

2. 缺少行之有效的环境规划编制技术导则

到目前为止，我国环境规划还没有形成统一的编制技术指南，没有对各类环境规划编制的依据和内容作出明确规定，导致各种环境规划内容差别较大。由于缺乏环境规划编制技术导则，使得现有编制的规划缺乏科学性、针对性和可操作性，各类规划的冲突也不断，造成执行困难。

3. 缺少高素质的环境规划编制队伍

迄今为止，我国对环境规划的编制单位尚没有统一的资质要求，呈现出“谁都可以编制环境规划”的混乱局面，使环境规划的质量大打折扣，严重影响环境规划的权威性、规范性和科学性。

以上几个因素造成环境规划的权威性较低，严重削弱了环境规划的执行力度。此外，环境保护行政主管部门在政府机构中是一类“公益”部门，不能为政府带来任何GDP的效益，并且环保部门的“地位较低”，也影响了规划的权威性和执行性。

(三)环境规划的发展趋势与展望

环境规划作为保持经济发展和社会稳定，以及不断改善和提升环境质量的有效手段，在当前和未来仍需常抓不懈。鉴于我国目前环境规划存在的问题，必须对旧的环境规划体系进行改革，建立新的科学的环境规划体系，同时应加强环境规划理论、环境规划法制建设和环境规划教育、环境规划管理及实施等方面的研究。

1. 建立新的环境规划体系

建立环境规划体系，提高相关环境规划的一致性与协调性，整合现有的各类环境保护规划，建立统一的环境规划体系。明确环境保护行政主管部门在各专项环境保护规划制定中的全程参与责任，规定各级环境规划的权威性，要求各专项环境规划必须与地方环境规划相一致。同时要加强大区(如经济区)、流域、乡镇、小区(控制单元)及企业的环境规划编制工作。

2. 加强环境规划理论研究

环境规划的理论研究比较枯燥，所以对它的研究相对较少，在我国更是如此。我国目前的环境规划编制基本上都是沿用以前的模式，对一些新出现的环境问题考虑不够，规划中所用的方法也都比较落后，对规划中所包含的大量不确定因素未能进行系统分析，而许多较先进的规划方法也未能得以推广。我国的环境规划理论研究明显滞后于规划的实践，是目前环境规划体系中的薄弱环节，有待进一步加强。

3. 完善环境法规法制建设

我国环境规划面临制度缺陷，应从提高环境规划的权威性角度完善现有法律法规，确保环境规划的可执行性。此外，在环境规划方面缺乏专门的法律，要通过立法，把规划申请、授权许可、公共参与、规划上诉等各个过程以法律的形势固定化，形成全面的环境规划法规体系，做到依法编制、依法行政。

4. 建立环境规划科学决策机制

环境规划是一个动态的过程，具有较强的时效性，它的影响因素会随着时间的推移而发生不可预测的变化，环境规划原设定的目标也不可能完全达到。环境规划实质上是一种直接克服人类经济社会活动和环境保护盲目性及主观随意性的科学决策活动。因此应建立环境规划的科学的综合决策机制，根据经济、社会与环境协调发展，近期与远期全面考虑，全局与局部兼顾，经济效益与环境效益并重的原则，对各种方案进行系统分析，优化决策，以保证经济发展与环境保护工作的全面开展。

5. 加强环境教育和环境规划教育

环境教育是指以人类与环境的关系为核心而进行的一种教育活动。环境问题是由于人口增长、现代科技和现代生产力迅猛发展所产生的问题。因此，人类对生存环境恶化的担忧使环境教育应运而生，其原始的动机还是来自于人类对自身的关爱和珍惜。环境教育的实质是以人类与环境的关系为核心，以解决环境问题和可持续发展为目的，以提高人们的环境意识和有效参与能力、普及环境保护知识与技能、培养环境保护人才为任务，以教育为手段而展开的一种社会实践活动过程。

目前，我国部分规划人员对环境规划认识不足，在编制环境规划的过程中过分注重技术编制，而对规划的可实施性考虑不够，从而使得本应是政府行为的环境规划变成了编制人员技术行为，增加了规划实施的难度，降低了可操作性。为使政府部门及规划人员对环境规划有一个正确的认识，提高环境规划编制队伍的素质和业务水平，加强环境规划教育是未来环境规划发展的趋势之一。

此外还应建立环境规划资质管理体系，对从事环境规划编制的单位进行资质审查，根据其技术条件、业务能力和人员素质确定编制单位的业务范围，实现环境规划编制工作的规范管理。

6. 环境规划未来可能涉及的新内容

1)生物多样性

生物多样性是指一定范围内多种多样活的有机体(动物、植物、微生物)有规律地结合构成稳定的生态综合体，包括动物、植物、微生物的物种多样性，物种的遗传与变异的多样性及生态系统的多样性。生物多样性可以清洁我们呼吸的空气、饮用的水，为我们提供各种食物和原材料，同时也使我们的自然世界更加美丽。

然而多年来人类从事的各种生产和生活活动不断地从自然环境中索取资源，并向其中排放各种废物，严重影响了许多物种的生活环境。受全球气候变化与人类活动的影响，生物多样性正以前所未有的速度丧失。自19世纪70年代以来，全球已经丧失了40%的动物种群、20%的红树林及40%的珊瑚礁。2008年，我国荒漠化土地面积近264万km^2，占国土面积的27.5%；沙化土地174万km^2，占国土面积的21.2%，两者合计，几乎占我国国土面积的一半。

生物多样性锐减正慢慢影响我们的生活。生物多样性提供了地球生命的基础，包括人类的生存基础，生物多样性的损害最终受害的将还是我们自己。因此，未来的环境规划应更注意对生物多样性的保护，恢复受损的生态系统，维护生物的多样性，这样才能实现真正的可持续发展。

2)低碳经济

近年来，人口的剧增严重地威胁着自然生态环境的平衡。如此之多的人口，不仅因消耗大量资源而产生各种污染气体，自身排放的CO_2也是个很大的数字，其结果将直接导致大气中CO_2等温室气体的含量不断增加，这样形成的“温室效应”将直接影响地球表面的气候变化。

气候变暖导致冰川消融，海平面将升高，引起海岸滩涂湿地、红树林和珊瑚礁等生态群丧失，海岸侵蚀，海水入侵沿海地下淡水层，沿海土地盐渍化等，同时也会造成一些岛国被淹没和其他一系列生态问题，进而影响到全人类的生存和发展。气候变暖产生的各种生态问题引起了世界各国广泛的关注，如《京都议定书》的签订和哥本哈根世界气候大会的召开。减缓和降低温室气体排放成为近年来研究和争议的焦点，于是“低碳经济”、“低碳发展”、“低碳生活方式”、“低碳社会”等概念便应运而生。

低碳经济是指在可持续发展理念指导下，通过技术创新、制度创新、产业转型、新能源开发等多种手段，尽可能地减少高碳能源消耗，减少温室气体排放，达到经济社会发展与生态环境保护双赢的一种经济发展形态。发展低碳经济，不但体现了积极承担环境保护责任、实现节能减排的态度，也是调节经济结构、提高能源利用效率、建设生态文明的有效途径。发展低碳经济、提倡低碳生活，摒弃了先污染后治理、粗放经济的发展模式，可以实现经济发展与资源环境保护的双赢，这也是进行环境规划的目的所在。

二、环境影响评价的产生与发展展望

环境影响评价是在社会活动或经济建设活动实施之前，对活动的选址、使其实现活动的行为及活动结束后所遗留的可能对环境造成的影响进行分析、评估和预测。全部或部分组织的活动、产品或服务给环境造成的任何有益或有害的变化，即环境影响。人类活动对环境的影响既有有利一面，也有不利一面，环境影响评价主要是针对人类活动对环境可能造成的不利影响所作的分析、预测和评估。在我国，环境影响评价包括对规划实施后可能造成的环境影响进行分析、预测和评估，与对建设项目实施后可能造成的环境影响进行分析、预测和评估两个部分。环境影响评价制度是伴随着人们解决环境影响问题而产生的，随着环境问题越来越突出，环境影响评价在环境管理中起着越来越重要的作用。

(一)有关环境影响评价研究的综述

国内外对环境影响评价的研究主要围绕如下 4 个方面展开。

1. 环境影响经济评价

环境影响经济评价，是对环境影响的价值评估或环境费用－效益分析，反映人与物的关系，是环境经济学的一个重要组成部分，是连接经济系统与环境系统的桥梁。环境经济评价理论源于费用－效益分析。费用－效益分析理论最早由英国经济学家威廉·配第(William Petty)于 1667 年提出。1844 年杜波伊特(Jules Dupuit)在其论文《论公共工程效益的衡量》中提出了现代费用－效益分析理论，用“消费者剩余”这一概念阐明了公共项目评价的应有标准，即公共项目的社会总收益应该等于该项目净产量乘以相应市场价格所得社会效益的下限与消费者剩余之和。20 世纪 60 年代以后，费用－效益分析进一步扩展到其他领域，如公路运输、城市规划和环境质量管理等。费用－效益分析的应用范围已超出了对开发项目的评价，扩展到对发展计划和重大政策的评价。20 世纪 80 年代以来，受现实需要推动，环境影响经济评价广泛开展。1983 年著名环境经济学家梅纳德·胡弗斯密特(Maynard M. Hufschmidt)和约翰·狄克逊(John Dixon)撰写了《环境、资源与开发：经济评价指南环境的经济评价方法实例研究手册》等著作，第一次比较系统地介绍了环境影响经济评价的理论和方法，并且进行了相关案例研究。1993 年环境经济学家迈里克·弗里曼(A. Myrick Freeman)出版了《环境与资源的价值评估》，介绍了对环境与资源进行价值评估的经济理论基础，对各种价值评估方法进行了系统的理论阐述。20 世纪 90 年代以后，很多学者围绕可持续发展和全球性环境问题进行了大量环境经济问题研究，当时最著名的是英国伦敦大学全球环境社会经济研究中心的大卫·皮尔斯(David Pearce)和克里·特纳(Kerry Turner)两位教授，在环境价值计量及实现代际公平的途径方面进行了探索。另外，一些国际组织也开始对环境影响经济评价进行研究，并取得了丰硕的成果，如 OECD 1996 年发表的《环境项目和政策的经济评价指南》、ADB 1996 年发表的《环境影响的经济评价：工作手册》等，这些研究主要集中在实际应用上。环境影响经济评价理论的形成和发展，一方面扩展了环境科学的内容，使人们对于环境问题的认识增添了经济分析的视角；另一方面使经济科学在更为现实与客观的基础上得到了发展，增强了经济学对于社会现象和人类行为的解释力。两者都为人类克服环境危机的现实行动提供了极大帮助。

2. 环境政策评价

环境政策评价也称政策评估，是对依据一定的标准和程序，运用特定的方法，对环境政策进行衡量、分析、比较和评估的总称。环境政策评价的目的是把对环境的考虑纳入政策制度中去，通过分析各种政策选择的环境影响，从而建立一种环境、经济和社会综合的决策机制(图 1-1)。

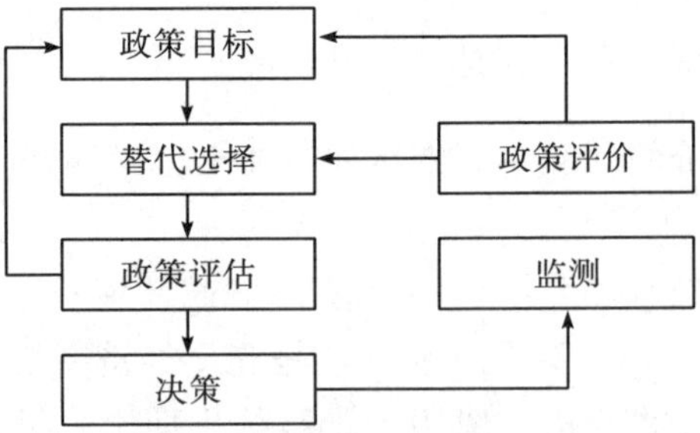

图 1-1 环境政策评价和评价过程

环境政策评价研究还处于起步阶段，还有待构建完整的理论体系和完善的评价方法。英国环境部的政策评价和环境保护部门的环境评估是政策评价研究最初的主要参考对象。1987 年格罗·哈莱姆·布伦特兰(Gro Harlem Brundtland)夫人在《我们共同的未来》中提出的可持续发展概念对世界发展政策及思想界产生了重大影响，强调对政策和计划的实施进行更广泛的评价，特别是加强对那些具有重要环境影响的主要宏观经济、金融等部门政策的评价，把环境影响评价的重点转移到了环境影响的政策源头。1993 年，在上海国际环境评估学会第十三届年会上，曲格平正式提出了开展发展战略、发展政策评价。此后，环境政策评价研究在我国正式起步。王东华等对山西省煤电并重战略和国家有毒化学品立法进行了环境影响评价研究，并从可持续发展的角度探讨了战略环境影响评价中公众参与的目的、意义、方法及特点等。近年来，环境政策评价研究主要围绕以下两个方面展开：一是环境影响评价政策的作用结果，即围绕环境影响评价的政策效果、政策效应、政策效率而进行的规范、测度、分析和建议等活动；二是在政策制定过程中对拟定或将要采取的政策方案进行价值分析、可行性分析和后果预测分析。

3. 战略环境评价

战略环境评价是环境影响评价在政策、计划和规划层次上的应用。欧美一些国家称之为计划环境影响评价或政策、计划和规划环境影响评价。鉴于政策在战略范畴中的核心地位，也有人称战略环境评价为政策环境影响评价。战略环境评价是环境影响评价在战略层次(包括法律、政策、计划和规划)上的应用，是对一项具体战略及其替代方案的环境影响进行的正式的、系统的和综合的评价过程，并将评价结论应用于决策中，目的是通过战略环境评价消除或降低因战略失效而造成的环境影响，从源头上控制环境问题的产生。战略环境评价这一概念最早是由英国学者提出的。1992 年，R. Thérivel 等合作出版了《战略环境评价》一书，这部书是关于战略环境评价从理论到实践进行系统、全面论述的第一部著作。这部书中正式给出了战略环境评价的定义，即战略环境评价可以看成是环境影响评价在政策、计划和规划层面上的应用。该书重点研究了战略环境评价实施的必要性，战略环境评价与政策评估的关系，战略环境评价在决策中的作用，战略环境评价与可持续发展的关系，当前世界各国战略环境评价系统，战略环境评价在海洋带保护、能源湿地保护规划等方面以及战略环境评价与全球未来的关系。1996 年，Thérivel 与 Partidario 合作研究了 1992 年以后战略环境评价在欧美国家及某些发展中国家的实施情况，并结合实践分析了战略环境评价方法。此外，1991 年英国国家图书馆编写了《政策评价与环境》；1996 年英国皇家鸟类保护协会和贝德福特郡议会编写了《战略环境评价指南》等，对战略环境评价的资料收集、处理方法，战略环境评价的实施、类型及指标体系进行了详细研究。我国学者黄昌鸿、李树绅、李彦武、彭应登、丁元竹等也在战略环境评价方面作了有益探索，主要集中在：探讨我国战略环境评价的意义及有关建议，实施战略环境评价的可行性及内容；通过实施战略环境评价完善第二代战略环境评价理论方法以推进我国可持续发展；战略环境评价与项目环境影响评价的关系；战略环境评价的技术框架、程序与方法以及战略环境评价对实施环境与发展综合决策的作用等。李巍在战略环境评价研究方面做了大量工作，他研究了战略环境评价的方法学、实用程序和专家系统，提出建立综合集成的战略环境影响评价方法学的基本构想，并对战略环境评价中替代方案的选择和形成、费用分析进行了探讨。这些学者的研究为我国在战略环境评价方面的实践和理论的发展作出了很大的贡献。

4. 区域环境评价

区域环境评价是相对于项目环境评价而言的，指对区域经济发展的环境影响进行预测，筛选其主要环境问题，提出相应的环境保护政策，研究区域的环境容量及其承载能力；并从污染物总量控制及环境生态的变化等方面，提出区域经济发展的合理规模及其结构的建议。区域环境评价主要围绕区域开发而展开，与单个建设项目相比，区域开发具有占地面积大、性质复杂、管理层次较多、不确定性因素多、环境影响范围大等特征，区域环境评价要比项目环境影响评价复杂得多。国外对区域环境评价的研究始于20世纪70年代中期。1975年，美国陆军工程师协会对切萨皮克湾两条支流上的多个待审批的开发项目进行了环境影响综合分析。20世纪80年代初，美国住房与城市发展部制定了区域环境影响评价指南，用于指导都市地区的城市开发或旧城改造的环境影响评价。同时，美国和加拿大开始采用规划管理途径对区域开发的环境影响进行研究。对区域环境评价的研究，早期主要采取了分析评价途径。到80年代中期，区域环境评价研究重点由对评价技术的探讨转向对多个开发活动累积影响的研究。很多学者认为，只有引入生态学理论，深入研究开发活动给生态系统造成累积效应的规律，才能从理论上建立起区域开发活动的环境影响预测与规划控制方法。随着可持续发展战略的提出，一些学者开始对规划层次的评价体系进行理论上的探讨，提出了战略环境评价概念，将区域开发活动的环境影响评价纳入战略环境评价的体系之中，称为区域战略环境评价，并明确了区域开发环境影响评价的层次和对象。纵观国外对区域环境评价的研究，主要分为两个阶段：1985年以前，重点是对区域开发活动的环境影响评价技术进行探索；1985年以后，重点是对区域内多个开发活动的累积影响进行研究，同时结合可持续发展战略进行战略层次的评价体系研究。

我国对区域环境评价的研究始于20世纪80年代初，到目前为止，已经形成了有中国特色的区域环境评价理论体系。蔡贻谟和郭震远等在1987年编写的《环境影响评价手册》中首次提出了区域开发战略环境评价概念，并对战略环境评价的任务、内容、作用和地位进行了论述。1995年出台的“中国环境保护21世纪议程”中提出要完善战略环境评价理论、技术和管理方法，全面开展战略环境评价。从1991年开始，有关战略环境评价研究的文章也不断增多。王华东等全面论述了战略环境评价的类型、评价原则、评价程序和评价方法，同时指出不仅要研究区域开发行为对环境的影响程度，而且要研究区域开发行为对环境影响的规律。朱坦等论述了战略环境评价与区域环境规划的概念、基本原则和工作程序。回顾国内对战略环境评价的研究，与国外不同的是始终围绕着战略环境评价的程序与方法进行研究，提出了以总量控制技术与环境承载力分析为核心的评价方法和技术，在研究思路上，突出了环境影响评价的规划管理功能。

(二)环境影响评价研究的发展趋势及展望

1. 环境影响评价存在的主要问题

在环境影响评价诞生之初，由于人们对环境问题的关注主要集中于项目层次上，加上环境影响评价技术方法的限制，使得环境影响评价在起初的发展中主要应用于建设项目或工程领域。随着环境问题的复杂化，环境影响评价逐渐暴露出许多不足之处。环境影响评价存在的不足之处主要表现为：①环境影响评价仅仅是针对项目建议作出反应，缺乏对战略进行环境影响评价的正式要求；②缺乏对多个项目累积环境影响的充分考虑，具体包括忽视了对小环境影响的考虑，没有注重多个建设项目环境影响的综合效应，忽视了建设项目的间接环境影响，没有将项目环境影响与当地环境承载力结合考虑，项目的全球影响没有体现在环境影响评价中；③缺乏对替代方案的研究；④环境影响评价的客观性受开发者主观意志影响太大；⑤缺乏对环境影响评价有效的评估和管理；⑥对区域项目影响型环境影响评价缺乏相应的技术指导原则等。

2. 环境影响评价研究的发展趋势与展望

综合环境影响评价的发展历程和现存问题，我们不难发现环境影响评价研究的发展方向和未来趋势。

(1)虽然环境影响经济评价的理论方法比较成熟，但基于费用-效益分析在环境影响评价中的重要地位，考虑社会整体效应的环境影响评价是今后环境影响评价发展的大势所趋，有关这方面的研究会进一步完善和发展。

(2)随着环境影响评价制度从单纯建设项目评价向区域环境影响评价的发展，区域层次或全球层次的环境影响评价研究将是人们关注的一个方向。

(3)从单个项目的、简单因果关系的环境影响评价，到考虑多个项目的、具有时空效应的、复杂因果关系的积累影响评价，要求人们对环境影响评价的积累影响进行进一步研究。

(4)为了防患于未然，今后环境影响评价的发展更注重于政策、规划与战略层面，即战略评价。此外，对污染影响的评价、生态影响的评价以及在资源利用方面对可持续发展的评价也是环境影响评价研究发展的方向。

第三节　环境规划与环境影响评价的内容与意义

一、环境规划的目的、意义与类型

1. 环境规划的概念

环境规划是应用各种科学技术，在预测经济发展对环境的影响及环境质量变化趋势的基础上，为了达到预期的环境目标，进行综合分析所作出的带有指令性的最佳方案。

环境规划的内涵包括5个方面：①环境规划研究的对象是“社会－经济－环境”这一复合生态系统，它可能是一个国家，也可能是一个区域；②环境规划的任务是使该系统协调发展，维护系统的良性循环，以谋求系统的最佳发展；③环境规划是一门交叉性、边缘性学科，涉及生态学、社会经济学、地学、系统工程学和可持续发展理论等学科；④环境规划的主要内容是合理安排人类的自身活动，其中包括对人类经济社会活动提出符合环境保护需求的约束要求，还包括对环境的保护和建设作出的安排和部署；⑤环境规划必须符合一定历史时期的技术、经济发展水平和能力。

2. 环境规划的目的和意义

(1)协调环境与经济、社会的关系，避免环境问题的发生，促进环境与经济、社会的可持续发展；

(2)环境规划是环境保护的行动计划，是对环境保护的目标、指标、项目和资金等方面进行科学论证和精心规划，以保障环境保护活动和社会发展计划的可行性；

(3)合理分配排污削减量，约束排污者的行为；

(4)环境规划运用科学的方法保证在发展经济的同时，以最小的投资获取最佳的经济和环境效益；

(5)环境规划是环境管理目标的基本依据。

3. 环境规划的分类

环境规划按不同的分类方法可划分为不同的类型。

(1)按规划时间长短可分为长远环境规划、中期环境规划以及年度环境保护计划。长远环境规划一般跨越时间为10年以上。中期环境规划一般跨越时间为5～10年，5年环境规划一般称为五年计划，五年环境计划应当与国民经济社会发展计划同步，并纳入其中。年度环境保护计划实际上是五年计划的年度安排，它是五年计划的分年度实施的具体部署。

(2)按照环境与经济的辩证关系划分，可以划分为经济制约型、协调型和环境制约型三种。

经济制约型环境规划是为了满足经济发展的需要，环境保护服从经济发展的需求，为解决已发生的环境污染和生态破坏，制定相应的环境保护规划。这是早期发达国家已经走过的先污染后治理的道路。

协调型环境规划是以经济和环境目标相协调为出发点，以实现这一双重目标为终点。

环境制约型环境规划是从充分、有效地利用环境资源出发，防止在经济发展中产生环境污染来建立环境保护目标，制定环境保护规划。这种环境规划充分体现了经济发展服从环境保护的需要，经济发展目标建立在环境基础上。

(3)按照环境要素划分，可以划分为大气污染控制规划、水体污染控制规划、固体废物污染控制规划、噪声污染控制规划。

(4)按照行政区划和管理层次划分，可以划分为国家级环境规划、省市环境规划、部门环境规划、县区环境规划、农村环境规划、自然保护区环境规划、城市综合整治环境规划和终点污染源污染防治规划。各类规划构成一个多层次的结构，上一层次的规划是下一层次规划的依据和综合，而下一层次的规划是上一层次规划的条件和分解。

(5)按照性质划分，可分为生态规划、污染综合防治规划、自然保护规划、环境科技与产业发展规划。

二、环境影响评价的目的、意义与类型

1. 环境影响评价的定义

环境影响评价是按照一定的评价标准和评价方法，评估环境质量的优劣，预测环境质量的发展趋势和评价人类活动的环境影响。

2. 环境影响评价的目的和意义

在开发活动或者决策之前，全面地评估人类活动给环境造成的显著变化，并提出减免措施，从而起到防患于未然的作用。

环境影响评价应做到以下 5 个方面：①基本上适应所有可能给环境造成显著影响的项目，并且应当识别和评估这些影响；②对各种替代方案、管理技术以及减免措施进行比较；③编写出环境影响报告书，使专家和非专家都可以了解影响的特征及其重要性；④有广泛的公众参与和严格的行政审查；⑤能够为决策提供信息。

环境影响评价是管理工作的重要组成部分，它具有不可替代的预置功能、导向作用和调控作用。对开发项目而言，它可以保证建设项目的选址和布局合理性，它同时可以提供减免措施和评价各种减免措施的技术经济可行性，从而为污染治理工程提供依据。区域环境影响评价，可以在更高层次上保证区域开发和公共政策对环境的负面影响降低到最小或者人们可以接受的程度。

3. 环境影响评价分类

根据所评价的环境质量的时间属性，环境评价可以分为环境质量回顾评价、环境质量现状评价和环境影响评价三种类型。

(1)环境质量回顾评价是对某一区域某一历史阶段的环境质量的历史变化的评价，评价的资料为历史数据。这种评价可以预测环境质量的发展趋势。

(2)环境质量现状评价是利用近期的环境监测数据，反映环境质量的现状。环境质量现状评价是环境综合整治和区域环境规划的基础。

(3)环境影响评价是对拟议中的重要决策或者开发活动可能对环境产生的物理性、化学性或者生物性的作用，以及其可能造成的环境变化和对人体健康的影响，进行系统的分析和评估，并提出减免这些影响的对策和措施。环境影响评价是目前开展得最多的环境评价。

环境影响评价可划分为 4 种类型。

(1)单个建设项目的环境影响评价。

(2)区域开发环境影响评价。这种评价将区域作为一个总体进行考虑，重点考察区域内的产业结构、建设项目的布局的环境影响，从而为区域开发提供依据。

(3)公共政策的环境影响评价。对可能给环境造成潜在重大影响的公共政策必须进行环境影响评价。

(4)规划环境影响评价。对国土规划、土地利用总体规划、城市规划，区域、流域、海域开发利用规划，以及工业、农业、林业、能源、水利、交通、旅游、自然资源开发的专项规划，都要进行环境影响评价。

三、环境规划与环境影响评价的关系

环境规划与环境影响评价二者之间有着密切关系，环境影响评价为环境规划提供基础数据和支撑手段，环境规划本身也需要进行环境影响评价。

1. 环境影响评价是环境规划的基本手段

环境规划是指应用各种科学技术信息，在预测经济发展对环境的影响及环境质量变化趋势的基础上，为了达到预期的环境目标，进行综合分析后作出的带有指令性的最佳方案。因此，环境规划需要在掌握规划区域环境现状基础上，借助区域经济发展对环境的影响预测以及环境质量变化预测的手段，科学设计人们的各种行动方案，以实现预期环境目标。

环境影响评价包括了环境现状调查和评价、规划和建设项目的环境影响预测与评价、不良环境影响的减缓或消除措施等。

由此可见，环境规划需要环境影响评价提供环境现状调查与评价结果，需要环境影响评价提供环境影响预测结果，需要环境影响评价提供减缓或消除不良环境影响的措施和决策。因此，环境影响评价是环境规划的基本手段。

2. 环境规划需要环境影响评价提供支持数据

环境规划需要规划区环境质量现状、区域环境容量、区域环境承载力等基础数据的支持。而环境影响评价是在环境调查分析的基础上，运用数学方法，对环境质量、环境影响进行定性和定量的评述。通过环境影响评价可以掌握区域环境特征、环境承载力、主要污染物与污染源等。因此，环境规划需要环境影响评价提供支撑数据。

3. 环境规划本身也需要进行环境影响评价

根据我国《环境影响评价法》，规划(包括环境规划)本身也需要进行环境影响评价。

规划可划分为综合性规划和专项规划，其中专项规划又可划分为指定性专项规划和非指定性专项规划。

需要进行环境影响评价的规划包括以下两种。

(1)国务院有关部门、设区的市级以上地方人民政府及其有关部门，对其组织编制的土地利用的有关规划，区域、流域、海域的建设、开发利用规划，应当在规划编制过程中组织环境影响评价，编写该规划有关环境影响的篇章或者说明。

(2)国务院有关部门、设区的市级以上地方人民政府及其有关部门，对其组织编制的工业、农业、畜牧业、林业、能源、水利、交通、城市建设、旅游、自然资源开发的有关专项规划(以下简称专项规划)，应当在该专项规划草案上报审批前，组织环境影响评价，并向审批该专项规划的机关提出环境影响报告书。

规划的有关环境影响的篇章或者说明，应当对规划实施后可能造成的环境影响作出分析、预测和评估，提供预防或者减轻不良环境影响的对策和措施，作为规划草案的组成部分一并报送规划审批机关。

思 考 题

1. 环境影响评价的意义是什么?
2. 什么是环境规划? 为什么要进行环境规划?
3. 环境影响评价与环境规划的关系是什么?

第二章　环境规划与环境影响评价的相关理论

第一节　环境规划与环境影响评价的系统理论

环境规划与环境影响评价涉及社会、经济、环境等诸多方面的因素，这些因素不是孤立存在的，而是存在着广泛的、多层次的相互联系、相互制约和相互作用；同时这些因素按一定结构进行组合，并表现出一定的功能，成为一系列的社会系统、经济系统和环境系统。这些系统还包含着一些更小层次的系统，如大气环境系统、水环境系统等，同时上述的所有系统又同属于“社会－经济－环境”这个更大的复合系统。也就是说，环境规划与环境影响评价研究的对象是“社会－经济－环境”复合生态系统。

一、系统理论基本知识

1. 系统理论概述

古中国、古希腊和古罗马在两千多年前就产生了系统观，并将其成功运用于军事、水利和农业生产等领域。现代系统观的诞生以冯·贝塔朗菲1945年发表的《关于一般系统论》为标志，经过近70年的发展，它已经成为一门涵盖系统理论、系统方法及系统工程从理论方法到应用的、完善的横断科学体系，已成为社会学、自然科学、思维科学和工程技术领域的基础理论和方法。

系统的定义有很多种，因为它是一种描述性定义，满足陈述概念以利交流即可，加上系统概念的极大广泛性，没有形成统一的关于系统的定义。系统一般被认为是“具有特定功能的、相互之间有机联系的许多要素构成的一个整体”。现代科学认为世界是由物质、能量和信息组成的。因此，任何系统都是物质、能量和信息相互作用和有序化运动的产物。而具体到不同的系统，其基本要素的组分则有所差异。从哲学意义上讲，客观世界一切事物间都存在关系(或联系)，因此局限到任何一个系统，其元素间的关系也将是各种各样的。

系统的类型有很多种，当系统的状态或其元素随时间的改变而变化时，称为生态系统。进一步地讲，当系统的状态不可人为地再现时(如不可实验室重复产生等)，称为不可逆系统；系统状态不可用线性模型作出满意模拟时，称为非线性系统；在人为模拟操作中不可忽视其随机因素或模糊性的系统称为不确定性系统。据此把存在不可逆性、非线性或不确定性三性或三性之一的系统称为复杂系统。特别是当一个复杂系统的元素很多并且元素的自由度很高时，称为复杂巨系统，环境规划所研究的系统——“社会－经济－环境”就是一个复杂巨系统；反之，当一个系统既不复杂也不巨大时，就称为简单系统。

2. 系统原理

“原理”一词含义较广，用以解释一个判断、一个结论的依据，或用以解释一个定律、一个现象产生的机制的都可称为原理。当探索一项事物的客观规律时，可称为探索其原理。由此可见，“原理”是与回答“为什么”相联系的。

系统原理涉及一系列科学的方法论，所谓方法论是指人们用以观察、认识和理解客观世界的理念、思想，或思想方法、思维工具。它具有以下几个特点：

(1)具有普适性，适用于整个客观世界；

(2)具有抽象性或思想性、哲学性，而不可能是实在的、实证的；

(3)具有深刻性，在它的帮助下来观察、理解事物更容易深入内层，抓住本质；

(4)方法论不只是知识和理论，不但要懂得，还要深入理解；

(5)具有指导性，方法论一旦被人们理解和掌握，它将对人的思维和行动(为)起指导作用。

3. 系统方法

系统方法是指从系统的观点出发，着眼于系统与要素、要素与要素、系统与环境的相互关系，揭示对象的系统性质和运动规律，以达到最优处理问题的科学方法。从在方法学体系中的地位来看，系统方法是一般科学方法，它既是为解决系统问题提供思想方法的科学方法论，又是系统描述、设计、优化的具体方法。这些具体方法主要有系统最优化方法、模型化方法、系统分析方法、系统预测方法、系统决策方法及系统评价方法等。环境规划的研究也是以系统方法为工具，或是以在系统方法基础上发展起来的其他方法进行的。

1)灰色系统理论

灰色系统理论是20世纪80年代，由当时的华中理工大学(现为华中科技大学)邓聚龙教授首先提出并创立的一门新兴学科，它是基于数学理论的系统工程学科，主要解决一些包含未知因素的特殊领域的问题，广泛应用于农业、地质、环境、气象等学科。

灰色系统之所以按颜色命名，因为在控制论中，人们常用颜色的深浅形容信息的明确程度，如艾什比(Ashby)将内部信息未知的对象称为黑箱，这种称谓已被人们普遍接受。用“黑”表示信息未知，用“白”表示信息完全明确，用“灰”表示部分信息明确、部分信息不明确。与之相应，信息完全明确的系统称为彩色系统，信息未知的系统称为黑色系统，部分信息明确、部分信息不明确的系统称为灰色系统。灰色系统的主要特点包括系统要素不完全明确，要素关系不完全清楚，系统结构不完全知道和系统作用原理不完全明了。

灰色系统理论是一种研究少数据、贫信息的不确定性问题的新方法。灰色系统理论以“部分信息已知，部分信息未知”的“小样本”、“贫信息”的不确定性系统为研究对象，主要通过对“部分”已知信息的生成、开发，提取有价值的信息，实现对系统运行行为、演化规律的正确描述和有效监控。

前文已提到，环境规划与环境影响评价研究的是“社会－经济－环境”复合系统，这一系统具有复杂性、动态性的特点，加上人类对于该系统认识能力的局限，使得该系统对人类来说是一个信息不充分、不完全的系统，也即灰色系统。已发展起来并初步完善的灰色系统理论方法有灰色关联分析、灰色预测和灰色决策，为灰色系统的研究提供了可行、可靠的研究方法。

2)模糊系统理论

一般来说，系统性和模糊性有着本质的联系，凡系统(形式化系统除外)必有模糊性。系统越复杂，模糊性越大；因素越多，综合评价判断便越模糊；动态的时变性越强，模糊性问题便越突出。无论社会子系统、经济子系统，还是环境子系统一般都是多因素、多层次、组织水平比较高的复杂系统，因此其模糊性都很强。

在环境规划中，“社会－经济－环境”复合系统也是一个巨大的模糊系统。研究模糊问题的方法有模糊分析(模糊聚类分析、模糊相关分析、模糊系统分析)、模糊预测、模糊综合评价和模糊决策等，可分别用于环境规划的不同环节。

3)非线性系统理论

非线性系统理论是研究非线性系统的运动规律和分析方法的一个分支学科。非线性系统最重要的问题之一就是确定模型的结构，如果对系统的运动有足够的了解，则可以按照系统运动规律给出它的数据模型。一般来说，这样的模型是由非线性微分方程和非线性差分方程给出的，对这类模型的辨别可以采用线性化展开成特殊函数等方法。非线性系统理论的研究对象是非线性现象，非线性现象是反映非线性系统运动本质的一类现象，不能采用线性系统的理论来解释，主要原因是非线性现象有频率对振幅的依赖性、多值响应和跳跃谐振、分谐波振荡、自激振荡、频率插足、异步抑制和混沌等。

“社会－经济－环境”系统是一个复杂的巨系统，其复杂性突出体现在关系多：既有内部的关系，也有内外沟通的关系；有力学的关系，也有非力学的关系；既有线性的关系，又有非线性的关系；既有物理性的关系，也有信息型的关系；既有单向的关系，也有多向的关系；既有稳定的关系，也有不稳定的关系；既有可解的关系，也有不可解的关系；等等。非平衡性、非线性、多尺度、突变性、自组织性、自相似性、有序性和随机性等属性集中体现在该巨系统中，而这些属性恰是非线性理论关注的焦点，可以作为环境规划中不确定性分析的研究方法，进而有效地描述和分析该巨系统结构、功能和行为等。

二、系统理论的主要观点

就系统的共同属性和整体运动规律而言，系统理论的基本观点有以下 5 个方面。

1. 整体性

整体性是系统最基本的属性。整体性不应简单地视为部分之和，它一般被表述为“整体大于各部分之和”，或者说系统的质不同于各要素的质的简单相加。系统的整体性主要是由三个方面决定的，即系统组成要素的系统的环境性质和数量、系统的结构和系统的环境。它具有全方位性、安全空间性、整体与局部关系的非线性等特征。

根据系统的整体性原理，环境规划的制订和实施必须从整体出发，综合考虑规划的经济效益、社会可接受程度，进行环境与发展的综合决策。规划制定者或决策者应把规划对象整体装入自己的脑子，每个参与者都应该树立系统的整体形象，看到整体的任一层次和任一部分，才能真正做好环境规划与环境影响评价工作。

2. 相关性

系统中各子系统、子系统中各要素是相互影响、相互作用、相互依存和相互制约的，它们之间存在着相关性。环境规划研究的复杂巨系统各子系统之间也存在着密切联系，经济高速发展必然会带来社会生活水平的提高，导致环境污染和生态破坏；环境遭受破坏反过来也会制约经济的发展和社会的进步；人民生活水平提高后也会提高对环境质量的需求。由此可见，上述三者之间也是相互关联的统一体。

3. 层次性

规模巨大或具有一定复杂性的系统，其结构都具有层次性。如社会系统最起码的也是在其基本层次个体之上还有一层一层的组织，呈塔式叠至最高层领导。即使一个物质系统，也是在所谓的"基本粒子"层次之上有电子层次、中子层次、原子层次、分子层次、晶体层次直至物质整体。所以系统的层次性是普遍存在的。

系统的层次还有空间层次、时间层次、能量层次和结构层次的划分。系统的空间层次结构是系统要素在空间上的排列组合方式，时间层次是系统随时间变化而呈现的流动性和变动性结构。

4. 动态性

现实系统都是开放系统，不断进行着物质、能量和信息的交换。系统本身都有生命周期。系统的这种运动、发展、变化称为"动态性"，它表现为处于不同历史时期的系统，或在同一系统的不同阶段，其结构和表现出来的功能是不同的。比如，在环境规划的不同时期，规划的目标也不同。

5. 目的性和适应性

系统有自我趋向稳定有序状态的特性，即系统的目的性。系统适应环境(包括其他系统)变化的能力称为适应性。对于开放系统，其功能的表现过程是系统与环境间的相互作用过程。

环境与其他系统的相互作用关系有以下 4 种。

(1)合作关系。当两个系统隶属于一个共同利益体或因某种共同利益而发生关系，称为合作关系或相互依存关系。

(2)博弈关系。当系统双方利益既有依赖又有矛盾时，比如当共同资源紧缺时，围绕着自我"最大效益"所产生的斗争、对抗关系等称为博弈关系或竞争关系。

(3)制约关系。比如经济发展一方面消耗资源，另一方面向环境中排放废弃物，从而造成环境退化和环境污染，而环境退化和环境污染又会反过来限制经济发展。

(4)吞食关系。如资源开采系统与资源保护系统的关系。

三、环境规划与环境影响评价的基本原则

1. 环境规划的基本原则

(1)坚持全面规划、合理布局、突出重点、兼顾一般的原则，推行可持续发展战略，

保障环境与经济的协调发展；

（2）坚持经济效益、社会效益、环境效益相统一的原则，遵循生态规律和经济规律，使有限的资金发挥更大的作用；

（3）坚持依靠科技进步的原则，大力发展清洁生产和推广“三废”综合利用，将污染消灭在生产过程中，积极采用适宜规模的、先进的、经济的治理技术，发展经济，保护环境；

（4）坚持污染防治与基本建设、技术改造与城市建设紧密结合，实行环境综合整治的原则；

（5）坚持自然资源开发利用与保护增殖并重的原则，建立以保护资源为核心的环保战略，合理开发利用自然资源，保证资源的永续利用；

（6）坚持实事求是、因地制宜的原则，环境目标应符合国民经济计划总要求，要从实际出发，切实可行，规划措施要有可操作性；

（7）坚持强化环境管理的原则，运用经济、法律、行政手段促进环保事业发展，充分体现有中国特色的环境管理思想、制度和措施。

2. 环境影响评价的基本原则

（1）符合国家的产业政策、环保政策和法规；

（2）符合流域、区域功能区划、生态保护规划和城市发展总体规划，布局合理；

（3）符合清洁生产的原则；

（4）符合国家有关生物化学、生物多样性等生态保护的法律法规及政策；

（5）符合国家资源综合利用的政策；

（6）符合国家土地利用的政策；

（7）符合国家及地方规定的总量控制要求；

（8）符合国家及地方的污染物达标排放和区域环境质量的要求。

第二节　环境规划与环境影响评价的经济学原理

一、环境经济学概述

1. 环境经济学的产生

长期以来，人们把水、空气等环境资源看成是取之不尽、用之不绝的“无偿资源”，把大自然当做净化废弃物的场所，而不必付出任何代价和劳动。这种发展经济的方式在生产规模不大、人口不多的时代，对自然和社会的影响在时间上、空间上和程度上都有限。自20世纪50年代以来，社会生产力发展迅速，社会生产规模急剧扩大，人口迅速增加，向大自然索取的自然资源愈来愈多，废水、废气、固体废弃物的排放与日俱增，由此出现了全球性的资源消耗和严重的环境污染与破坏问题，引起了全世界人民的关注。许多经济学家和自然科学家一起协商防治污染和保护环境的对策，估量污染造成的经济损失，比较防治污染费用和效益，从经济学角度选择防治污染的途径和方案；有的还把控制污染纳入“投入－产出”经济分析表中进行研究。于是在20世纪70年代初出现了污染经济学或称公害经济学的著作，阐述防治环境污染的经济问题。

随着经济学研究的开展，一些经济学家仅仅把经济发展引起的环境退化当做一种特殊的福利经济问题，责令生产者偿付损害环境的费用，或者把环境当做一种商品，同任何其他商品一样，消费者应该付出代价，这些都没有真正抓住人类活动带来环境问题的本质。许多学者提出在经济发展规划中要考虑生态因素，社会经济发展必须既能满足人类的基本要求，又不能超出环境负荷；超过了环境负荷，自然资源的再生增殖能力和环境自净能力会受到破坏，引起严重的环境问题，社会经济也不能持续发展。学者们提出，要在掌握环境变化过程中，维护环境的生产能力、恢复能力和补偿能力，合理利用资源，促进经济的发展。20世纪70年代后期，先后出版的环境经济学、生态经济学、资源经济学方面的著作，论述了经济发展和环境保护之间的关系。

环境经济学在创立和发展的过程中，既从古典经济学中吸取了大量理论知识，同时也融合和借鉴了与环境问题相关的自然科学中的概念和方法。

2. 环境经济学的研究对象和任务

环境经济学是环境科学和经济学交叉渗透而形成的应用性科学，它既是环境科学的分支，又是经济学的分支。环境经济学是一门边缘学科，其研究涉及自然、经济、技术等各个方面，不仅与经济学、环境科学有直接关系，而且与地学、化学、生物学、技术科学、管理科学及法学等许多学科在内容和研究领域上有相当深的交叉渗透。

环境经济学的主要研究对象是环境保护与经济发展的关系，主要研究环境污染与破坏、环境资源浪费、生态破坏产生的原因，以及控制和解决的方法，还涉及环境治理的经济评价。其所要解决的主要课题是经济活动的环境效应，并使这种效应转化为经济信息，反馈到国民经济平衡与核算中，为正确制定经济发展战略和各项经济政策提供依据，为解决环境问题的方案提供可靠的经济依据。

环境经济学的根本任务就是正确调控、调节“经济－环境”系统，在经济发展和环境保护之间保持相对的平衡，以保证既为当前的生产发展服务，又为长远的经济发展、环境保护提供自然物质基础，维持经济持续、稳定增长。概括起来分为以下三个方面。

(1)研究经济发展如何符合自然规律的要求，考虑人类活动对自然和社会的近期、远期影响。环境问题的自然规律主要是生态规律、物质循环规律，只有正确认识自然客观规律和遵循自然规律来发展经济，才能使经济的发展顺应自然，维持自然界物质和能量的转换相对平衡，使排入环境的废物不超过环境的自净能力，可更新资源利用不超过其再生增殖能力，保障资源的永续利用。

(2)以最小的投入获得最佳的环境效益，同时满足经济的发展。经济发展带来环境的污染和破坏，进行环境保护也需要消耗一定的物质财富，而且环境质量的改善程度同经济发展水平有密切关系，因此环境经济效益也是环境经济学的研究任务之一。

(3)经济发展的同时环境不再继续恶化，而且有所改善，满足人类生活水平提高的要求。如今经济迅速发展，人口急剧增长，对环境造成的压力已到了前空的程度。因此，环境经济学重要任务之一就是正确调控经济与环境之间的关系，研究生物圈提供环境资源的能力，既保证当代人的健康，满足当代人的发展需求，又不损害子孙后代的利益。

3. 环境经济学的研究内容

1)环境经济学的基本理论

对环境经济学基本理论的研究包括社会制度、经济发展、科学技术进步同环境保护的关系，以及环境计量的理论和方法等。

经济发展和科学技术进步，既带来了环境问题，又不断地增强了保护和改善环境的能力。要协调它们之间的关系，首先是要改变传统的发展方式，要把保护和改善环境作为社会经济发展和科学技术发展的一个重要内容和目标。

当人类活动排放的废物超过环境容量时，为保证环境质量，必须投入大量的物化劳动和活劳动，这部分劳动已愈来愈成为社会生产中的必要劳动。同时，为了保障环境资源的永续利用，也必须改变对环境资源无偿使用的状况，对环境资源进行计量，实行有偿使用，使环境外部不经济性内在化，使经济活动的环境效益能以经济信息的形式反馈到国民经济计划和核算的体系中，保证经济决策既考虑直接的近期效果，又考虑间接的长远效果。

2)社会生产力的合理组织

环境污染和生态失调在很大程度上是对自然资源的不合理的开发和利用造成的。合理开发和利用自然资源，合理规划和组织社会生产力，是保护环境最根本、最有效的措施。为此必须改变单纯以国民生产总值衡量经济发展成就的传统方法，把环境质量的改善作为经济发展成就的重要内容，使生产和消费的决策同生态学的要求协调一致；要研究把环境保护纳入经济发展计划的方法，以保证基本生产部门和消除污染部门按比例地协调发展；要研究生产布局和环境保护的关系，按照经济观点和生态观点相统一的原则，拟定各类资源开发利用方案，确定一国或一地区的产业结构以及社会生产力的合理布局。

3)环境保护的经济效益

环境保护的经济效益的研究具体包括环境污染、生态失调的经济损失估价的理论和方法，各种生产、生活废物最优治理和利用途径的经济选择，区域环境污染综合防治优化方案的经济选择，各种污染物排放标准确定的经济准则，各类环境经济数学模型的监理等。

4)运用经济手段进行环境管理

经济手段在环境管理中是与行政的、法律的教育的方法相互配合使用的一种方法。它通过税收、财政、信贷等经济杠杆，调节经济活动与环境保护之间的关系、污染者与受污染者之间的关系，促进和诱导经济单位和个人的生产和消费活动符合国家保护环境和维护生态平衡的要求。通常采用的方法有：征收资源税，排污收费，事故性排污罚款，实行废弃物综合利用的奖励，建造废弃物处理设施的才能补贴和优惠贷款等。

4. 环境经济学的发展趋势

经过十几年的发展，环境经济学在制定环境政策、区域发展规划、评价开发建设项目等领域中发挥的作用越来越重要，经济手段在环境管理中的应用和评估环境与自然资源的经济价值逐渐成为环境经济学的主要发展方向。

作为一门应用性学科，环境经济学在解决经济发展和环境保护之间的关系中发挥了重要作用，并逐步走向成熟，将成为人们研究“经济－环境”系统运行规律的重要手段之一。

二、环境经济学的基本观点

1. 环境是资源

环境和人类生活关系最密切的是生物圈。生物圈是人类生产的空间场所，是人类和其他生物赖以生活和繁衍的栖息地，也是人类生存和发展的物质源泉。自然环境中太阳能、风能、水能、热能、潮汐能及各种动物、植物、矿物等自然财富为社会再生产提供了原材料，构成生产的要素，同时也是人类自身再生产的条件。

自然资源提供给人类生产活动的各种原材料(包括可再生和不可再生资源)，也为人类活动排放的污染物提供了扩散、储留和同化的场所。此外，环境还为人类提供了各种景观和休闲游览的胜地，为人类精神生活提供了丰富的物质资源。

总之，环境是人类赖以生产、生存的宝贵资源，保护环境不仅要保护人类生活环境的质量，更重要的是要保护环境资源，保障环境资源的永续利用。从经济学角度分析，环境资源具有以下 4 个方面的特征。

(1)环境资源的稀缺性。我国人口众多，工业不发达，所以资源的有限性和稀缺性在我国表现得尤为突出，资源供需矛盾日益加剧。我国很多地方水资源严重匮乏，已成为国民经济和社会发展的主要障碍。环境资源虽然稀缺有限，随着技术的发展，人类也创造出一批新材料和新能源，但诸如水资源、空气资源是任何其他物质代替不了的，我们必须珍惜、爱护，对其有效地合理利用。

(2)环境资源用途的广泛性。环境资源大都具有多种用途和功能。比如森林，可以涵养水源、调节气候、防风固沙等，也可以提供木材，用做建筑材料和造纸等。环境资源虽然具有多种用途，但也需要综合开发、合理利用，使其发挥多方面的效益。

(3)环境资源的增殖性。环境资源中的可再生资源有再增殖的能力，如果合理利用，遵循生态循环规律，环境资源能够不断更新和增殖；反之如果超过其极限，则会造成资源衰退和枯竭。如超载放牧，会引起草原破坏和退化，过度捕捞会引起鱼类等水产的繁殖功能降低等。人类必须按照生态规律使用环境资源，扩大资源的生长量和能力，为人类提供更多的自然资源。

(4)环境资源计量的困难性。环境资源虽然具有价值和增殖性，但许多资源的使用并没有一定的市场价格，比如大自然中的空气、天然水源、自然风景等。此外，我国对许多环境资源实行的都是无偿使用的政策，有的甚至无计划开采，造成了资源计算和计量的困难性。因此需要开展环境资源评价和计量方法的研究，为环境规划的决策提供定量和可靠的科学依据。

2. 环境资源的商品性

环境资源像其他商品的生产一样，需要投入勘探、开采、保护、再生和增值等劳动，要消耗活劳动和物化劳动，是社会的劳动产品。此外，环境资源还具有极差性等类似其他商品的性质，因此环境资源也具有商品性。

承认和理解环境资源的商品性，对保护环境与自然资源有重要意义，有利于环境资源的优化利用。实行有偿开采利用，能够增强使用者的成本观念和效益观念，形成节约资源、有效利用资源的理念，有利于环境资源的保护与再生增殖。对使用资源进行收费会提高使用者的责任感，也为环境保护开辟了资金渠道。

第三节　环境规划与环境影响评价的生态学原理

一、环境承载力理论

1. 环境容量

环境容量定义为一个复杂的反映环境净化能力的量，其数值应能表征污染物在环境中的物理、化学变化及空间机械运动性质。环境容量在环境规划的应用中曾起到了重要作用。但是，随着科学的发展、社会进步和人们认知水平的提高，环境问题已不仅仅是污染问题，还与资源、人类的政策、经济行为和道德意识等密切相关。环境容量的概念表述了环境具有容纳污染物的能力，但这只是环境功能的一部分。除此之外，环境还为人类提供生存和发展所必需的资源、能源，为人类提供各种精神财富和文化载体等。传统的环境容量概念已不再适应环境科学发展的需要，已不能很好地指导环境规划，于是环境承载力的概念便应运而生。

2. 环境承载力的基本概念

承载力的概念最早来源于力学，是指物体在不产生任何破坏时的最大荷载，环境承载力概念就是由承载力的概念派生而来的。环境承载力不是一个纯粹描述自然环境特征的量，也不是一个单纯描述人类社会活动的量，它反映了人类与环境相互作用的特征，是研究环境与经济是否协调发展的一个重要依据。环境承载力可定义为：在维持环境系统功能与结构不发生不利变化的前提下，一定时空范围的环境系统在资源供给、环境纳污和生态服务方面对人类社会经济活动支持能力的阈值。可见环境承载力主要由污染容纳量、资源供给量和生态功能组成，具有资源性和可调控性。其研究对象被界定为“环境系统”，增强了在环境规划中的指导性和可操作性。

3. 环境承载力的研究过程

对环境承载力的研究过程分为三个阶段：起源奠基、探索和深化阶段，具体情况如表 2-1 所示。

表 2-1　环境承载力的研究过程简介

阶段	时间	说明
起源奠基	20 世纪初至 20 世纪 50 年代初	人们认识到一定环境条件所能支持的种群或人口数量是有限的，环境承载力作为术语被提出，源于人口统计学、种群生物学和应用生态学
探索阶段	20 世纪 50 年代初至 20 世纪 80 年代中后期	在全球水、土地和关键矿产等资源开始出现枯竭的背景下，环境承载力被用于单一资源使用限度的研究

续表

阶段	时间	说明
深化阶段	20 世纪 80 年代中后期至现在	认识到环境承载力除受自然因素的影响外，科技水平、文化、环保投入等因素对其影响也很大，并将这些因素纳入承载力概念中，开始从“社会－经济－环境”复合巨系统层面研究环境承载力，研究方法从对象描述转变到机制描述

4. 环境承载力与环境规划

与环境承载力相应的是环境压力。环境压力主要来自于人口增长、经济社会发展。在此基础上，可认为区域环境承载力是指不同尺度区域在一定时期内，在确保资源合理开发利用和生态环境良性循环的条件下，资源环境能够承载的人口数量及相应的经济社会总量的能力。区域环境承载力具有系统性、开放性、动态性和综合性等特点，除受区域资源环境制约外，还受区域发展水平、产业结构特点、科技水平、人口数量与素质及人们生活质量等多方面的影响。

如将环境承载力作为衡量可持续发展的重要标志，环境承载力的提高也就意味着区域可持续发展能力的增强。进行环境规划时，要以区域环境承载力为基础，对规划区域进行合理调整，设置合适的环境保护目标，以提高区域环境承载力，在满足经济发展需求的同时，环境压力不再继续增大，环境不再继续恶化。

将环境承载力作为依据和约束条件，使环境规划的科学性有了保证。同时环境承载力又直接同社会、经济发展相联系，使环境与社会、经济的协调发展具备了宏观依据。另外，环境承载力的可调性使得协调发展具有现实的可操作性。因此，环境承载力理论为环境规划协调环境与社会、经济的关系提供了很好的工具，对环境规划的编制、实施提供了理论依据，增强了规划的可操作性。

二、人类发展新模式与人地系统

（一）可持续发展模式

1. 可持续发展的定义和内涵

1992 年联合国环境与发展大会前后，全球范围对可持续发展问题展开了热烈的讨论，但目前还没有一个公认的定义和理论模式。挪威前首相布伦特兰夫人主持的世界环境与发展委员会发表了长篇调查报告《我们共同的未来》，其中系统阐述了人类面临的一系列重大的经济、社会和环境问题，提出了可持续发展的概念：可持续发展是满足当代人的需求，又不损害子孙后代满足其需求能力的发展。这一概念在最概括的意义上得到了广泛的接受和认可，并在 1992 年联合国环境与发展大会上得到共识。

按照目前国际上流行的对可持续发展概念的认识，可持续发展遵循如下三项基本原则：

(1)可持续发展的公平性原则。可持续发展的公平性原则包括三层意思：本代人的公平、代际的公平和公平分配有限资源。

(2)可持续发展的持续性原则。可持续发展中的“需求”是有限制的，没有限制就不可能持续。人类应考虑资源的临界性，应不损害支持地球生命的自然系统。持续性原则的核心就是人类经济和社会发展不能超越资源和环境的承载力。

(3)可持续发展的共同性原则。作为全球发展总目标，可持续发展所体现的公平性和持续性原则对所有国家都是共同的。为实现这一总目标，全球必须采取共同的联合行动。

在持续性、公平性和共同性原则下，可持续发展可以从宏观、中观和微观三个层次进行阐述。宏观层次可理解为人与自然共同协调进化，即“天-天”关系；中观层次理解为既满足当代人需求，又不危及后代人需求能力，既满足局部人口利益又符合全球人口利益的发展，即“人-地”关系；微观层次理解为经济、环境、社会协调发展，是在资源、环境的合理持续利用及保护条件下取得最大经济效益、社会效益的关系，即“人-人”关系。

2. 可持续发展的目标

(1)集经济、文化等方面持续发展于一体的总体目标，是社会格局合理、社会生活稳定和连续，这也是人类所追求的最终目标。

(2)环境状况良好和稳定，生物多样性好。

(3)地区发展平衡，且总体发展水平不断提高，实现这一目标的途径是人类活动空间重新分配和全人类的共同努力。

(4)个体发展的相对独立性。

(5)物质生活水平提高，即实际收入水平的提高和物质财富的增加。

归结为可持续发展目标的持续性、稳定性、多样性、均衡性、独立性和更新性。

3. 可持续与发展是统一的关系

可持续是指人类维持生存、延续繁衍的能力；发展是指人类从事生产的经济活动。可持续的前提是发展，而持续性的发展是寻求的最终目的。

可持续发展是从环境与自然资源角度提供的关于人类长期发展的战略和模式。它特别指出环境、自然资源的长期承载力。这也说明环境规划对发展经济的重要性以及发展对改善生活质量的重要意义。

4. 可持续发展的实施

实现可持续发展是一项长期而艰巨的任务，目前可采取下列措施：

(1)推行清洁生产；

(2)采纳生态技术；

(3)利用政府职能，促进可持续发展。

(二)循环经济模式

1. 循环经济的基本概念

循环经济是指以资源高效利用和循环利用为核心，以“3R”［即减量化(reduce)、再使用(reuse)、再循环(recycle)］为原则，以低消耗、低排放、高效率为基本特征，以生态产业链为发展载体，以清洁生产为重要手段，实现物质资源的有效利用和经济与生态的可持续发展。循环经济与生态经济既有紧密联系，又各有特点。从本质上讲循环经济就是生态经济。它要求使经济活动成为“资源利用—绿色工业(产品)—资源再生”的闭环式物质流动，所有物质和能源在经济循环中得到合理利用。循环经济所指的“资源”不仅包括自然资源，而且包括再生长资源；所指“能源”不仅包括一般能源，如煤、石油、天然气等，而且包括太阳能、风能、潮汐能、地热能等绿色能源。循环经济理念注重资源和能源节约、资源和能源综合利用和推行清洁生产，以便把经济活动对自然环境的影响降低到尽可能小的程度。

2. 循环经济的发展理念

循环经济在发展理念上就是要改变传统的经济发展模式，把传统的依赖资源消耗的粗放型增长的经济转变为依靠生态型资源循环来发展的经济。这既是一种新的经济增长方式，也是一种新的污染治理模式，同时又是经济发展、资源节约与环境保护的一体化战略。循环经济与生态经济推行的主要发展理念如下：

(1)新的系统观。循环经济与生态经济都是由人、自然资源和科学技术等要素构成的大系统。它要求人类在考虑生产和消费时不能把自身置于这个大系统之外，而是将自己作为这个大系统的一部分来研究符合客观规律的经济原则。要从“自然－经济”大系统出发，对物质转化的全过程采取战略性、综合性、预防性措施，降低经济活动对资源环境的过度使用及对人类所造成的负面影响，使人类经济社会的循环与自然循环更好地融合起来，实现区域物质流、能量流、资金流的系统优化配置。

(2)新的经济观。就是用生态学和生态经济学规律来指导生产活动。经济活动要在生态可承受范围内进行，超过资源承载能力的循环是恶性循环，会造成生态系统退化。只有在资源承载能力之内的良性循环，才能使生态系统平衡地发展。循环经济是用先进生产技术、替代技术、减量技术和共生链接技术以及废旧资源利用技术、“零排放”技术等支撑的经济，不是传统的低水平物质循环利用方式下的经济。这就要求在建立循环经济的支撑技术体系上下工夫。

(3)新的价值观。在考虑自然资源时，不仅将其视为可利用的资源，而且将其视为需要维持良性循环的生态系统；在考虑科学技术时，不仅考虑其对自然的开发能力，而且要充分考虑它对生态系统的维系和修复能力，使之成为有益于环境的技术；在考虑人类自身发展时，不仅考虑人对自然的改造能力，而且更重视人与自然和谐相处的能力，促进人类的全面发展。

(4)新的生产观。就是要从循环意义上发展经济。新的生产观念是要充分考虑自然生态系统的承载能力，尽可能地节约自然资源，不断提高自然资源的利用效率。并且从生产的源头和全过程充分利用资源，使每个企业在生产过程中少投入、少排放、高利用，达到废物最小化、资源化、无害化。上游企业的废物成为下游企业的原料，实现区域或企业群的资源最有效利用。并且用生态链条把工业与农业、生产与消费、城区与郊区、行业与行业有机结合起来，实现可持续生产和消费，逐步建成循环型社会。

(5)新的消费观。提倡绿色消费，也就是物质的适度消费、层次消费。这是一种与自然生态相平衡的、节约型的低消耗物质资料、产品、劳务和注重保健、环保的消费模式。这种消费观在日常生活中，鼓励多次性、耐用性消费，减少一次性消费，是一种对环境不构成破坏或威胁的持续消费方式和消费习惯。

（三）人地系统协调共生理论

1. 人地系统的基本概念

人地系统是人地关系地域系统的简称，是地球表层的“人”（人类及其经济社会活动）与“地”（地理环境）在特定地域中相互联系、相互作用而形成的一种动态结构；是一个由自然、经济和社会子系统组成的复杂系统。

人地系统经历了环境决定论（生产力水平不高）、人类中心论（“人定胜天”、“九天揽月”、“五洋捉鳖”）、人地协调共生论（可持续发展的组成部分）三种理论。这些理论使人类对人类活动与地理环境之间相互关系的认识逐步深化。

2. 人地系统协调共生的熵变特征

耗散结构理论（自组织理论的组成部分）是指远离平衡态的复杂系统，在外界能量流、物质流、信息流的支持下，能通过自组织形成一种新的有序结构（耗散结构）。耗散结构是非平衡结构，是一个活的结构，它的形成和维持需要外界能量流、物质流、信息流的支持。

人地系统是耗散结构，其稳定和协调共生需要外界能量流、物质流、信息流的支持。

根据热力学第二定义，人地关系地域系统遵循的熵变方程为

$$dS = dS_i + dS_e$$

式中，dS_i表示人地系统内部相互作用过程产生的熵，且 $dS_i \geqslant 0$（可逆过程=0，不可逆过程>0）；dS_e表示人地系统和外界的熵交换（可正、可负、可零）；dS 表示人地系统的熵变，可以衡量人地关系状态的变化。

人地系统协调共生状态的熵变类型可划分为 4 种：①协调共生型，$dS<0$；②人地冲突型，$dS>0$；③警戒协调型，$dS=0$；④混沌型，dS 不确定。

人地系统协调共生的充要条件是从外界获取负熵流。区域可持续发展战略也以人地关系协调共生为核心，力求将人类系统熵的产生降至最低，把地理环境系统为人类系统可持续发展提供负熵的能力提高到最高，根据熵变规律，创造协调共生人地系统。

三、城市空间结构理论与城市功能区划

城市环境规划是指对一个城市、地区进行环境调查、监测、评价、预测因经济发展所引起的环境变化，根据生态学原则提出调整工业部门结构，以合理安排生产布局为主要内容的保护和改善环境的战略性布局，是城市管理者为使城市环境与经济社会协调发展而对自身活动和环境所作的时间和空间的合理安排。其目的在于调控城市中人类自身活动，减少污染，防止资源破坏，以取得最佳的环境、经济和社会效益。合理的地域和产业结构，能够提高资源利用率和劳动生产率，以最少的土地、人力、物力、财力、时间和环境投入费用，获得最大的环境经济效益。

1. 城市空间结构的环境经济效应

（1）企业的集聚效应。城市边缘工业的集聚和市中心商业、服务业的集聚能够共同使用公用交通运输、环境治理及其他基础设施；有利于区域内各企业之间技术、产品和信

息交流；便于统一的环境管理和污染治理，从而产生巨大的环境经济效益。

(2)功能区的邻近效应。居民区邻近工业区会产生正效应，而受到工业污染则产生负效应。因此，要把工业区置于常年主导风向的下风向处，在上风向邻近工业区或交通方便的地段设置居民区。

(3)城市设施间的协调效应。城市内的市政公用设施、生产和经营设施，以及社会设施如果布局合理、配合紧密，不仅能够方便生产和生活，还能使城市建设费用大大降低。实现这一目标需要进行统一的和长远的规划。

(4)土地利用的密度效应。按照杜能的地租理论，土地利用的集约化程度从中心至外围逐渐降低，这一规律同样适合于现代城市。我国人多地少，更应该通过征收极差地租，提高城市利用的集约化程度，如建筑向高空和地下发展；园林绿化立体化和多样化，珍惜使用每一寸土地，使城市绿地真正起到净化环境、美化生活的作用。

(5)时间的经济效应。现代化的城市要求高效率、快节奏地运转，随着城市的扩展和功能结构的复杂化，各环节之间衔接不当会造成时间上的延误。例如，为避免出现这种情况，可将各种站场集中布置，商业区和大型公共场所靠近交通站、停车场，这样可减少转换过程中时间的浪费。

(6)城市合理配置及对外联系效应。城市与郊区及其卫星城、区域内各城市之间要进行生产协作，存在着产品、信息的交流。区域性环境规划通过对区域内各城市的规模、生产结构和工业布局进行合理配置，使环境经济效益得到统一。

2. 城市空间结构的集聚规模经济

集聚规模经济是指产出和平均投入随经济规模而变的一种经济现象。一般情况下，生产规模扩大的初期平均成本下降；如果投入过多，其平均产出反而减少。因此，企业、工业区和城市存在一个合理规模问题。规模经济包括以下三种类型：

(1)企业内部规模经济，是对单个企业而言的；

(2)布局规模经济，是指同一行业序列的一些企业的集聚；

(3)城市化规模经济，是指不同行业的各类企业的集聚。

企业本身或集聚规模扩大的初期，由于降低了成本，加强了联系，规模经济效益显著；但如果人口、经济活动和土地利用过分密集，使得交通、地租等成本过高，生态环境恶化，则出现规模不经济现象。

思 考 题

1. 简述系统学的基本概念和主要观点。
2. 根据环境承载力的内涵，分析其在环境规划中的作用。
3. 简要介绍空间结构的基本理论以及对城市功能区划的指导作用。
4. 环境经济学的观点有哪些？

第三章　环境规划与环境影响评价的基本方法

第一节　环境规划与环境影响评价的数学方法

一、环境数据处理方法

数据是事物内在规律性的外在表现，研究、处理数据是为了认识事物的内在规律。在环境规划与环境影响评价过程中，许多监测、调查所获得的数据需要处理后才能进行进一步的有效的定量分析和研究。

(一)数据的表示方法和数据特征

1. 数据的表示方法

列表法和图示法是表示数据的两种基本方法。列表法就是将数据列成表格，将各变量的数据依照一定的形式和顺序一一对应起来，它通常是整理数据的第一步，能为标绘曲线图或整理成数学公式打下基础。图示法就是将数据用图形表示出来，它能用更加直观和形象的形式将复杂的数据表现出来。通过数据图，可以直观地看出数据变化的特征和规律。图示法还可以为下一步数学模型的建立提供依据。

2. 数据特征

数据特征是对环境总体状况进行估计判断的基础，是认识数据理论特性的基本出发点，通常可分为位置特征数、离散特征数和分布形态特征数三类。其中，位置特征数是表示数据集中趋势或刻画频数分布图中心位置的特征数；离散特征数则用来描述数据分散程度；分布形态特征数刻画了根据所获数据绘制的分布曲线图的形态。

1)位置特征数

(1)算术平均数：

$$\bar{x}=\frac{x_1+x_2+\cdots+x_n}{n}=\frac{\sum_{i=1}^{n}x_i}{n} \tag{3-1}$$

式中，x_1，x_2，…，x_n为样本个体数据；n为样本个数。

(2)加权平均数：如果样本个体数据x_1，x_2，…，x_n取值因频数不同或对总体重要性有所差别，则常采取加权平均法。加权平均数定义为

$$\bar{x}_w = \frac{w_1x_1 + w_2x_2 + \cdots + w_nx_n}{w_1 + w_2 + \cdots + w_n} = \frac{\sum_{i=1}^{n} w_ix_i}{\sum_{i=1}^{n} w_i} \tag{3-2}$$

式中，w_i 为个体数据出现频数，或是因该个体对样本贡献不同而取的不同的数值。

(3)几何平均数：

$$\bar{x}_G = \sqrt[n]{x_1x_2\cdots x_n} = (x_1x_2\cdots x_n)^{\frac{1}{n}} \tag{3-3}$$

(4)调和平均数：

$$\bar{x}_H = \frac{n}{\frac{1}{x_1} + \frac{1}{x_2} + \cdots + \frac{1}{x_n}} = \frac{n}{\sum_{i=1}^{n} \frac{1}{x_i}} \tag{3-4}$$

(5)中位数：环境数据有时显得比较分散，甚至个别的数据离群偏远，难以判断去留，这时往往用到中位数。样本数据依次排列(从大到小或者从小到大)居中间位置的数即为中位数，若数据个位为偶数，则中位数为正中两个数的平均值。只有当数据的分布呈正态分布时，中位数才代表这组数据的中心趋向，近似于真值。

应注意的是，如果环境数据分布对称性很差，则$\bar{x}$并不反映数据典型水平。许多污染物在土壤、水体、大气中的分布呈对数正态分布或与之相近，所以环境统计中常常用到几何平均数。总之，不同的平均值都有各自适用场合，选择的平均指标应能反应数据典型水平，不能随意采用。

2)离散特征数

(1)极差(全距)：

$$R = \max_{1\leqslant k\leqslant n}\{x_k\} - \min_{1\leqslant k\leqslant n}\{x_k\} \tag{3-5}$$

(2)差方和、样本方差和样本标准差。

差方和：

$$s^2 = \sum_{k=1}^{n}(x_k - \bar{x})^2 = \sum_{k=1}^{n} x_k^2 - \frac{\left(\sum_{k=1}^{n} x_k\right)^2}{n} \tag{3-6}$$

样本方差：

$$s^2 = \frac{1}{n-1}\sum_{k=1}^{n}(x_k - \bar{x})^2 \tag{3-7}$$

样本标准差：

$$s = \sqrt{\frac{1}{n-1}\sum_{i=1}^{n}(x_i - \bar{x})^2} \tag{3-8}$$

(3)变异系数：

$$C = \frac{s}{\bar{x}} \tag{3-9}$$

上述参数中，方差、标准差及变异系数都是以均值$\bar{x}$为中心的离散特征参数，尤其以方差的计算与应用最为普遍。

3)分布形态特征数

刻画数据分布形态的特征数有两个：偏态系数和峰态系数。

(1)偏态系数：主要描述数据频率分布对称特征，反映数据是对称或偏向某方向。

$$C_s = \frac{n}{(n-1)(n-2)} \cdot \frac{\sum_{k=1}^{n}(x_k - \bar{x})^3}{s^3} \tag{3-10}$$

(2)峰态系数：描述数据分布陡峭程度。

$$C = \frac{n^2 - 2n + 3}{(n-1)(n-2)(n-3)} \cdot \frac{\sum_{k=1}^{n}(x_k - \bar{x})^4}{s^4} - \frac{3(2n-3)}{n(n-1)(n-2)(n-3)} \cdot \frac{\left[\sum_{k=1}^{n}(x_k - \bar{x})^2\right]^2}{s^4} \tag{3-11}$$

式中，s 表示样本标准差。

(二)异常数据的剔除

剔除异常数据实质上是区分异常数据由偶然误差还是系统误差造成的问题。若是人为因素造成的偶然误差就应剔除，如果没有足够的理由证实是偶然过失造成的时候，应对数据进行统计处理，采用一定的检验方法来决定取舍。

(三)数据的误差分析

1. 几种误差的基本概念

(1)观测值与真值之差称为绝对误差，即绝对误差＝观测值－真值。绝对误差反映了观测值偏离真值的大小。通常所说的误差一般是指绝对误差。

(2)绝对误差很难说明观测的准确程度。为了判断观测值的准确性，人们引入了相对误差的概念。相对误差是绝对误差和真值的比值，常用百分数表示。

(3)算术平均误差也是一种表示误差的常用方法，它可以反映一组数据的误差大小。其公式为

$$\Delta x = \frac{\sum_{i=1}^{n}|x_i - \bar{x}|}{n} \tag{3-12}$$

(4)标准误差也称均方根误差，它常用来表示观测数据的精密度，能明显地反映出较大的个别误差。标准误差越小，说明数据精密度越好。其公式为

$$\sigma = \sqrt{\frac{\sum_{i=1}^{n}(x_i - \bar{x})^2}{n}} \tag{3-13}$$

在有限次的观测中，常用式(3-8)计算标准误差。

2. 误差的来源和分类

(1)随机误差是在一定条件下以不可预知的规律变化着的误差。这些偶然因素是操作

者无法严格控制的，故无法完全避免随机误差。但它的出现一般具有统计规律，大多服从正态分布。

(2)系统误差是指由某个或某些不确定的因素所引起的误差。条件一旦确定，系统误差就是一个客观上的恒定值，它不能通过多次测量取平均值的方法来消除，只能根据仪器的性能、环境条件或个人偏差等进行校正，使之降低。

(3)过失误差是由于操作人员不仔细、操作不正确等原因引起的，是完全可以避免的。

3. 误差分析

误差可能是由于随机误差或系统误差单独造成的，还可能是两者的叠加。误差分析中，常采用精密度、正确度和准确度来表示误差的性质。

(1)精密度反映了随机误差大小的程度，是指在相同条件下，对被测对象进行多次反复测量，测量值之间的一致(符合)程度。

(2)正确度指测量值与其“真值”的接近程度。从测量误差的角度来说，正确度所反映的是测量值的系统误差。由于随机误差和系统误差是两种不同性质的误差，因此对于一组数据来说，精密度高并不意味着正确度也高；反之，精密度不好，但当测量次数相当多时，有时也会得到好的正确度。

(3)准确度指被测对象测量值之间的一致程度以及与其“真值”的接近程度，即精密度和正确度的综合概念。从测量误差的角度看，准确度是随机误差和系统误差的综合反映。

(四)数据的标准化处理

在大批的环境统计数据中，当数据的物理量不同、单位或量值差别较大时，常常会给下一步分析带来困难，这时就有必要用下面的公式进行标准化处理：

$$u_{ij} = \frac{x_{ij} - \bar{x}_i}{s_i} \tag{3-14}$$

式中，u_{ij}为x_{ij}标准化后对应的数据，x_{ij}($i=1$，2，…，n；$j=1$，2，…，m)为一批数据中第i个因子的第j个数据；s_i，$\bar{x}_i$分别为第i个因子标准差和平均值。

二、最优化分析方法

在环境规划中，常常需要采用最优化分析方法，将环境系统规划决策问题简化成在预定的目标函数和约束条件下，由若干决策变量所代表的规划方案以及进行优化决策的数学模型。下面介绍几种环境规划中常用的最优化分析方法。

1. 线性规划

在环境规划中，线性规划常常用来解决两类优化问题：一是如何优化资源配置使产值最大或利润最高；二是如何统筹安排以便消耗最少的资源或排放最少的污染物。其数学模型如下，其中式(3-15)称为目标函数；式(3-16)称为约束条件。

$$\max(\min)Z = c_1x_1 + c_2x_2 + \cdots + c_nx_n \tag{3-15}$$

$$\begin{cases} a_{11}x_1+a_{12}x_2+\cdots+a_{1n}x_n \leqslant (=\text{或}\geqslant) b_1 \\ a_{21}x_1+a_{22}x_2+\cdots+a_{2n}x_n \leqslant (=\text{或}\geqslant) b_2 \\ \vdots \\ a_{m1}x_1+a_{m2}x_2+\cdots+a_{mn}x_n \leqslant (=\text{或}\geqslant) b_m \\ x_1,\ x_2,\ \cdots,\ x_n \geqslant 0 \end{cases} \tag{3-16}$$

式(3-15)和式(3-16)所组成的数学模型，使优化决策分析过程转化为在约束条件下使目标函数 Z 取最大值或最小值，即求极值的线性规划过程。式(3-16)右端的 b_1，b_2，…，b_m 是优化决策分析的约束条件，一般是常数。满足约束条件的 x_1，x_2，…，x_n 的任何组合，都是数学模型的可行解，使目标函数 Z 最大或最小的可行解是模型的最优解。

2. 非线性规划

在环境规划与管理中，某些问题的决策模型可能会出现下面的情况：①目标函数非线性，约束条件为线性；②目标函数为线性，约束条件非线性；③目标函数与约束条件均为非线性函数。上述情况均属于非线性规划的问题，其数学模型的一般形式是

$$\begin{cases} \min f(x_1,x_2,\cdots,x_n) \\ g_i(x_1,x_2,\cdots,x_n) \geqslant 0, i=1,2,\cdots,m \end{cases} \tag{3-17}$$

式中，令 $X=(x_1,\ x_2,\ \cdots,\ x_n)^{\mathrm{T}}$ 为 n 维欧氏空间 E^n 中的向量，它代表一组决策变量。如果需使目标函数最大，可由 $\max f(X)=-\min[-f(X)]$ 转化为求 $-f(X)$ 的最小值问题。当某约束为 $g_i(X)=0$，则可用不等式 $\begin{cases} g_i(X)\geqslant 0 \\ -g_i(X)\geqslant 0 \end{cases}$ 约束代替。

一般地，由于非线性关系的复杂多样性，非线性规划问题求解要比线性规划问题求解困难得多。目前，非线性规划问题常采用数值求解，数值求解非线性规划的算法大体分为两类：一是采用逐步线性逼近的思想，通过一系列非线性函数线性化的过程，利用线性规划获得非线性规划的近似最优解；二是采用直接搜索的思想，根据部分可行解或非线性函数在局部范围内的某些特征，确定迭代程序，通过不断改进目标值的搜索计算，获得最优或满足需要的局部最优解。

3. 动态规划

在环境规划中，经常遇到多阶段最优化问题，即各个阶段相互联系，任一阶段的决策选择不仅取决于前一阶段的决策结果，而且影响到下一阶段活动的决策，从而影响到整个决策过程的优化问题。这类问题通常采用动态规划方法求解。其基本原理为：作为多阶段决策问题，其整个过程的最优决策应具有这样的性质，即无论过去的状态和决策如何，对前面的决策所形成的状态而言，其后一系列决策必须构成最优决策。根据这一基本原理，可以把多阶段决策问题分解成许多相互联系的小问题，从而把一个大的决策过程分解成一系列前后有序的子决策过程，分阶段实现决策的“最优化”，进而实现“总体最优化”方案。为使最后决策方案获得最优决策效果，动态规划求解可用下列递推关系式表示：

$$f_k(x_k)=\mathrm{opt}\{d_k[x_k,u_k(x_k)]+f_{k+1}[u_k(x_k)]\} \tag{3-18}$$

式中，k 为阶段数，$k=n-1$，…，3，2，1；x_k 为第 k 阶段的状态变量；$u_k(x_k)$ 为第 k 阶段的决策变量；$f_k(x_k)$ 为第 k 阶段为 x_k 时的最优值；$f_{k+1}[u_k(x_k)]$ 为第 $k+1$ 阶段的

最优值；$d_k[x_k, u_k(x_k)]$为第 k 阶段当状态为 x_k，决策变量为 $u_k(x_k)$时的函数值。其中 opt 根据具体问题要求最小或最大。

由上所述，动态规划只是给出了一个分阶段求最优解的基本模型，并无确定的具体数学模型，所以究竟如何进行动态规划分析，需要根据规划问题的具体情况而定。

三、环境数学模型

(一)环境数学模型概述

环境数学模型就是在对正式的环境系统进行观察，通过试验或实际的监测调查取得大量数据，并对环境系统变化规律取得一定认识的基础上，经抽象简化和数学模拟而得到的一个数学方程式的集合，它能够描述环境系统中各变量及参数之间的关系。

按模型的结构分类，环境数学模型可大致分为白箱、灰箱和黑箱三种。白箱模型又称为机理模型，它建立在客观事物变化规律的基础上，可以在相当范围内适用；灰箱模型又称为半机理模型，在只知道各因素之间的质的关系而不确切明了量的关系时适用；黑箱模型又称为输入－输出模型，它属于纯经验模型，它根据系统的输入－输出数据建立各变量间的关系，而完全不追究其内在的机理。

实际应用中，完全的白箱模型是很少的；而黑箱模型往往只针对一个具体系统或某种具体的状态，其应用范围很有限；因此绝大部分环境数学模型属于灰箱模型。建立灰箱模型时，应根据系统各变量之间的物理、化学或生物学的过程，建立响应关系，然后根据输入－输出数据确定待定参数的数值。

(二)模型的建立

模型的建立离不开科学的建模方法。常用的建模方法有图解法、质量平衡法、概率统计法、灰色系统法、模糊数学法、投入产出分析法等。下面简单介绍其中几种。

1. 图解法

由点和线组成的用以描述系统的图形称为图模型，可用于描述自然界和人类社会中大量实物和实物之间的关系。图模型形象、直观，对决策者了解系统结构和功能之间的关系很有帮助。但图解建模法作为一种描述性方法，往往精确度较差，而且受人的视觉影像而局限于三维空间中，因此它通常作为建立系统方程式模型的辅助分析工具来用。

2. 质量平衡法

根据质量平衡原则建立微分方程是最常用的建立白箱模型的方法。应用质量平衡方法必须知道物质流的方向和通量、污染物反应的方式和速度，以及各种污染物之间的相关关系和关联作用。环境数学模型中很多都是在质量平衡的基础上建立的。值得注意的是，几乎每一个利用质量平衡原则建立的模型中都包含了一个或多个待定参数，它们一般很难由过程的机理确定，且数值又随时间、空间变化，因此需要借助大量的贯彻数据最终确定参数。

3. 概率统计法

概率统计法中，回归分析法和时间序列预测法是广泛应用于环境规划与管理领域的基本预测方法。

回归分析法建立在对客观事物进行大量实验和观察的基础上，是一种用来寻找隐藏在某些现象中的规律性的数理统计方法。由于环境系统是一个复杂的有机整体，其特征的变化和发展受到多重因素的影响和制约，如城市空气中可吸入颗粒物(PM_{10})的浓度与气象因子、城市的工业布局、污染源的分布和排放量等都有关系，同时这种关系又非常复杂，无法用精确的函数式来描述，只能通过大量的检测数据进行统计处理，从中找到其内在的联系和规律。回归分析法就是通过分析因素之间的因果关系和影响程度进行预测，用过去和现在的环境监测数据确定函数关系式，按最小二乘法原则确定函数式中的参数值，进而建立回归预测模型，用于预测环境要素特征发展变化的规律。根据变量之间函数形式的不同，回归分析分为线性回归和非线性回归；根据自变量个数的多少，可分为一元回归和多元回归。

时间序列就是将历史统计资料按时间顺序排列起来的一组数字序列，例如环境保护监测部门按天排列 PM_{10}、SO_2等大气污染物浓度，按年度或月份排列污水量等。时间序列预测法就是根据预测对象本身的历史统计数据，利用数理统计方法加以处理，来研究其变化趋势，达到预测目的。它考虑了事物发展中随机因素的影响和干扰，而且简便易行。根据数据处理方法的不同，时间序列预测方法主要分为移动平均法、加权滑动平均法和指数平均法。具体方法可参见有关参考书。

(三)模型参数的估值方法

由于环境系统中的模型基本上都是灰箱模型，其中至少存在着一个待定参数，因此参数的估计是建立环境数学模型非常重要的一项工作。下面介绍几种主要的估值方法。

1. 图解法

给定的公式或数据可以直接描述成一条直线，或经过一定处理后可以转化为直线时，常常采用图解法估计参数。作图时，将自变量 x 和因变量 y 标注在直角坐标系中，确定每一个数据点位，把所有的点位连接起来，形成一条直线，其数学表达式为

$$y=b+ax \tag{3-19}$$

式中，a 为直线的斜率；b 为直线在 y 轴上的截距。

2. 经验公式法

根据长时期的实际经验，人们提出了许多经验公式来估计数学模型中的相关参数。应注意的是，使用经验公式时要求该系统条件与建立经验公式的条件一致或相近，否则就会出现很大偏差。

3. 线性回归法

此法适用于自变量 $x_i(i=1, 2, \cdots, n)$与因变量 y 呈一次线性关系的情况。线性回归分析有两个基本假设：一是所有的自变量的值 $x_{ij}(j=1, 2, \cdots, m)$均不存在误差，因变量的值 y'_j 含有测量误差；二是与各测量值 y'_j 拟合得最好的线性方程

$$y=a_1x_1+a_2x_2+\cdots+a_ix_i+\cdots+a_nx_n+b \tag{3-20}$$

是能使各点到直线的竖向偏差的平方和

$$Z=\sum_{j=1}^{m}d_j^2=[y_j'-(a_1x_{1j}+a_2x_{2j}+\cdots+a_ix_{ij}+\cdots+a_nx_{nj}+b)]^2 \tag{3-21}$$

最小的直线。根据极值存在的条件，分别对 Z 作 a_i，b 的一阶偏导，使

$$\frac{\partial Z}{\partial a_i}=0，\frac{\partial Z}{\partial b}=0 \tag{3-22}$$

可以求得偏差平方和 Z 最小时的参数值 $a_i(i=1，2，\cdots，n)$，b。

（四）模型的检验

模型在投入使用之前，要进行模型的检验。检验包括两部分：一是检验模型的计算结果和实际观测数据之间的吻合度；二是对模型进行灵敏度分析。其中灵敏度分析用来估计模型计算结果的偏差，同时有助于建立运行上较可靠的低灵敏度系统和确定合理的设计阈值。这里仅介绍模型的吻合度检验。

1. 相关系数法

相关系数 R 的计算公式如下：

$$R=\frac{\sum_{i=1}^{n}(y_i-\bar{y})(y_i'-\bar{y}')}{\sqrt{\sum_{i=1}^{n}(y_i'-\bar{y}')^2\sum_{i=1}^{n}(y_i-\bar{y})^2}} \tag{3-23}$$

式中，y_i'和$\bar{y}'$分别表示观测值和计算值的平均值；R 为相关系数，R 越接近 1，相关性越强，反之，R 越接近 0，相关性越弱；n 为观测值数量。

相关系数法基于如下假设：观测值 y 和计算值 y'存在一定的线性关系，即

$$y=\alpha+\beta y'+\varepsilon \tag{3-24}$$

式中，α 和 β 分别是计算值和观测值线性关系的截距和斜率；ε 是两者之间的误差。

相关系数检验需进行相应的显著性分析，只有当假设 $\alpha=0$ 和 $\beta=1$ 为真时，用相关系数验证才有实际意义。

2. 相对误差法

相对误差法也是吻合度检验的常用方法之一。相对误差的计算公式为

$$e_i=\frac{|y_i-y_i'|}{y_i} \tag{3-25}$$

式中，e_i 为第 i 个观测值与计算值的相对误差；y_i 和 y_i' 分别是第 i 个观测值和计算值。

通常，我们采用中值误差（累积频率为 50%的误差值）作为衡量模型精确度的度量标准。中值误差的计算公式为

$$e_{0.5}=0.6745\sqrt{\frac{\sum_{i=1}^{n}\left(\frac{y_i-y_i'}{y_i}\right)}{n-1}} \tag{3-26}$$

式中，$e_{0.5}$为中值误差；n 为测量数据的数目。

第二节　环境规划与环境影响评价的综合技术方法

一、环境质量评价方法

环境质量评价是对环境各个要素的优劣程度的定量描述。通过评价可以明确环境质量状况、环境演变的规律及其发展趋势，为开展环境污染的综合整治、为环境规划及管理提供科学依据。

环境质量评价的类型很多，按照研究问题的空间范围分类可以分为局地的、区域的和全球的评价；按照环境要素来分类可以分为大气的、水体的和土壤的评价；按照时间序列分类可以分为回顾性评价、现状评价和环境影响评价；按照评价规模分类可以分为单项基本建设项目和区域性的环境质量综合评价等。

(一)污染源评价——等标污染评价法

污染源评价的主要目的是通过比较分析，确定主要污染物和主要污染源。污染源评价的方法有很多，在此重点介绍等标污染评价法。

等标污染评价法需要确定两个特征数：等标污染负荷和等标污染负荷比(表 3-1)。

表 3-1　等标污染负荷和等标污染负荷比

特征数	分类	公式
等标污染负荷(P)	第 j 个污染源第 i 种污染物的等标污染负荷(P_{ij})	$P_{ij}=\frac{C_{ij}}{C_{0j}}Q_{ij}$
	第 j 个污染源等标污染负荷	$P_j=\sum_{i=1}^{n}P_{ij}$
	某区第 i 种污染物等标污染负荷	$P_i=\sum_{j=1}^{n}P_{ij}$
	总等标污染负荷	$P=\sum_{j=1}^{n}\sum_{i=1}^{n}P_{ij}$
等标污染负荷比(K)	第 j 个污染源第 i 种污染物的污染负荷比(K_{ij})(确定一个污染源内主要污染物)	$K_{ij}=\frac{P_{ij}}{P_j}$
	第 j 个污染源的污染负荷比(K_j)(确定最重要污染源)	$K_j=\frac{P_j}{P}$
	某区第 i 种污染物的污染负荷比(K_i)(确定一个地区的主要污染物)	$K_i=\frac{P_i}{P}$

注：C_{ij}表示第 j 个污染源第 i 种污染物的排放浓度；C_{0j}表示第 j 种污染物的排放标准；Q_{ij}表示第 j 个污染源含有第 i 种污染物的介质的排放流量。

该方法的关键问题就是要确定等标污染负荷与等标污染负荷比，然后在此基础上确定主要污染源和主要污染物。

【例题 3-1】某工厂有 3 个污染源，废水量和污染物含量如表 3-2 所示。

表 3-2 某工厂废水的废水量和污染物含量

污染源编号	废水量/($m^3 \cdot d^{-1}$)	COD/($mg \cdot L^{-1}$)	BOD/($mg \cdot L^{-1}$)	SS/($mg \cdot L^{-1}$)
1	3000	250	720	200
2	1000	880	700	600
3	2000	200	500	300

解：各污染允许排放量分别为 COD=10 mg/L，BOD=5 mg/L，SS=50 mg/L。下面用等标污染负荷法确定主要污染物和主要污染源。

步骤 1 计算得到污染物的等标污染负荷，如表 3-3 所示。

表 3-3 某工厂各污染物的等标污染负荷 （单位：m^3/d）

污染物污染源	COD	BOD	SS	总等标污染负荷 P
1	75 000	432 000	12 000	519 000
2	88 000	140 000	12 000	240 000
3	40 000	200 000	12 000	252 000
合计	203 000	772 000	36 000	1011 000

步骤 2 计算各污染源的污染负荷比和确定各污染源的主要污染物，如表 3-4 所示。

表 3-4 某工厂各污染物的污染负荷比 （单位：%）

污染物污染源	COD	BOD	SS	主要污染物
1	14.5	83.2	2.3	BOD
2	36.7	58.3	5	BOD、COD
3	16	79	5	BOD

步骤 3 计算调查区内主要污染物：

$$K_{总COD}=\frac{203\ 000}{1\ 011\ 000}\times100\%\approx20\%$$

$$K_{总BOD}=\frac{772\ 000}{1\ 011\ 000}\times100\%\approx76\%$$

$$K_{总SS}=\frac{36\ 000}{1\ 011\ 000}\times100\%\approx3.6\%$$

得出全区主要污染物为 BOD、COD。

步骤 4 计算调查区内主要污染源。

对 1 号污染源：

$$K=\frac{519\ 000}{1\ 011\ 000}\times100\%\approx51\%$$

对 2 号污染源：

$$K=\frac{240\ 000}{1\ 011\ 000}\times100\%\approx24\%$$

对 3 号污染源：

$$K=\frac{252\ 000}{1\ 011\ 000}\times 100\%\approx 25\%$$

因此确定，全区主要污染源为1号污染源。

(二)环境指数评价法

环境指数评价法是最常用的环境质量评价方法，也是我国《环境质量综合评价技术导则》推荐使用的方法。环境质量指数的形式包括各种单因子指数、描述多种污染物的多因子指数等。

1. 单因子指数

一般情况下，单因子指数等于环境质量因子的实测浓度除以相应的评价标准，即

$$I_i=\frac{C_i}{S_i} \tag{3-27}$$

式中，I_i 为第 i 种环境因子的环境质量指数；C_i 为第 i 种环境因子的实测浓度；S_i 为第 i 种环境因子的评价标准。

环境质量指数是无量纲量，用以表述超标倍数。数值越大表示该单项的环境质量越差。对于水环境质量，$I_i=1$ 表示该水质因子在评价水体中的浓度符合水域功能及水环境质量标准的要求，即达标；对于空气质量，$I_i<1$ 表示达标。

环境质量指数的计算还有特例，比如水环境评价中的溶解氧(dissolved oxygen，DO)和pH。

DO指数 I_{DO} 可表示为

$$\left.\begin{aligned} I_{DO} &= \frac{|O_s - C_{DO}|}{O_s - S_{DO}}, C_{DO} = S_{DO} \\ I_{DO} &= 10 - 9\frac{C_{DO}}{S_{DO}}, C_{DO} < S_{DO} \end{aligned}\right\} \tag{3-28}$$

式中，O_s 表示对应温度下的饱和溶解度；C_{DO} 表示DO浓度检测值；S_{DO} 表示DO评价指标值。

pH的环境指标指数 I_{pH} 可表示为

$$\left.\begin{aligned} I_{pH} &= \frac{7.0-pH}{7.0-pH_d},\ pH<7.0 \\ I_{pH} &= \frac{pH-7.0}{pH_u-7.0},\ pH>7.0 \end{aligned}\right\} \tag{3-29}$$

式中，pH表示pH的实际检测值；pH_d 表示pH评价标准的下限；pH_u 表示pH评价标准的上限。

环境质量指数是基于环境质量标准计算的，在进行横向比较时需注意各自采用的标准。

2. 多因子指数

多因子指数是在单因子指数的基础上经过综合运算而来的。常用的多因子指数包括均值多因子指数、加权多因子指数、内梅罗指数等。

(1)均值多因子指数表示为

$$I = \frac{1}{n}\sum_{i=1}^{n} I_i = \frac{1}{n}\sum_{i=1}^{n}\frac{C_i}{S_i}$$

该指数的出发点是认为各种环境因子数对环境的影响是等价的。

(2)加权多因子指数可表示为

$$I = \sum_{i=1}^{n} W_i I_i = \sum_{i=1}^{n} W_i \frac{C_i}{S_i}$$

式中，W_i 表示第 i 个环境因子的加权系数，$\sum_{i=1}^{n} W_i = 1$。

该指数的出发点是认为各种环境因子数对环境的影响是不等权的，合理确定环境因子的权重系数是关键。

(3)内梅罗指数是一种兼顾极值的加权多因子指数，可表示为

$$I = \sqrt{\frac{I_{i\max}^2 + I_{i\text{ave}}^2}{2}}$$

式中，$I_{i\max}$表示各单因子环境质量指数中的最大者；$I_{i\text{ave}}$表示单因子环境质量指数的平均值。该指数考虑了污染最严重的因子，避免了主观因素，是应用较多的一种环境质量指数。

(三)大气环境质量指数

1. 美国橡树岭大气质量指数(ORAQI)

$$\text{ORAQI} = \left(5.7\sum_{i=1}^{5} \frac{C_i}{S_i}\right)^{1.37}$$

式中，C_i 为参与评价的污染物 24 h 环境平均浓度；S_i 为相应的大气质量评价标准。

该指数将大气质量分为 6 级，有 5 种污染物(CO，SO_2，NO_x，O_3和 TSP)参与评价。当环境浓度相当于未受污染的背景值时，ORAQI=10，当环境浓度等于评价标准，即当 $C_i = S_i$ 时，ORAQI=100。

2. 污染物标准指数(PSI)

该指数按照 6 个污染因子(SO_2、TSP、CO、O_3、NO_x及 SO_2分别与 TSP 的环境浓度的乘积)来判定大气的环境质量，将大气质量分为 5 个等级(良好、中等、不健康、很不健康和有危险)。

PSI 和 6 个参数的关系是分段线性函数，用内插法计算各污染物的分指数，将各分指数中最大者作为 PSI。

3. 空气污染指数(API)(中国)

1997 年我国开始环境空气质量报告，采用 API 进行周报和日报，报告项目定为 SO_2、NO_2、PM_{10}。

API 是根据我国环境空气质量标准和所选择的污染物的生态与环境效应来确定 API 分级及相应的污染物浓度限制的。API 空气质量级别划分如表 3-5 所示。

表 3-5 API 空气质量级别

API	0～50	51～100	101～200		201～300		300 以上
			101～150	151～200	201～250	251～300	
空气质量级别	清洁(I)	较清洁(II)	轻微污染(III1)	轻度污染(III2)	中度污染(IV1)	中度重污染(IV2)	重度污染(V)

空气污染分指数的计算如下：

$$I_i=\left[\frac{C_i-C_n}{C_{n+1}-C_n}\right](I_{n+1}-I_n)+I_n,\ C_n=C_i=C_{n+1}$$

$$\mathrm{API}=\max(I_1,I_2,\cdots,I_n)$$

采用线性内插法计算各污染物的分指数，各种空气污染物的分指数计算出来后，取最大者作为该城市的API数值，如表3-6所示。注意，计算结果只保留到整数。

表3-6　空气污染指数

API	空气污染物浓度/(mg·m^{-3})			
	TSP	PM_{10}	SO_2	NO_2
500	1.000	0.600	2.620	0.940
400	0.875	0.500	2.100	0.750
300	0.625	0.420	1.600	0.565
200	0.500	0.250	0.700	0.240
100	0.150	0.150	0.150	0.120
50	0.120	0.050	0.050	0.080

(四)水质指数

1. 豪顿(Horton)水质指数(WQI)

WQI是美国俄亥俄州河流卫生委员会的豪顿等在1965年首次提出的一种水质评价的指数体系，1970年由美国国家卫生基金会(National Sanitation Foundation，NSF)开发定型。

2. 湖泊富营养化评价的卡尔森指数(TSI)

选取透明度作为基准求出湖泊富营养化状态指数；根据各参数(总氮、总磷等)与基准参数之间的相关程度，对不同参数的营养状态指数进行加权，对湖泊的营养状态进行判断。

相关加权综合营养状态指数

$$\mathrm{TSI}(\sum)=\sum_{j=1}^{m}\omega_j g\,\mathrm{TSI}(j)$$

计算结果中，若TSI($\sum$)<30，贫营养；30≤TSI($\sum$)≤50，中营养；50<TSI($\sum$)≤60，轻度富营养；60<TSI($\sum$)≤70，中度富营养；TSI($\sum$)>70，重度富营养。

二、环境预测方法

环境预测是指在环境现状调查评价和科学试验的基础上，结合经济和社会的发展情况，对环境的发展趋势作出科学分析和判断。环境预测在环境影响评价中起着重要作用。在环境规划中，为实现环境与经济协调发展的目标，环境预测是不可缺少的环节，这也是环境规划决策的基础。

环境预测内容包括污染物排放量预测和介质排放量预测。常用的预测方法有时间统计模型、弹性系数模型和投入产出模型。

1. 时间统计模型

根据历年的污染源监测数据，如果污染物或介质的排放量与时间呈线性关系，则可以用下式进行预测：

$$Q = a + bt \tag{3-30}$$

式中，Q 为预测年的污染物(或介质)的排放量；t 为计算年份；a 和 b 为参数，可以根据多年的数据用最小二乘法估计，即

$$a = \frac{\sum_{i=1}^{n} Q_i t_i \sum_{i=1}^{n} t_i - \sum_{i=1}^{n} Q_i \sum_{i=1}^{n} t_i^2}{\left(\sum_{i=1}^{n} t_i\right)^2 - n\sum_{i=1}^{n} t_i^2} \tag{3-31}$$

$$b = \frac{\sum_{i=1}^{n} Q_i \sum_{i=1}^{n} t_i - n\sum_{i=1}^{n} Q_i t_i}{\left(\sum_{i=1}^{n} t_i\right)^2 - n\sum_{i=1}^{n} t_i^2} \tag{3-32}$$

其中，n 为所采用的资料的年数；下标 i 为历年的数据。

【例题 3-2】已知某市 1988～1997 年的一组 NO_x 发生量数据如表 3-7 所示，试预测 2003 年的 NO_x 发生量。

表 3-7 某市 1988～1997 年 NO_x 发生量($\times 10^4 t \cdot a^{-1}$) ［单位：($\times 10^4 t \cdot a^{-1}$)］

年份	1988	1989	1990	1991	1992	1993	1994	1995	1996	1997
NO_x	1.052	1.081	1.123	1.119	1.150	1.212	1.254	1.315	1.420	1.440

解：将 NO_x 发生量与年度变量绘在直角坐标纸上，两者之间的关系基本上可用一直线表示。以 1987 年为预测基准年，用式(3-31)和式(3-32)计算得

$$\begin{cases} a = 0.937\ 5 \\ b = 0.044\ 19 \end{cases}$$

用预测方程可表示为

$$Q = 0.937\ 5 + 0.044\ 19t$$

对于 2003 年，$t = 2003 - 1987 = 16$，有

$$Q(2003) = 1.68 \times 10^4 (t/a)$$

如果污染物(或介质)排放量与时间不是线性关系，也可以采用别的模型，其中以指数模型应用最多。指数模型的形式为

$$Q = Q_0 (1 + \alpha)^{t - t_0} \tag{3-33}$$

式中，Q，Q_0 分别为预测年和基准年的污染物(或介质)的排放量；t，t_0 分别为预测年和基准年；α 为参数，表示年排放量增长率。根据历史资料可求出 α 值。

这种方法根据污染物(或介质)的排放量与时间的关系进行预测，没有考虑社会和经济活动的影响。在经济结构没有重大变化的条件下，这种方法是简单易行的。

2. 弹性系数模型

弹性系数的定义为污染物(或介质)的年增长率与国民生产总值的年增长率的比值。

知道了弹性系数，就可以根据国民生产总值的发展来预测污染物(或介质)的排放量。

假定 α 和 β 分别为污染物(或介质)和国民生产总值的年增长率，则

$$\left.\begin{aligned} Q &= Q_0(1+\alpha)^{t-t_0} \\ M &= M_0(1+\beta)^{t-t_0} \end{aligned}\right\} \tag{3-34}$$

式中，M 和 M_0 分别为基准年(t_0)和预测年(t)的国民生产总值；Q_0 和 Q 分别为基准年和预测年的污染物(或介质)的排放量。

由式(3-33)和式(3-34)可以得到

$$\left.\begin{aligned} \alpha &= \left(\frac{Q}{Q_0}\right)^{\frac{1}{t-t_0}} - 1 \\ \beta &= \left(\frac{M}{M_0}\right)^{\frac{1}{t-t_0}} - 1 \end{aligned}\right\} \tag{3-35}$$

根据弹性系数的定义，有

$$\varepsilon = \frac{\alpha}{\beta} = \frac{\left(\frac{Q}{Q_0}\right)^{\frac{1}{t-t_0}} - 1}{\left(\frac{M}{M_0}\right)^{\frac{1}{t-t_0}} - 1} \tag{3-36}$$

如果知道基准年的污染物(或介质)的排放量 Q_0 和国民生产总值 M_0，以及预测年的国民生产总值 M，就可以计算预测年的污染物(或介质)的排放量了，即

$$Q = Q_0\left\{\varepsilon\left[\left(\frac{M}{M_0}\right)^{\frac{1}{t-t_0}} - 1\right] + 1\right\}^{t-t_0} \tag{3-37}$$

三、环境与社会经济预测方法

(一)社会发展预测

社会发展预测重点是人口预测，也包括一些其他社会因素的确定，如规划期内区域的人口总数、人口密度和人口分布等方面的发展变化，人们的可持续发展观念和环境意识等各种社会意识的发展变化，人们的生活水平、居住条件、消费倾向和对环境污染的承受能力等方面的变化等。

人口预测是指根据一个国家、一个地区现有人口状况及可以预测到的未来发展变化趋势，测算在未来某个时间人口的状况，是环境规划与评价的基本参数之一。进行人口预测，主要关心的是人口总数，常见的预测模型见表 3-8。

表 3-8　常见的人口预测模型

项目	公式	说明
算术级数法	$N_t = N_{t_0} + b(t - t_0)$	N_t——预测年的人口数量，万人； N_{t_0}——基准年的人口数量，万人； b——逐年人口增加数(即 t 变动一年 N_t 的增加数)，万人/a； t，t_0——预测年和基准年，a； K——人口自然增长率，是人口出生率与死亡率之差，常表示为人口每年净增的千分数
几何级数法	$N_t = N_{t_0}(1+K)^{t-t_0}$	
指数增长法	$N_t = N_{t_0}2.718^{K(t-t_0)}$	

(二)经济发展预测

经济发展预测包括能源消耗预测、国民生产总值预测、工业总产值预测等。本书主要介绍能源消耗预测。能源计算主要包括原煤、原油、天然气三项。能源消耗指标和能源消耗预测方法分别见表 3-9 和表 3-10。

表 3-9 能源消耗指标

指标名称	说明
产品综合能耗	包括单位产值综合能耗(总耗能量和产品总产值的比值)和单位产量综合能耗(总耗能量和产品总产量的比值)
能源利用率	有效利用的能量和供给的能量的比值
能源消费弹性系数	规划期内能源消耗量增长速度与年平均经济增长速度之间的比值，年平均增长速度，可采用工业总产值、工农业总产值、社会总产值或国民收入的增长速度等表示

表 3-10 能源消耗预测方法

方法名称	说明
人均能量消耗法	按人民生活中衣食住行对能源的需求来估算生活用能的方法，我国平均每人每年消耗 1.14 t 标准煤
能源消耗弹性系数法	能源消耗弹性系数 e 一般为 0.4～1.1，由国民经济增长速度粗预测能耗的增长速度 $\beta=e\cdot\alpha$，其中 α 为工业产值增长速度。以此可进行规划期能耗预测 $E_t=E_0(1+\beta)^{t-t_0}$，其中 E_t 为预测年的能耗量，E_0 为基准年的能耗量，t，t_0 分别为预测年和基准年

目前，耗煤量的预测可分为民用耗煤量预测和工业耗煤量预测。民用耗煤量预测可表示为

$$E_s=A_s\cdot S \tag{3-38}$$

式中，E_s 为预测年采暖耗煤量，10^4 t/a；A_s 为采暖耗煤系数，t/m^2；S 为预测年采暖面积，m^2/a。

工业耗煤量预测方法有弹性系数法、回归分析法、灰色预测法等几种常用的方法。以弹性系数法为例，设工业耗煤量平均增长率为 α，工业总产值平均增长率为 β，工业耗煤量弹性系数 C_E 可表示为

$$C_E=\frac{\alpha}{\beta}=\frac{\left(\frac{E_t}{E_0}\right)^{\frac{1}{t-t_0}}-1}{\left(\frac{M_t}{M_0}\right)^{\frac{1}{t-t_0}}-1} \tag{3-39}$$

式中，E_t 为预测年的工业耗煤量，10^4 t/a；E_0 为基准年的工业耗煤量，10^4 t/a；M_t 为预测年的工业总产值，万元/a；M_0 为基准年的工业总产值，万元/a；t，t_0 为预测年和基准年，a。

(三)环境质量预测

环境质量预测是预测各类污染物在大气、水体等环境要素中的总量、浓度以及分布

的变化，预测可能出现的新污染物种类和数量，预测规划期内由环境污染可能造成的各种社会和经济损失。

1. 大气环境质量预测

大气环境质量预测是了解未来一定时期的经济、社会活动对大气环境带来的影响，以便采取改善大气环境质量的措施。其主要内容是预测大气环境中污染物的含量，常用方法有箱式模型法、高斯模型法、线源扩散模式法、面源扩散模式法和总悬浮微粒扩散模式法。表 3-11 列出了常用预测模型。具体内容可参阅《环境影响评价技术导则　大气环境》(HJ/T 2.2—93)。

表 3-11　常用大气环境质量预测模型

模型名称		模型公式	说明
箱式模型		$\rho_B=\rho_{B_0}+\frac{Q}{\bar{u}lH'}$	ρ_B——预测区大气污染物浓度，mg/m³； ρ_{B_0}——预测区大气污染物浓度背景值，mg/m³； Q——源强，t/a； l——箱体长度，m； H'——预测区混合层高度，m； $\bar{u}$——平均风速，m/s； H——有效源高，m； σ_y，σ_z——污染物在 y，z 方向的标准差，m； Q_L——线源源强，g/(m·s)； θ——无限长线源与风向夹角角度，(°)； x——预测点距污染源距离，m； x_0——构建虚拟点源距污染源距离，m； α——反射系数； v_g——粒子沉降速度，m/s
高斯模型	高架连续点源高斯扩散模式	$\rho_B(x,y,z,H)=\frac{Q}{2\pi\bar{u}\sigma_y\sigma_z}\exp(-\frac{y^2}{2\sigma_y^2})\times\left\{\exp\left[-\frac{(z-H)^2}{2\sigma_z^2}\right]+\exp\left[-\frac{(z+H)^2}{2\sigma_z^2}\right]\right\}$	
	高架连续点源地面浓度的高斯扩散模式	$\rho_B(x,y,0,H)=\frac{Q}{\pi\bar{u}\sigma_y\sigma_z}\exp(-\frac{y^2}{2\sigma_y^2})\exp(-\frac{H^2}{2\sigma_z^2})$	
	高架连续点源地面轴线浓度的高斯扩散模式	$\rho_B(x,0,0,H)=\frac{Q}{\pi\bar{u}\sigma_y\sigma_z}\exp(-\frac{H^2}{2\sigma_z^2})$	
	高架连续点源地面轴线做大浓度模式	$\rho_{B,\max}=\frac{2Q}{\pi\bar{u}H^2e}\cdot\frac{\sigma_z}{\sigma_y},\sigma_{z\mid x=x_{\rho_{B,\max}}}=\frac{H}{\sqrt{2}}$	
	地面连续点源扩散模式	$\rho_B(x,y,z,0)=\frac{Q}{\pi\bar{u}\sigma_y\sigma_z}\exp(-\frac{y^2}{2\sigma_y^2})\exp(-\frac{z^2}{2\sigma_z^2})$	
线源扩散模式		$\rho_B=\frac{\sqrt{2}Q_L}{\sqrt{\pi}\bar{u}\sigma_z\sin\theta}\exp(-\frac{H^2}{2\sigma_Z^2})$ (风向与线源不垂直，$\theta>45°$) $\rho_B=\frac{Q_L}{\sqrt{\pi}\bar{u}\sigma_z}\exp(-\frac{H^2}{2\sigma_Z^2})\cdot\int_{-\infty}^{\infty}e\cdot\frac{-y^2}{2\sigma_y^2}dy$ $=\frac{\sqrt{2}Q_L}{\sqrt{\pi}\bar{u}\sigma_z}\exp(-\frac{H^2}{2\sigma_Z^2})$(风向与线源垂直)	
面源扩散模式		$\rho_B=\frac{\sqrt{2}Q_L}{\sqrt{\pi}\bar{u}\sigma_z}\cdot\frac{1}{\frac{\pi}{8}(x+x_0)}\exp(-\frac{H^2}{2\sigma_z^2})$	
总悬浮微粒扩散模式		$\rho_B=\frac{Q(1+\alpha)}{2\pi\bar{u}\sigma_y\sigma_z}\exp(-\frac{y^2}{2\sigma_y^2})\exp\left[-\frac{\left(H-\frac{v_g x}{\bar{u}}\right)}{2\sigma_z^2}\right]$	

2. 水环境质量预测

水环境质量预测最基本的问题就是要找出污染排放变化与水体控制点处主要污染物含量水平的相关关系，以此预测区域(或城市)由于实施经济、社会发展规划而产生的环境影响。可选用或建立水质模型，如河流模型，河口、湖泊水库模型等均是进行水质预测最常采用的方法，表 3-12 列出了部分常用预测模型。其他预测模型可参阅《环境影响评价导则　地面水环境》（HJ/T 2.3—93）。

表 3-12　部分常用水环境质量预测模型

模型名称	模型公式	说明
完全混合的河流水质预测方法	$\rho_B=\dfrac{(1-k_1)(q_{V_0}\rho_{B_0}+q_V\rho_{B_i})}{q_{V_0}+q_V}$	ρ_B——河流下游断面污染物浓度，mg/L； q_{V_0}——河流上游断面河水流量，m^3/s； ρ_{B_0}——河流上游断面污染物浓度，mg/L； ρ_{B_i}——流入废水中污染物流量，mg/L； q_V——废水流量，m^3/s； k_1——污染物削减综合系数，可由上、下断面水质监测资料反求，若不考虑污染物的削减量，$k_1=0$；
一维河流水质模型	$\rho_{B,\max}=\rho_B+(\rho_{B_i}-\rho_{B_0})\exp(-\alpha x^{1/3})$ $\alpha=\varphi\xi\left(\dfrac{D}{q_V}\right)^{\frac{1}{3}}$ $\varphi=\dfrac{l}{l_0}$ $D=\dfrac{ghv}{2m_bS}$	$\rho_{B,\max}$——河流断面污染物最大可能浓度，mg/L； x——计算断面与排污口的距离，m； α——系数； φ——河道弯曲系数； l——河道的实际长度，m； l_0——计算断面与排污口的直线距离，h； D——扩散系数； g——重力加速度，m^3/s； h——河水的平均深度，m； v——河流断面平均流速，m/s； S——谢才系数； m_b——布辛定斯克系数，一般取 22.3 m^3/s；
湖泊水质预测模型	$\rho_B=\rho_{B_0}\exp(-\dfrac{k_2\theta H}{2q_V}r^2)$	θ——废水在湖中的稀释扩散角度，在岸边排放时为 180°，在湖心排放时为 360°； H——废水扩散区在湖水中的平均深度，m； r——预测点距排放口的距离，m； k_2——污染物自净系数
单一河段 S—P 模型	$t_c=\dfrac{1}{K_a-K_d}\cdot\ln\dfrac{K_a}{K_d}\times\left[1-\dfrac{D_0(K_a-K_d)}{L_0K_d}\right]$	L_0——河流起始点的BOD_5 值； D_0——河流起始点的氧亏值； t_c——由起始点到达临界点的流行时间； K_d——河水中BOD_5 衰减(耗氧)速率常数； K_a——河流复氧速率常数
多河段 BOD_5 模型	$L_{2i}=\dfrac{L_{2,i-1}\alpha_{i-1}(q_{V_{1i}}-q_{V_{3i}})}{q_{V_{2i}}}+\dfrac{q_{V_i}}{q_{V_{2i}}}L_i$ （其中，$q_{V_{2i}}=q_{V_{1i}}+q_{V_i}-q_{V_{3i}}$ $q_{V_{1i}}=q_{V_{2,i-1}}$ $L_{2i}q_{V_{2i}}=L_{1i}(q_{V_{1i}}-q_{V_{3i}})+L_iq_{V_i}$ $L_{1i}=\alpha_{i-1}L_{2,i-1}$ $\alpha_i=e^{-k_{1i}\cdot t_i}$）	q_{V_i}——第 i 断面进入河流的污水（或支流）的流量，m^3/s； $q_{V_{1i}}$——由上游进入第 i 断面的流量，m^3/s； $q_{V_{2i}}$——由断面 i 输出到下游的河水流量，m^3/s； $q_{V_{3i}}$——在断面 i 处的河水取水量，m^3/s； L_i——在断面 i 处进入河流的污水或支流的BOD_5 的浓度，mg/L； k_{1i}——断面 i 处空气的再氧化速率常数，1/d； L_{1i}——由上游进入断面 i 的河水的BOD_5 和 DO 的浓度，mg/L； L_{2i}——由断面 i 向下游输出的河水的BOD_5 和 DO 的浓度，mg/L； t_i——断面 i 下游河段的流行时间，d
多河段 DO 模型	$L_2=\mathbf{U}L+m$ $O_2=\mathbf{V}L+n$	每输入一组污水的BOD_5(L)值，就可以获得一组对应的河流BOD_5 值和 DO 值(L_2 和 O_2)。由于$\boldsymbol{U}$ 和$\boldsymbol{V}$ 反映了这种因果变换关系，因此称$\boldsymbol{U}$ 为河段BOD_5 稳态响应矩阵，$\boldsymbol{V}$ 为河流 DO 稳态响应矩阵

3. 固体废物环境质量预测

固体废物对环境影响是多方面的，对这类预测问题，一般包括工业固体废物产生量、城市垃圾产生量及固体废物环境影响预测等内容。表 3-13 列出了部分固体废物常用预测模型。固体废物环境影响预测可采用大气、水影响预测模型，以及因果关系分析法等。

表 3-13　部分固体废物常用预测模型

模型名称		模型公式	说明
工业固体废物产生量预测	系数预测法	$W=P\cdot S$	W——预测固体废物年排放量； P——固体废物排放系数； S——预测的产品年产量
	回归分析法	$y=bx+a$	根据固体废物产生量与产品产量或工业产值的关系，可建立一元回归模型；若固体废物产生量受多重因素影响，还可建立多元回归模型进行预测
	灰色预测法	—	根据历年固体废物产生量序列来建立灰色预测模型，其基本方法可参见大气、水环境污染预测有关内容
城市生活垃圾产生量预测	系数预测法	$W_{生}=0.365f_{生}\cdot N$	$W_{生}$——预测城市垃圾年产生总量，10^4 t/a； $f_{生}$——排放系数，kg/(人·d)； N——预测年人口总数，万人

4. 噪声环境质量预测

噪声环境质量预测主要有两方面的内容：一是交通噪声预测，二是环境噪声预测。

(1)交通噪声预测方法：常采用的有多元回归预测，即根据车流量、道路宽度、本底噪声值与交通噪声等效声级之间的关系，建立多元回归预测模型。

(2)环境噪声预测方法：常见的主要有两种，即一种是多元回归预测方法，通过噪声源、本底噪声与噪声等效声级之间的关系，建立多元回归预测模型；另一种是灰色预测方法，即根据历年环境噪声值，建立灰色预测模型。

设备噪声(点源)的声音的递减量用下面的点源衰减公式(3-40)计算，而交通噪声一般采用线源衰减公式预测。

$$L=L_0-20\lg\left(\frac{r}{r_0}\right)^2 \tag{3-40}$$

式中，L 为指定距离 r 处声压级，dB(A)；L_0 为已知距离某处 r_0 的声压级，dB(A)；r_0 为特定距离，m；r 为待测点距声源的距离，m。

四、环境决策分析方法

(一)决策学

决策是指“人”对未来实践活动的理想、意图、目标、方向和达到理想、意图、目标、方向的原则、方法和手段所做的决定。决策的本质及哲学意义是指在主观与客观、理论与实践的矛盾对立统一体的不断运功、变化和发展过程中，主观或理论对客观世界的认识和对未来实践的驾驭能力。

决策学是研究、探索和寻求作出正确决策的规律的科学，包括决策学范畴、决策要素、决策原则、决策方法、决策程序和决策组织等方面。

决策分析是指在决策过程中所采用的决策技术。预测目的是为决策系统提供制定决策所必需的未来信息。

图 3-1 所示为决策系统基本结构，其中决策主体(或决策者)是指对客观情况、主观条件及事物发展变化规律的掌握，而且采用科学方法作出决策。决策对象(或决策问题)是指待解决的问题。信息包括内部信息和外界信息。

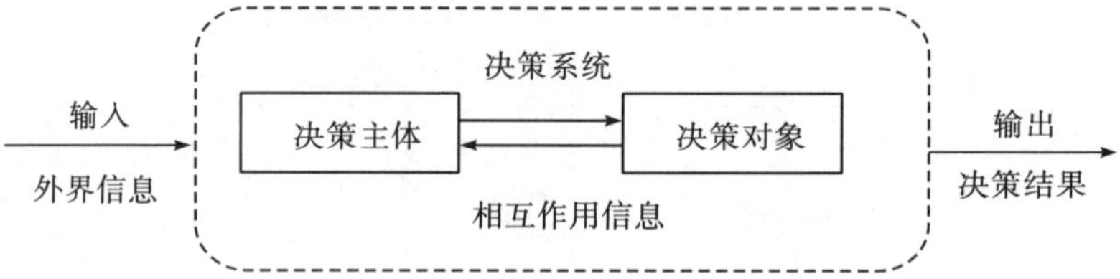

图 3-1　决策系统基本结构

决策学由定性决策向定量决策发展，由单目标向多目标综合发展。系统工程学、仿真技术、现代数学等引进决策学，为决策的科学化奠定了基础。现代决策科学已经产生并建立了许多有效的决策分析技术方法，特别是将决策论、系统分析和心理学等多领域研究成果融合起来，朝着定量和计算机化方向发展起来的决策分析技术方法及其计算工具，正在广泛地渗透到各种决策问题及其决策过程中。

(二)规划决策过程及其特征

1. 环境规划的决策过程

从广义上看，一般环境规划的决策过程包括 5 个基本程序环节，如图 3-2 所示。

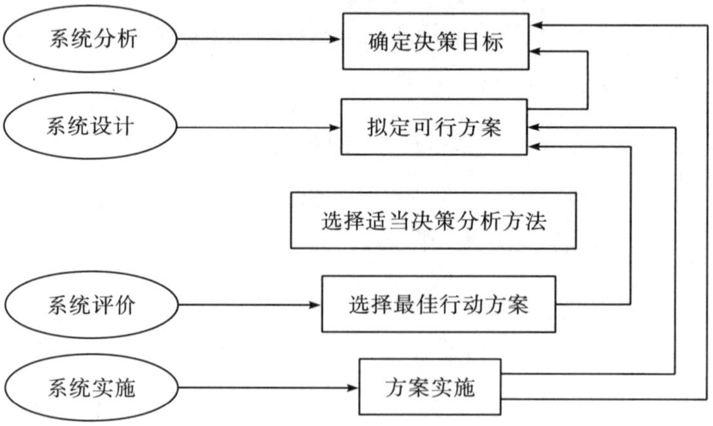

图 3-2　环境规划的决策过程

2. 环境规划决策的特征

环境系统是一个复杂的人工和生态复合系统，它的规划决策问题涉及环境、经济、政治、社会和技术等多种因素，因此它具有以下一般决策问题的典型特征。

(1)非结构化特征。按照决策问题所具有的复杂性和解决问题的难易程度，决策问题大体上可分为三种类型：结构化决策、半结构化决策和非结构化决策问题。

结构化决策又称程序化决策。这类问题从信息收集加工、确定决策影响因素和条件到形成决策等方面看成是可以准确识别且处理方式相对简单的一类管理规划的决策问题。其基本表现是：决策问题结构良好，可用数学模型表达；有明确的目标和判断准则；可借助计算机处理。

非结构化决策也称非程序化决策。此类问题涉及的信息知识有很大程度的模糊性和不确定性，无法准确进行逻辑判断，缺乏决策规则。

半结构化决策是指介于结构化决策和非结构化决策之间的决策问题。环境系统规划总体具有半结构化或非结构化决策问题的特征。

(2)多目标特征。环境系统规划的方案选择往往涉及环境、经济、社会甚至政治等多种因素，而各目标之间普遍存在着冲突性和不可公布性。

(3)基于价值观念的特征。这里所谓“价值”泛指规划主体对评价对象所具有的作用和意义的认识和估计。价值观念是人们在各种客观现实中对大量事物进行观察、分析后抽象得出的。一方面，对具体问题，由于规划主体对评价对象的条件、目的、立场和观念等各有不同，从而造成对价值认识和估计的不同；另一方面，又由于人类的社会化，对于价值的主观认识估计，又会不同程度地反映现实价值观念的共性和客观性。因此，基于价值评价来对复杂因素进行综合分析就成为决策活动中的一个显著特征。

(三)线性规划

线性规划是一种最基本也是最重要的最优化技术。从数学上说，线性规划问题可描述为：①通过一组未知量表示规划的特定方案，这组未知量的确定值代表了一个具体方案，通常要求这组未知量的确定值是非负的；②规划的对象存在若干限制条件，这些限制条件均以未知量的线性等式或不等式约束来表达；③存在一个目标要求，这个目标由未知量的线性函数来描述，按所研究的规划问题的决策规划不同，要求目标函数值实现极大化或极小化。

线性规划一般表达形式为

$$\left.\begin{aligned}&\max(\min)f=\boldsymbol{cx}\\&\boldsymbol{Ax}\leqslant(=,\geqslant)\boldsymbol{b}\\&\boldsymbol{x}\geqslant 0\end{aligned}\right\}$$

式中，$\boldsymbol{x}=[x_1x_2\cdots x_n]^{\mathrm{T}}$ 为由 n 个决策变量构成的向量，即规划问题的备选方案；$\boldsymbol{c}=[c_1c_2\cdots c_n]$为目标函数中决策变量的系数构成的向量；

$$\boldsymbol{A}=\begin{bmatrix}a_{11}&\cdots&a_{1n}\\\vdots&&\vdots\\a_{m1}&\cdots&a_{mn}\end{bmatrix}$$

为由线性规划问题的 m 个约束条件中决策变量的系数组成的矩阵；$\boldsymbol{b}=[b_1b_2\cdots b_m]^{\mathrm{T}}$ 为由 m 个约束条件中常数构成的向量。

任何决策问题被构造成线性规划模型时，其约束条件反映了一个决策问题中对决策变量的客观限制要求。此外，它也可作为对具有多目标的决策问题进行目标消减，实施简化处理的表达形式。线性规划中的目标函数代表了规划方案的评价准则，集中体现了决策分析中最主要的决策要求。

一般线性规划问题采用单纯形法和两阶段法进行求解。对于某些具有特殊结构的线性规划问题，如运输问题，系数矩阵具有分块结构等问题，还存在一些专门的有效算法。

(四)非线性规划

如果在规划模型中，目标函数和约束条件表达式中存在至少一个关于决策变量的非线性关系式，这种数学规划问题就称为非线性规划问题。非线性规划问题的一般数学模型常表示为如下形式：

$$\left.\begin{array}{l}\max(\min) f(\boldsymbol{x}) \\ g_i(\boldsymbol{x}) \geqslant 0,\ i=1,\ 2,\ \cdots,\ m \\ h_j(\boldsymbol{x})=0,\ j=1,\ 2,\ \cdots,\ p\end{array}\right\}$$

式中，$\boldsymbol{x}=[x_1 x_2 \cdots x_n]^{\mathrm{T}}$ 代表一组决策变量；$g_i(\boldsymbol{x})$，$h_j(\boldsymbol{x})$均为决策向量 $\boldsymbol{x}$ 的函数，且其中至少有一个函数存在决策变量 $\boldsymbol{x}$ 的非线性关系。

一般地，非线性关系复杂多样，使得其求解比线性规划问题求解要困难得多。因而，非线性规划不像线性规划那样存在普遍适用的求解算法。目前，除在特殊条件下通过解析法进行非线性规划求解外，绝大部分非线性规划采用数值法求解。数值法求解非线性规划的算法大体分为两类：一是采用逐步线性规划的近似最优解；二是采用直接搜索的思想，即根据非线性规划的部分可行解或非线性函数在局部范围内的某些特性，确定迭代程序，通过不断改进目标值的搜索计算，获得最优或满足需要的局部最优解。

(五)动态规划

动态规划是处理具有多阶段决策过程问题特征的优化方法。该方法是由 20 世纪 50 年代美国数学家贝尔曼(R. Bellman)等针对多阶段决策问题的特点，提出的解决多阶段决策过程问题的最优化方法。所谓多阶段决策过程问题是指对由一系列相互联系的阶段活动构成的过程进行决策。

多阶段决策过程最优化目标是要达到活动过程的总体效果最优。各阶段有机联系，本阶段决策的执行会影响下一阶段的决策，以致影响总体。在决策时，决策者不仅要考虑本阶段最优，还应考虑全局最优。贝尔曼将最优化原理表述如下：作为整个过程的最优策略，具有这样的性质，即无论过去的状态和决策如何，对前面的决策所形成的状态而言，余下的诸决策必须构成最优策略。根据这一基本原理，可以把多阶段决策问题分解成相互联系的小问题，从而把一个大的决策过程分解成一系列前后有序的子决策过程，分阶段实现决策的“最优化”，进而实现“总体最优化”方案。为使最后决策方案获得最优决策效果，动态规划求解可用下列递推关系式表示，即

$$f_k(x_k) = \mathrm{opt}\{d_k[x_k, u_k(x_k)] + f_{k+1}[u_k(x_k)]\}$$

式中，k 为阶段数，$k=n-1$，…，3，2，1；x_k 为第 k 阶段的状态变量；$u_k(x_k)$为第 k 阶段的最优值；$f_k(x_k)$为第 k 阶段为 x_k 时的最优值；$f_{k+1}[u_k(x_k)]$为第 $k+1$ 阶段的最优值；$d_k[x_k,\ u_k(x_k)]$为第 k 阶段当状态为 x_k，决策变量为 $u_k(x_k)$时的函数值，opt

根据具体问题要求最大或最小。

思　考　题

1. 计算下列数据的平均值、标准差、算术平均误差和级差。

0.83，0.76，0.89，0.73，0.92，0.81，0.92，0.75，0.88，0.79，0.90，0.84

2. 某城市为防止附近河流富营养化，需消减其排放到河流中污水的含磷量。按环境标准，该城市每年排磷总量要求控制在 1000 kg 以内。现该城市三个污水处理厂磷排放每天各为 1000 kg、500 kg 和 2000 kg。若三个处理厂去除磷的费用分别为 $15x_1^2$、$10x_2^2$ 和 $20x_3^2$，问如何选择磷的去除率 x_t（$t=1, 2, 3$）使得该市磷污染控制费用最小。

3. 在东经 105°、北纬 30°的平原郊区有一工厂，厂内烟囱高 $H=95$ m，出口直径为 2 m 的排气筒排出烟气量 $Q=105\ m^3/h$（标态下），烟气出口温度 $t=110$ ℃，SO_2 的排放量为 380 kg/h。在 2008 年 5 月 24 日北京时间 18 时观测到的气象状况为：气温 26 ℃，云量 2/2，风速 3 m/s，气压 10^5 Pa。试计算烟囱下风向 2 km 处地面轴线 SO_2 浓度。

4. 向一条河流稳定排放污水，污水排放量 $Q_h=6.3\ m^3/s$，河水平均流速 $v=0.3$ m/s，BOD_5 本底浓度为 0.6 mg/L，BOD_5 降解的速率常数 $k_1=0.2$/d，纵向弥散系数 $D=10\ m^2/s$。假定下游无支流汇入，也无其他排污口，试求排放点下游 3 km 处 BOD_5 浓度。

5. 简述大气环境预测方法。

6. 简述环境决策的特性及分析方法。

第四章　环境规划的工作程序与基本内容

第一节　环境规划的原则和工作程序

一、环境规划的基本原则

环境规划的基本原则是以生态理论和经济发展规律为指导，正确处理资源开发利用、建设活动与环境保护间的辩证关系，以经济、社会和环境协调发展的战略思想为依据，明确制定环境规划目标、方案和措施，实现环境效益与社会效益、经济效益统一的工作原则。在制定环境规划时应遵循以下基本原则：

(1)坚持全面规划、合理布局、突出重点、兼顾一般的原则，推行可持续发展战略，保障环境与经济的协调发展；

(2)坚持经济效益、社会效益、环境效益相统一的原则，遵循生态规律和经济规律，使有限的资金发挥更大的作用；

(3)坚持依靠科技进步的原则，大力发展清洁生产和推广三废综合利用，将污染消灭在生产过程中，积极采用适宜规模的、先进的、经济的治理技术，发展经济，保护环境；

(4)坚持污染防治与基本建设、技术改造和城市建设紧密结合，实行环境综合整治的原则；

(5)坚持自然资源开发利用与保护增值并重的原则，建立以保护资源为核心的环境保护战略，合理开发利用自然资源，保证资源的永续利用；

(6)坚持实事求是、因地制宜的原则，环境目标应符合国民经济计划总要求，要从实际出发，切实可行，规划措施要有可操作性；

(7)坚持强化环境管理的原则，运用经济、法律、行政手段促进环境保护事业发展，充分体现有中国特色的环境管理思想、制度和措施。

二、环境规划的工作程序

(一)规划的编制

1. 接受任务与组织规划编制

上一级环境保护部门代表同级政府下达编制规划的任务，提出主动要求、时间进度，下一级环境保护部门代表同级政府组织规划编制组，编制工作计划和规划大纲。也可以由政府下达编制规划的任务，同级环境保护部门组织规划编制组。规划编制组一般分为领导组、协调组和技术组，人员由通晓规划对象的专家以及有关规划、计划管理部门的人员组成；由对规划地域或领域具有决策权和协调能力的部门领导人担任指导工作。工作程序见图 4-1。

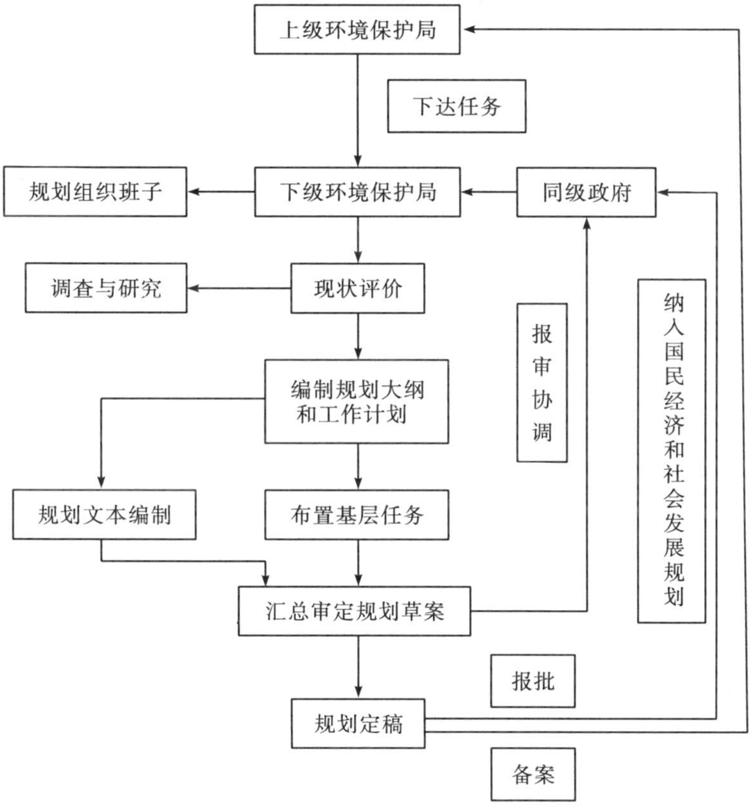

图 4-1　环境规划的工作程序

2. 完成规划文本的编制

环境规划由专门组织的技术队伍（规划编制组）承担，这是规划编制的主要阶段。

（二）规划的申报与审批

规划的申报和审批过程是沟通上下级认识、协调环境保护部门与其他部门之间关系的过程，是将规划方案变为实施方案并纳入国民经济和社会发展规划的过程，同时也是环境规划管理工作的一项重要制度。

1. 规划初级申报与审核

规划编制单位在规划基本编制完成后，将文本报送同级政府和上一级环境保护部门初审，同级政府在其职权范围内，可对方案进行决策、批准、驳回或提出修改意见；上级环境保护部门在收到申报文本后，进行初审，在与有关部门取得协商意见后，对申报文本给予批准或提出修改意见。

规划的审批应在组织各行业专家进行评审和论证的基础上进行。

2. 终极申报与审批

下级环境保护部门在得到初审意见后，对规划进行修改、完善或重新编制。若认为初审意见不合理，可提出申辩。对规划进行修改或重新编制后，再次申报给同级政府审批和上一级环境保护部门备案。

同级政府收到申报文本后，应予迅速批准，并将批准后的环境规划付诸实施。在规划实施过程中，若出现新的重大问题，确需对环境规划的指标或内容进行补充修改时，必须报请原审批机关同意。

3. 形成环境规划文本

一次环境规划工作结束时，一般应有三类文本。

(1)技术档案文本：指将规划过程中所收集的背景材料、调查或检测所采集的信息、规划编制过程的技术档案或记录进行整理而成的背景材料文本。

(2)环境规划文本：指正式的环境规划文本。它由环境规划管理部门管理，作为进行规划实施与管理的蓝本。

(3)环境规划报审文本：这是正式的环境规划文本的缩编文本或简编文本，主要用于申报、审批。简编文本内容应包括：自然环境特点、经济和社会简况、前期环境规划(或计划)执行简况、规划要解决的主要环境问题、规划目标(时空限定)、主要措施、主要工程项目及说明、投资预算及来源、主要困难及要求提供的条件等。

三、环境规划与其他规划的关系

环境规划与其他规划的协调问题可以从三个方面来分析：其一，是否有专门的法规来界定相互间的关系；其二，规划内容是否有重复；其三，各规划编制是否有规定的先后次序和工作传递关系。

1. 环境规划与城市总体规划的关系

我国《环境保护法》第二十二条规定："制定城市规划，应当确定保护和改善环境的目标和任务。"我国《城市规划法》第十四条和第二十三条都提及改善生态环境、加强绿化和环境卫生建设、防止污染等问题。因此，城市环境规划与城市总体规划互为参照和基础。环境规划目标是城市总体规划的目标之一，并且参与城市总体规划目标的综合平衡。

2. 环境规划与国民经济和社会发展规划的关系

区域国民经济与社会发展规划包括了区域环境规划，环境规划是国民经济与社会发展规划体系的重要组成部分，环境规划应与国民经济和社会发展规划同步编制，环境规划目标应与国民经济和社会发展规划目标相互协调，并是其中的重要目标之一。

3. 环境规划与国土规划的关系

国土规划是对国土资源的开发、利用、治理和保护进行全面规划，是进行自然资源和社会资源的开发等战略布局，是为经济建设综合开发制定的规划。环境规划是国土规划的重要组成部分，为国土资源开发利用、国土环境综合整治提供技术支持和科学依据。

4. 环境规划与经济区划的关系

经济区划是按照地域经济的相似性和差异性，对全国各地区进行战略划分和战略布局，构成具有不同地域范围、不同内容、不同层次和各具特色的经济区域。经济区划工作既为编制地区经济、社会发展的长期计划提供重要的科学依据，同时也为开展区域环境规划打下良好基础。环境规划是进行经济区战略布局和划分的补充和完善。

综上所述，国民经济和社会发展长期计划、经济区划、国土规划、城市总体规划和专业规划都与环境规划有着密切的联系，它们共同构成了一个完整的规划体系。

第二节　环境规划目标与指标体系

一、环境目标的含义及其分类

环境目标是指在一定的条件下，决策者对环境质量所想要达到(或期望达到)的环境状况或标准。环境目标是环境规划的核心和灵魂，是进行环境建设的基本出发点和归宿(环境战略的具体体现)。

1. 环境目标的层次

环境目标可分为总目标、单项目标、环境指标三个层次。

(1)总目标：规划区域环境质量所要达到的要求和状况。

(2)单项目标：根据环境要素，环境功能和环境特征所确定的环境目标。

(3)环境指标：体现环境目标对单一因子的要求。

2. 环境目标的类型

(1)按规划内容分：①环境质量目标，包括大气环境、水环境、生态环境目标等；②环境建设目标，反映环境改善程度；③污染控制目标，提出污染物削减量以及治理率、达标率等；④环境管理目标，包括环境影响评价、“三同时”执行率等。

(2)从时间上划分：短期、中期、长期目标；五年、十年、二十年目标等。

(3)从空间上划分：国家、省、自治区、直辖市、市、县、经济区、流域环境目标等。

二、环境规划指标体系

环境规划指标是指能直接反映环境对象及有关事物，用来共同描述环境规划目标内容的数量和质量的特征值。环境规划的指标体系则是由一系列既相互独立又相互联系、相互补充的环境指标构成的有机集合。在环境规划与管理过程中，根据规划指标表征对象、作用及在环境规划中的重要性和相关性，通常把它们分为环境质量指标、污染物总量控制指标、环境规划措施与管理指标以及相关指标。

(一)环境质量指标

1. 大气

TSP(日平均和任何一次)达到大气环境质量的相应等级标准；

SO_2(日平均和任何一次)达到大气环境质量的相应等级标准；

NO_x（日平均和任何一次）达到大气环境质量的相应等级标准；

降尘（日平均和任何一次）达到大气环境质量的相应等级标准；

酸雨频度与平均 pH 达到大气环境质量的相应等级标准。

2. 水环境

饮用水源水质达标率、饮用水源数；

地表水达到地表水水质标准的类别或 COD 达到地表水水质标准；

地下水矿化度、总硬度、COD、硝酸盐氮和亚硝酸盐氮达到地下水水质标准；

海水达到近海海域水质标准类别或 COD、石油、氨氮和磷达到海水水质标准。

3. 噪声

噪声指标包括区域噪声平均值和达标率、城市交通干线噪声平均声级和达标率。

（二）污染物总量控制指标

1. 大气污染物宏观总量控制

大气污染物宏观总量控制指标包括：大气污染物（SO_2、烟尘、工业粉尘、NO_x）总排放量；燃烧废气排放量、消烟除尘量；工艺废气排放量、消烟除尘量；工艺废气排放量、处理量；工业废气处理量、处理率；新增废气处理能力；大气污染物（SO_2、烟尘、工业粉尘、NO_x）去除量和去除率；锅炉数量、达标量、达标率；窑炉数量、达标量、达标率；汽车数量、耗油量、NO_x 排放量。

2. 水污染物宏观总量控制

水污染物宏观总量控制指标包括：工业用水量和工业用水重复利用率、新鲜水用量；废水排放总量；工业废水总量、外排量；生活污水总量；工业废水处理量、处理率、达标率、处理回用量和回用率；外排工业废水达标量、达标率；新增工业废水处理能力、万元产值工业废水排放量；废水中污染物（COD、BOD_5、重金属等）的产生量、排放量、去除量。

3. 工业固体废物宏观控制

工业固体废物宏观控制指标包括：工业固体废物（冶炼渣、粉煤灰、炉渣、煤矸石、化工渣、尾矿和其他）产生量、处理量和处置率；堆存量、累计占地面积、占耕地面积、综合利用量、综合利用率；产品利用量、产值、利润；非产品利用量；危险废物产生量、处置量、处置率。

4. 城乡环境保护规划

城乡环境保护规划指标包括：乡镇工业大气污染物排放（产生）量、治理量、治理率和排放达标率；水污染排放（产生）量、治理量、治理率、排放达标率；固体废物产生量、综合利用量、排放量等。

（三）环境规划措施与管理指标

1. 城市环境综合整治

燃料气化指标：建成区居民总户数、使用气体燃料户数、城市气化率。

型煤指标：城市民用煤量、民用型煤普及率。

集中供热指标："三北"采暖建筑面积、集中供热面积、热化率、热电联产供热量。

烟尘控制区指标：建成区总面积、烟尘控制区面积及覆盖率。

其他指标还包括：汽车尾气达标率；城市污水量、处理量、处理率、处理厂数及能力(一、二级)和处理量；氧化塘数、处理能力及处理量；污水排海量、土地处理量；地下水位、水位下降面积、区域水位降深；下沉面积、下沉量；工业固体废物集中处理厂数、处理能力、处理量；生活垃圾无害化处理量、处理率；机械化清运量、清运率；建成区人口、绿地面积、覆盖率；人均绿地面积。

2. 乡镇环境污染控制

乡镇环境污染控制指标包括：污染严重的乡镇企业数，关、停、并、转和迁数目；污灌水质。

3. 水域环境保护

功能区指标：工业废水、生活污水、COD、氨氮纳入水量(湖泊总磷、总氮纳入量)。

监测断面指标：COD、BOD_5、DO、氨氮或达到地表水水质标准类别(湖泊取COD、氮、磷)。

海洋功能区指标：工业废水和生活污水入海通量。

4. 重点污染源治理

重点污染源治理指标包括：污染物处理量、削减量；工程建设年限、投资预算及来源。

5. 自然保护区建设与管理

自然保护区建设与管理内容包括：重点保护的濒危动植物物种和保存繁育基地数目、名称；自然保护区类型、数量、面积、占国土面积百分比和新辟建的自然保护区。

6. 环境保护投资

环境保护投资指标包括：环境保护投资总额占国民收入的百分数；环境保护投资占基本建设和更改资金的比例。

(四)相关指标

1. 经济

经济指标包括以下两方面。

国民生产总值：工、农业生产总值及年增长率。

部门工业产值工业密度：单位占地面积企业数、产值。

2. 社会

社会指标包括人口总量与自然增长率、分布、城市人口。

3. 生态

生态指标包括：森林覆盖率、人均森林资源量、造林面积；草原面积、产量、载畜量、人工草场面积；耕地保有量、人均量；污灌面积；农药化肥污染土壤面积；水资源总量、调控量；水资源流域面积、水利工程和地下水开采量；水土流失面积、治理面积、减少流失量；土地沙化面积、沙化控制面积；土地盐渍化面积、改良复垦面积；农村能源、生物能源占能源的比例，薪柴林建设；生态农业试点数量及类型。

第三节　环境影响评价和预测

一、环境调查与环境影响评价

环境调查与环境影响评价工作是环境规划的基础工作，其目的是全面了解规划区域环境质量状况，弄清环境现状，了解区域环境特征、环境容量和环境承载力，给区域环境质量作出合理的评价并发现主要环境问题。同时，通过评价确定各环境问题的重要性和造成环境污染的主要污染源。

(一)环境调查

1. 环境信息采集

环境信息的收集和分析是贯穿规划全过程的基础性工作，是规划的重要支持系统之一。初期的环境信息收集以广和全为原则，应包括规划有关的经济、社会、科技、人文以及自然、地理、生态、污染情况等。待规划方向、内容范围基本确定以后，信息的收集应有重点地进行。信息源主要包括：①先前的环境规划、计划及其基础资料；②统计部门历年的统计资料(包括经济、社会和环境等方面)；③有关部门的规划和背景资料；④环境科研部门保管的文献资料(包括环境调查、科研成果等)；⑤环境监测部门的有关资料和历年的环境质量报告书；⑥专家系统提供的信息情报；⑦为规划编制或专门进行的实地考察、测试所得资料等。

2. 环境信息采集方法

环境信息采集方法包括：①查阅和收集公开发表的上述文献资料；②召开专家和管理干部座谈会，请他们撰写有关资料或通过信函调查采集信息；③吸收与环境规划有关部门的干部和专家参与环境规划编制；④依靠当地环境保护委员会或上级协调部门疏通信息渠道，取得有关文献和资料；⑤设立规划研究课题，委托科研单位进行关键问题的研究或关键数据的测试、核算等。

(二)环境影响评价

环境影响评价工作是在全面、可靠的调查基础上进行的。环境影响评价的主要内容包括以下几点。

1. 自然环境评价

自然环境包括地质、气候、水文、植被、地形地貌、土壤、特殊价值地区及生态环境(特别是生态敏感区或生态脆弱区)等。在自然环境现状调查基础上，完成区域自然环境质量评价。自然环境评价主要为环境区划和评估环境的承载能力服务。

2. 经济、社会现状评价

在人口、资源优势和利用状况、产业结构与布局、经济规模及科技情况等社会调查基础上，开展包括生产力布局现状分析、生产力发展水平现状分析、社会人口状况分析、社会意识状况分析等内容的区域社会环境现状评价。

3. 污染评价

突出重大工业污染源评价和污染源综合评价。根据污染类型，还需要进行单项评价，按污染物排放总量排序，确定评价区域的主要污染物和主要污染源。

二、环境预测

环境预测过程是在环境现状调查与环境影响评价和科学试验的基础上，结合社会经济发展状况，对环境的发展趋势进行的科学分析，指出影响未来环境质量的主要因素，寻求改善环境并与经济社会协调发展的途径。环境预测是环境规划科学决策的基础；是预测—规划—决策所形成的完整体系，是整个环境规划工作的核心。

(一)环境预测的主要依据

(1)规划区环境质量评价是环境预测的基础工作和依据；

(2)规划区社会经济发展目标；

(3)规划区发展规划，区域发展规划及能源、交通、电力、水利、通信等行业的发展规划。

(二)环境预测的内容

1. 社会发展和经济发展预测

社会发展预测的重点是人口预测。经济发展预测要注意经济社会与环境各系统之间和系统内部的相互联系和变化规律，重点是能源消耗预测、国民生产总值预测、工业总产值预测，同时对经济布局与结构、交通和其他重大经济建设项目作必要的预测与分析。经济发展预测要注重选用社会和经济部门(特别是计划部门)的资料和结论。

2. 污染产生与排放量预测

污染物宏观总量预测的重点是确定合理的排污系数(如单位产品和万元工业产值排污量)和弹性系数(如工业废水排放量与工业产值的弹性系数)，从而得到相应的污染物产生和排放量。主要包括：①大气污染物排放量预测；②废水排放量预测；③噪声和废渣污染预测；④农业污染源预测，又包括土地中农药、化肥施用量及积累量，粮食、菜、水果中农药含量预测；⑤环境污染治理和环境保护投资预测等。

3. 环境质量预测

根据污染物在环境中的扩散、迁移和转化规律及相关影响因素，预测各类污染物在大气、水体、土壤等环境要素中的总量、浓度及分布，预测可能出现的新污染物种类和数量。环境质量预测的要点是确定排放源与汇之间的输入响应关系(剂量反应关系)。

4. 生态环境预测

预测分析的基本思路是，首先按原始运行(或无有力措施)的状况，预测分析主要生态指标的变化，再根据经济发展和城市建设规划，预测分析主要生态指标的变化，然后综合分析各种状况可能引起的生态环境变化，为编制生态环境规划，调整城市建设总体规划提供依据。主要内容包括：水资源合理开发利用情况、城市绿地面积及环境影响、土地利用现状及城市发展趋势等。

5. 环境资源破坏和环境污染造成的经济损失预测

主要包括：①资源不合理开发利用造成的经济损失(资源损失、植被覆盖变化、地质灾害损失等)；②环境污染造成的经济损失(农业减产、加工成本增加、减产损失等)；③环境污染引起的人体健康损失。

第四节　环境功能区划

一、环境功能区划的含义与目的

1. 环境功能区划的含义

环境功能区划是实现环境科学管理的一项基础工作。环境功能区划是指依据社会经济发展需要和不同地区在环境结构、环境状态和使用功能上的差异，对区域进行的合理划分。环境功能区实际上是指对经济和社会发展起特定作用的地域或环境单元，也常是社会、经济与环境综合性功能区。它研究各环境单元的承载力(环境容量)及环境质量的现状和发展变化趋势，揭示人类自身活动与人类生活之间的关系。

2. 环境功能区划的目的

不同地区因自然条件和人们生产生活方式的不同，在该区域内所执行的环境功能(表现为环境标准)也不同，于是环境容量和环境承载力就存在较大差异。此外，不同的环境功能对环境的影响程度也是不一样的，要求不同地区达到或执行同一环境质量标准是不现实也是不科学的。因此，确定合理的环境区划，对具有不同功能的环境区域划分管理，制订具有针对性的环境保护目标，有利于科学规划的进行和提高规划的可操作性。总结起来其优点表现在以下几个方面：

(1) 可以对规划区进行合理布局；

(2) 可根据不同区域确定适合本区域的针对性的具体环境目标；

(3) 有利于实现环境目标管理。

二、环境功能区划的类型

根据不同的环境标准(相关标准可参看相关文献)和发展要求，环境功能区划有以下几类。

1. 城市环境功能区

城市环境功能区包括：①工业区；②居民区；③商业区；④机场、港口、车站等文通枢纽区；⑤风景旅游或文化娱乐区；⑥特殊历史纪念地；⑦水源保护区；⑧文化教育区；⑨新经济开发区；⑩农副产品生产基地；⑪污染物处理区(垃圾场、污水处理场等)；⑫卫星城等。

2. 空气环境功能区

按照我国《环境空气质量标准》(GB 3095—2012)的规定，将环境空气分为一类区和二类区：

(1)一类区为自然保护区、风景名胜区和其他需要特殊保护的区域；

(2)二类区为居住区、商业交通居民混合区、文化区、工业区和农村地区。

3. 地表水环境功能区

根据我国《地表水环境质量标准》(GB 3095—1996)，将地表水环境划分为5类水域。

(1)I类水域：主要适用于源头水、国家自然保护区。

(2)II类水域：主要适用于集中式生活饮用水地表水源地一级保护区、珍稀水生生物栖息地、鱼虾类产卵场、仔稚幼鱼的索饵场等。

(3)III类水域：主要适用于集中式生活饮用水地表水源地二级保护区、鱼虾类越冬场、洄游通道、水产养殖区等渔业水域及游泳区；

(4)IV类水域：主要适用于一般工业用水区及人体非直接接触的娱乐用水区；

(5)V类水域：主要适用于农业用水区及一般景观要求水域。

4. 城市声学环境功能区

根据《声环境质量标准》(GB 3096—2008)，按区域的使用功能特点和环境质量要求，声环境功能区分为以下5种类型。

(1)0类声环境功能区：指康复疗养区等特别需要安静的区域。

(2)1类声环境功能区：指以居民住宅、医疗卫生、文化教育、科研设计、行政办公为主要功能，需要保持安静的区域。

(3)2类声环境功能区：指以商业金融、集市贸易为主要功能，或者居住、商业、工业混杂，需要维护住宅安静的区域。

(4)3类声环境功能区：指以工业生产、仓储物流为主要功能，需要防止工业噪声对周围环境产生严重影响的区域。

(5)4类声环境功能区：指交通干线两侧一定距离之内，需要防止交通噪声对周围环境产生严重影响的区域，包括4a类和4b类两种类型。4a类为高速公路、一级公路、二级公路、城市快速路、城市主干路、城市次干路、城市轨道交通(地面段)、内河航道两侧区域；4b类为铁路干线两侧区域。

第五节　绿色经济

一、绿色经济的概念

绿色经济是指以改善生态环境、节约自然为主要内容，以经济、社会、自然和环境的可持续发展为出发点，以资源、环境、经济、社会的协调发展为落脚点，以经济效益、生态效益和社会效益兼得为目标的一种发展模式。发展绿色经济已逐渐成为各国应对环境恶化、气候变化的主要对策被纳入环境规划。绿色经济可以在发展经济中保护环境，保护环境的同时发展经济，真正实现环境与经济的高度融合。

绿色经济是能够同时产生环境效益和经济效益的人类活动，由循环经济、低碳经济和生物经济组成，也可称之为生态经济。绿色经济有以下两种含义。

(1)经济要环保，即要求经济活动不损害环境或有利于保护环境，不以牺牲环境为代价或不付出过大的环境代价。在这个意义上，绿色经济并非单指某些产业活动，而是对整个经济体系的要求，它实际上是指把原有经济体系的面貌由非环保型转到环保型，因此，此时绿色经济又可称为环保型经济或环境友好型经济。

(2)环保要经济，即从环境保护活动中获取经济效益。也就是说，环境保护可以成为经济利润的来源，成为经济增长点。比如，环境污染治理、环境基础设施建设、新能源开发、绿色食品研发等，都可以带来新的利润，改变了环境保护只赔钱不赚钱的形象。此时绿色经济强调的重点是经济，即通过政策调节和定向开发使环境保护也有利可图。

1. 循环经济

循环经济是国际社会推进可持续发展的时间模式，体现为“资源—产品—再生资源”的增长模式。循环经济要求达到生产和消费“污染排放最小化，废物资源化和无害化”，以最小的成本获得最大经济效益和环境效益。循环经济有三个优点：一是循环经济可以最大限度提高资源和能源的利用效率，最大限度减少废物排放，保护生态环境；二是循环经济可以实现社会、经济和环境“共赢”发展；三是循环经济在不同层次上将生产和消费纳入可持续发展的框架中。

2. 低碳经济

低碳经济是指经济发展的碳排放量、生态环境代价及社会经济成本最低的经济，是一种能够改善地球生态系统自我调节能力的、可持续的经济。

低碳经济有两个基本点：一是包括生产、交换、分配、消费在内的社会再生产全过程的经济活动低碳化，把 CO_2 排放量尽可能减小到最低限度甚至零排放，获得最大的生态经济效益；二是包括生产、交换、分配、消费在内的社会再生产过程的能源消费生态化，形成低碳能源和无碳能源的国民经济体系，保证生态经济社会有机整体的清洁发展、绿色发展、可持续发展。

3. 生物经济

生物经济是建立在生物资源可持续利用、生物技术基础之上，以生物技术产品的生产、分配、使用为基础的经济。生物经济的产生和发展具有划时代的意义，蕴藏着不可限量的经济价值。托夫勒在《第三次浪潮》中预言，社会经济的发展将由农业经济、工业经济进入信息经济和生物经济时代，生命科学和生物技术对人类社会所产生的作用，要远远超过信息技术。

二、推行绿色经济的主要措施

绿色经济具有绿色和经济的双重性，不但可以实现保护环境的目标，而且还能完成经济发展的任务。发展绿色经济的主要措施包括以下几个方面。

1. 建立绿色技术创新体系

发展绿色经济，绿色技术是支撑。许多发达国家都认为绿色经济可能会引领新一轮的技术和产业革命，并大力发展包括新能源、新型汽车等领域的绿色技术，从而确保国家技术竞争力处于全球的领先地位。

2. 提高环境准入门槛，促进产业结构优化

根据环境容量、资源承载力和发展潜力，把国土空间划分为优化开发、重点开发、限制开发、禁止开发等主体功能区，制定不同的区域发展政策。根据环境容量和资源承载力确定污染物排放总量控制计划，并以此为基础制定经济发展总体规划和专项规划。在一些特殊的地区，要实行环境优先。严格按照法律法规和环境标准的要求，对经济社会发展规划、经济政策、建设项目等进行严格的环境影响评价，对环境容量不足和污染物排放超过总量控制计划的地区，严格限制有污染物排放的建设项目的新建和扩建。

3. 把环保纳入生产、流通、分配、消费全过程

广泛推行清洁生产，鼓励节能降耗，防范和应对污染事故，构建消耗低、污染少的现代生产体系。实行游离缘环境保护的流通方式，积极治理公路、铁路、水运等运输污染，保障危险化学品运输和存储安全，限制高污染产品贸易，完善资源再生回收利用，建立清洁、安全的现代物流体系。大力倡导环境友好的消费方式，实行环境标志、环境认证、绿色采购和生产者的责任延伸等制度，推行垃圾分类和消费品回收，建立绿色、节约的消费体系。

4. 创建绿色企业

目前联合国环境规划署倡导的绿色投资主要是要求各国把资金投入到既能增加就业、拉动消费，又能减少污染排放的经济活动[包括清洁技术、可再生能源、生态系统或环境基础设施、基于生物多样性的商业(如有机农业)、废物及化学品管理、绿色城市、绿色建筑和绿色交通等]中去，鼓励发展生态农业、清洁能源产业、绿色旅游产业、环保产业、优势生物技术产业和信息产业等绿色产业。

企业的生产活动是环境问题产生的根源，在可持续发展问题上承担着义不容辞的社会责任，而且，可持续发展对企业自身的生存与发展也是一种必然的选择。因此企业绿色生产技术创新能力的提高，有利于企业可持续发展水平的增加，使企业在追求长盛不衰的发展过程中，既有利润的增加扩大，又实现自然资源和生态环境的协调发展。企业的可持续发展是企业的长期发展的必要条件，实现企业可持续发展的关键在于源源不断的绿色生产技术创新，只有这样才能保持企业持续性的生存发展能力和竞争能力。

5. 发展绿色交通

绿色交通也称低碳交通运输，是一种以低能耗、低排放、低污染、高能效为基本特征的交通运输方式，其核心在于提高交通运输的能源效率，改善交通运输的耗能结构，优化交通运输的发展方式。其目的在于使交通运输基础设施和运输系统最终减少以传统化石能源为代表的高碳能源的高强度消耗。低碳交通运输是一个综合性、系统化的概念，无论是交通运输系统的规划、建设、运营和维护，还是交通运输工具的生产、使用和维护，乃至相关制度技术保障措施，以及人们的出行方式或运输消费模式等，都需要用“低碳化”的理念予以改造和优化。一个完整的低碳交通运输体系应包括三个基本系统，即节能减排基础支撑系统、清洁能源优化利用系统和公众出行社会引导系统。

6. 加强宣传

利用各种媒体进行绿色经济知识的普及、教育和宣传，开展各种形式的宣传活动，增强全民的绿色意识。随着我国经济的持续增长，人民生活水平不断提高，消费水平正处于升级转型阶段，为此应通过宣传教育倡导可持续消费和绿色消费。同时以环保标志产品认证为重要平台和以政府绿色采购为重要的切入点和推动力量，引导公众自觉选择资源节约型、环境友好型、低碳排放型的消费模式。

从整体上讲，绿色经济属于经济学范畴，但也体现了对环境保护的要求，是一种经济和环境相互充分融合的发展模式。为便于绿色经济核算和工作考核，还应加强对绿色经济的统计。由于绿色经济在我国兴起较晚，尚未形成统一的国家绿色经济指标统计标准，可从循环经济产业的循环率、低碳经济的比重及生物经济的状况方面进行统计，绿色经济发展较好的地区，第二年的这些数据应该比上年有所增加。我国已有部分地区(如四川省遂宁市)建立了比较完善的绿色经济指标体系。遂宁市研发的“绿色经济指标体系”包括了资源指标、消耗指标、环境指标、经济指标、社会指标、政府指标等70个一般指标及36个核心指标，这些指标不仅可以对区域绿色经济状况和发展水平进行评估，还包括企业、家庭和个人的绿色指标。该市在绿色经济统计和测算工作上迈出了重要一步，为绿色经济的统计和进一步发展奠定了良好的基础。

第六节 环境规划方案的生成与决策环境规划方案的设计

一、环境规划方案的设计

1. 环境规划方案设计的原则

(1)因地制宜，紧扣目标。加强目标意识，充分了解环境问题和污染状况，明确自身的治理和管理技术、现有设备及可能投入的资金、环境污染削减能力和承载力。同时在设计中，提出的各种措施和对策一定要考虑是否抓住了问题实质，能不能实现，是否对准了目标等。

(2)以提高资源利用率为中心。环境污染实质是资源和能源的浪费，在规划方案设计中，空气污染综合整治、生态保护、总量控制、生产结构与布局规划都要围绕资源利用率这个中心。

(3)遵循国家或地区有关政策法规。要在政策允许范围内考虑设计方案，提出对策和措施，避免与之抵触。

2. 环境规划方案的设计过程

(1)分析调查评价结果。包括环境质量、污染状况、主要污染物和污染源分析；现有环境承载力、污染削减量、现有资金和技术分析。从而明确环境现状、治理能力和污染综合防治水平。

(2)分析须测的结果。摆明环境存在的主要问题，明确环境现有承载能力、削减量和可能的投资、技术支持，从而综合考虑实际存在的问题和解决问题的能力。

(3)详细列出环境规划总目标和各项分目标，以明确现实环境与环境目标的差距。

(4)制定环境发展战略和主要任务，从整体上提出环境保护方向、重点、主要任务和步骤。

(5)制定环境规划的措施和对策。运用各种方法制定针对性强的措施和对策，如区域环境污染综合防治措施、生态环境保护措施、自然资源合理开发利用措施、调整生产力布局措施、土地规划措施、城乡建设规划措施和环境管理措施。

二、环境规划方案的优化

1. 环境规划方案优化的内涵

环境规划方案是指实现环境目标应采取的措施以及相应的环境保护投资，力争投资少、效果好。在制定环境规划时，一般要做多个不同的规划方案，经过对比分析，确定经济上合理、技术上先进、满足环境目标要求的几个最佳方案作为推荐方案。方案优化是编制环境规划的重要步骤和内容。方案的对比要具有鲜明的特点，比较的项目不宜太多，要抓住起关键作用的因素作比较。值得注意的是，不要片面追求技术先进或过分强调投资，要从实际出发，注意采用费用–效益分析、最优化分析等科学方法，选择最佳方案。

2. 规划方案的优化选择

为了实现环境目标要求，可以在有关因素(经济、社会、技术等)约束下提出各种初始方案；初始方案又是各种措施的组合，往往多达几个、十几个，因而需要选用恰当方法进行优化。在环境规划中常用的优化方法包括：数学优化方法、费用–效益分析方法、线性规划方法、非线性规划方法和多目标决策分析方法等。

三、环境规划方案的决策

环境规划方案决策是指根据环境目标从各种可供选择的环境规划方案中，通过对比分析、评价，选定一个最佳的环境规划方案的过程。

1. 环境规划方案决策系统

环境规划方案决策系统是进行环境规划方案决策的控制系统，雷同于一般的控制系统，它具有输入、处理、输出、调节及控制反馈的过程，其系统模式如图 4-2 和图 4-3 所示。

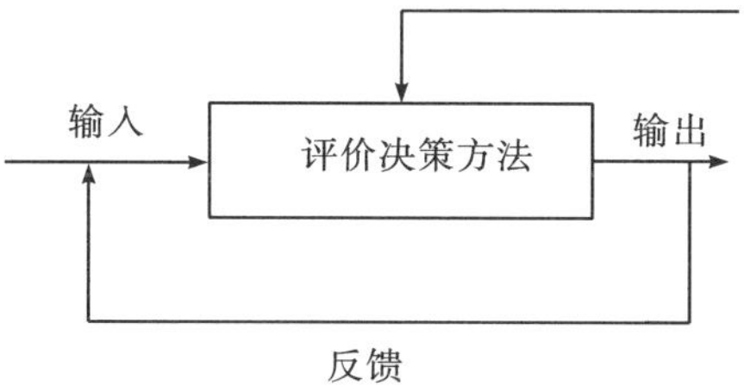

图 4-2　评价决策系统模式

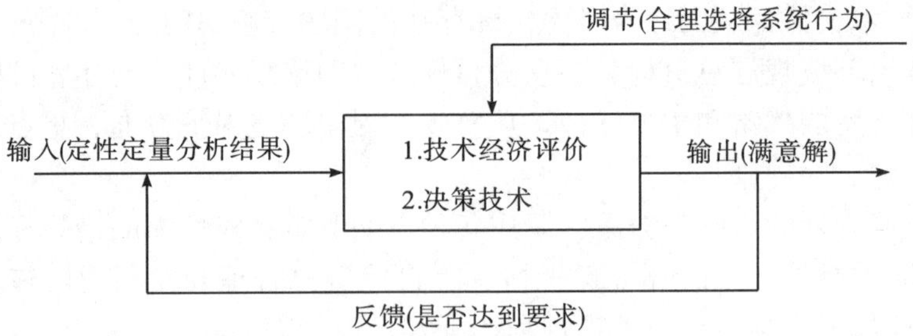

图 4-3 评价决策系统详细模式

2. 环境规划方案决策步骤

(1)目标制定阶段。根据人类社会生存和发展的需要，对现实存在的或潜在的环境问题性质、趋势、危害程度和影响范围等各方面加以研究，并进而根据社会经济水平提供的可能，提出环境决策所要达到的目标。

(2)信息调查阶段。收集决策过程中所需的各种资料和数据。

(3)方案设计阶段。分析同现实目标有关的各种因素，从技术、经济、社会等方面的条件考虑，拟定各自所能达到目标的方案。

(4)方案评估阶段。对制定出的各种方案进行分析、比较，作出评估。

(5)方案选定阶段。在确保能实现环境决策目标的前提下，选择一个最佳方案作为实施方案。

(6)反馈调查阶段。在出现所有可能的方案都不能实现环境目标的情况下，对环境目标加以修改或调整。

3. 环境规划方案决策的运行机制和模式

环境规划方案决策过程是选择一个最满意的规划方案同时淘汰其他不满意规划方案的过程。

1)环境规划决策的影响机制

(1)决策风险的影响。决策风险是指在决策活动中，由于主、客体等多种不确定因素的存在而导致决策活动不能到达预期目的的可能性及其后果。

环境规划方案有时候可能给规划区域社会、经济、环境等方面带来意想不到的损失，即存在风险。一般来说，任何环境规划都有风险，但只是大小不同而已。往往是高风险伴随着高效益，越有创新的规划方案，风险也越大，但一旦成功则收益也越大。

降低决策风险，减少决策失误，一直以来都是为人们所关注和探讨的问题。

(2)决策时效的影响。时效性是指信息的新旧程度、环境状况最新动态和进展。决策的时效性在很大程度上制约着决策的客观效果，故应紧紧把握时效性特点，应与时俱进。在实际的决策过程中，应把最大限度增大功利的原则作为一个根本性的原则，它不仅应具有空间上的伸展性，即全面地评估各个因素，而且应具有时间上的广延性，即对可能的因素的变化作出尽可能的预测，从而使决策具有更普遍的意义和价值，实现功利效应的连续性，尽量做到使环境规划实施的长远利益与短期利益有机结合。

(3)社会成本核算的影响。社会成本核算就是指根据投入一产出原理，对环境规划方案所需要的社会投入和规划方案实施后所产生的综合效益进行比较，评价规划方案的经济合理性。其目的在于以较小的社会投入获得最大的实施效益。在相同成本条件下，效益越大的规划方案越易被选为最佳规划方案。

(4)决策机会的影响。环境规划方案的决策机会是指环境规划方案所拥有的时间条件和空间条件。决策者应善于抓住机会、勇于利用机会，在最佳的时空条件下选择最佳的规划方案付诸实施。

2)环境规划方案运行模式

环境规划方案决策系统的运行有三种决策机制，即单一的经验型规划方案决策机制、综合的知识型规划决策机制和系统的智能型规划决策机制。其中系统的智能型规划决策机制是主体机制。

为了保证环境规划方案决策系统按此模式运行，对于最高决策者来说，除应充分考虑影响规划方案决策运行机制外，还必须建立一套能帮助自己分析问题的推敲命题。这些推敲命题包括规划方案是否必要，规划目标能否实现，规划方案是否可行，其实施后的经济效益是否最好，规划方案是否富有弹性和很强的应变能力。

第七节 环境规划的实施

环境规划编制工作完成以后，如不能得到较好的实施，将不能对区域环境的建设和发展起应有的指导和约束作用。为发挥规划的指令性作用，实现经济、社会和环境的协调发展，应当对规划所定的环境目标和任务组织落实。环境规划的实施工作涉及政府各个部门，其难度和复杂性不亚于规划的编制工作，因此需要各方努力，共同推进。

一、环境规划实施的条件和措施

1. 将环境规划与国民经济和社会发展规划统一起来

国民经济和社会发展规划是国家或区域对未来一段时间内经济和社会发展的全局安排，是区域建设、发展的指导性文件，是区域发展战略的具体体现。它规定了经济和社会发展的总目标、总任务、发展重点、需要经过的阶段、采取的方案和措施。将环境规划纳入国民经济和社会发展规划之中，是实现环境法制管理的具体行动。

环境规划任务由环境保护部门和计划部门联合下达，其编制工作要与国民经济和社会发展规划的编制同步进行，采取相同的程序，并纳入国民经济和社会发展规划中。环境规划与国民经济和社会发展规划同时批准下达。

环保部门应与发展和改革委员会、市政和建设等部门联系，将大中型污染治理项目和生态保护项目列入规划之中，淘汰落后的生产工艺，引进节能新技术，并强制重点污染行业实行清洁生产审核。应把环境目标考核列入相关政绩考核，不单纯以经济总量论“英雄”。同时切实发挥公众参与作用，将环境保护置于全民监督之下，形成全民参与、人人有责的观念。

2. 环境规划的分解

前面已提到环境规划按时间跨度可分为长远规划、五年计划和年度计划。按照编制顺序，一般是先编制长远规划，然后编制五年计划，再在五年计划的基础上编制年度计划。长远规划和五年计划一般是对环境目标的长远要求，其实现有赖于每年的具体执行情况，年度计划是落实这一目标的基石，各地区、各部门和各单位、行业遵照执行。因此，各级政府在分解制定年度国民经济和社会发展计划的同时，也必须把年度环境保护计划作为一项重要内容纳入其中。

3. 落实环境保护资金

资金是实施环境规划的关键，是制约环境规划目标实现的主要因素之一。环保投资规模一般用占当年 GDP 的百分数表示，我国“十一五”期间环保投资在当期 GDP 额度的 1.35%左右。

4. 实行环境保护目标管理

为了实现环境保护的规划目标，仅靠一般化的行政管理模式，已经不能适应目前环境保护工作的需要。把环境保护规划目标和任务与责任制紧密结合起来，实行各级领导的环境保护目标责任制的管理制度，是顺利实现规划目标和任务的重要措施。

环境保护目标责任制是以签订责任书的形式，从各级领导的职责范围出发，具体规定他们在任期内的环境保护目标和任务这一基本职责，从而理顺各地区、各部门和各单位在保护环境方面的关系，使改善环境质量的规划目标和任务得到层层落实。实行环境规划目标责任制，有利于将纳入国民经济和社会发展计划中的环境保护计划目标和任务具体化，有利于调动各地区、各部门和各单位的力量共同保护和改善环境。

二、环境规划的管理

环境规划的编制、实施和管理是一个动态发展过程，其实施和管理要适应区域的社会经济发展。环境规划通过对人们经济活动和发展方式的约束，引导区域社会和经济向更适合人类生产生活需要的方向发展，同时达到保护环境的目的。

已经批准的环境规划是实施环境管理的重要依据。实行环境管理，也就是通过实施环境规划，使经济发展和环境保护相协调，达到既要发展经济，满足人类不断增长的基本需求，又要限制人类损害环境质量的行为，使环境质量得到保护和改善的目的。

1. 协调组织

环保事业涉及各行各业，搞好环境保护必须依靠各地区、各部门，这就是环境管理的广泛性和群众性。环境是一个整体，各项环保工作存在着有机联系。在一个地域内，环保工作必须在统一的方针、政策、法规、标准和规划的指导下开展，这就是环境管理的区域性和综合性。基于环境管理的这些特点，要求由一个部门进行统一组织协调，把各地区、各部门、各单位都推动起来，按照统一的目标和要求，做好各自范围内的环境保护工作。可见，组织协调是环境管理的一项重要职能，特别是对解决一些跨地区、跨部门的环境问题，协调更为重要。

2. 监督管理

环境监督管理是指对环境质量的检测和对一切影响环境质量行为的监察。这里强调的是后者，即对危害环境行为的监察和对保护环境行为的督促。对环境质量的检测主要由环境监测机关实施。实行切实有效的监督是把环境规划付诸实施的重要保证，没有强有力的监督，即使有了法律和规划、进行了协调，也是难以实现的。特别是在我国目前社会上还部分存在着有法不依、执法不严的情况下，实行监督尤为重要。

环境监督的基本任务是通过监督来维护和改善环境质量。监督内容包括：环境政策、法律、规定和标准的实施；环保规划、计划的实行；各有关部门所担负的环保工作的执行情况。

目前由环保部门行使的环境监督权主要有建设项目环境管理和区域与单位排污检察权。前者主要包括：环境影响报告书(表)审批权；“三同时”制度监察权；项目验收投产审查权；排污许可申报审批权；征收排污费权；向政府提出期限治理或其他处置权；对其他有关事宜、案件进行审查并提出处理意见权。环境监督应集中力量紧紧围绕着改善环境质量这个中心，针对主要环境问题进行。

思考题

1. 环境规划的基本原则有哪些?
2. 环境规划工作程序和技术程序有何区别和联系?
3. 环境规划指标体系应包括哪几个方面?
4. 试述环境预测的作用和内容。
5. 城市大气环境功能区划一般划分为哪几种类型?
6. 怎样进行环境规划方案的设计?
7. 分析说明环境规划实施的条件。

第五章　水环境规划

第一节　水环境规划的内容和工作程序

一、水环境规划的内容

水环境规划是指在把水视为人类赖以生存和发展的环境资源条件的前提下，在水环境系统分析的基础上，摸清水质和供需关系，合理确定水体功能，进而对水的开采、供给、使用、处理、排放等各个环节进行统筹安排和决策。水环境规划是在水资源危机纷呈的背景下产生和发展起来的，特别是近十年来，由于人口激增、经济快速发展，一方面对水量、水质需求越来越高，而另一方面是水资源日益枯竭，水污染日趋严重。因此，水环境问题的矛盾越来越尖锐。水环境规划作为解决这一问题的有效手段，故而受到了普遍的重视，在实践中得到了广泛的应用。

水环境规划主要包括以下内容：

(1)确定研究对象。包括规划区域、规划期限、水环境现状、污染现状，找出存在的问题，提出改进方向。

(2)确定总量控制目标。在划分水环境功能区的基础上，计算水环境容量，并根据综合规划及客观条件，从水质与水量两个方面拟定目标。

(3)确定水污染综合防治措施。可供考虑的措施有：调整产业结构与布局；提高水资源利用率；加大污水治理的投入；增加污水处理措施等。

(4)方案比选。将各种措施综合起来，提出可供选择的实施方案。在评价、优化的基础上，提出供决策选用的方案。

二、水环境规划的工作程序

一般来说，水环境规划的工作程序可以划分为明确问题、确定规划目标、选定规划方法、拟定规划措施、提出供选方案和规划 6 个阶段。

1. 明确问题

通过污染源的调查、水质监测与评价和水资源利用状况的调查分析，对水环境污染现状和水资源利用现状进行评价，找出水环境现状存在的主要问题，包括水量、水质、水资源利用方式等方面的问题。

2. 确定规划目标

根据规划所在地区的国民经济和社会发展要求，同时考虑规划区的客观条件，从水质和水量两个方面拟定水环境规划目标。

3. 选定规划方法

根据规划区的具体情况和水环境规划的类型，选取合理的规划方法，开展规划区的水环境规划。

在水环境规划中，主要有数学规划法和模拟比较法。

数学规划法是一种最优化方法，包括线性规划法、非线性规划法和动态规划法。它是在满足水环境目标并且在与水环境系统有关要素约束和技术约束的条件下，寻求水环境系统最优的规划方案。

模拟比较法是一种多方案模拟比较的方法，如系统动力学、层次分析法、组合方案比较法。

4. 拟定规划措施

根据规划区水环境的实际情况、区域社会经济状况，从产业结构、布局、工艺过程来考虑，采取与环境相容的产业结构、布局、技术、装备和政策，拟定合理的水环境保护措施。

水环境规划措施可包括下列其中一种或多种：调整经济结构和工业布局，实施清洁生产工艺，提高水资源利用率，充分利用水体的自净能力和增加污水处理设施等。

5. 提出供选方案

将多种可能的规划措施综合起来，制定可供选择的实施方案，并且通过费用-效益分析、方案可行性分析和水环境承载力分析等，对各规划方案进行综合评价，为相关部门进行规划方案的选择与决策提供科学依据。

6. 规划的实施

一个规划的成功与否取决于该规划方案能否被相关部门采纳和执行。

第二节 水环境功能区划

一、水环境功能区划的原则

水环境功能区是指为满足水资源开发和有效保护的需求，根据自然条件、功能要求、开发利用现状，按照流域综合规划、水资源保护规划和经济社会发展要求，在相应水域按其主导功能进行划分并执行相应质量标准的特定区域。

水环境功能区的划分应遵循以下原则。

(1)优先保护集中式饮用水水源地。在规定的各类功能区中，以饮用水水源地为优先保护对象。在保护重点功能区的前提下，可兼顾其他功能区的划分。

(2)不得降低水体现有的水质等级。对于一些水资源丰富、水质较好的地区，在开发经济、发展工业、制订规划功能时，应经过严格的经济技术论证，并报上级批准。

(3)上、下游和区域之间互相兼顾，适当考虑潜在功能要求。不同水环境功能区边界水质应该达标交接，要对生物富集或环境积累的有毒有害物质造成的环境影响给予充分的考虑。

(4)与工业合理布局相结合。功能区划要层次分明，突出污染源的合理布局，使水环境功能区划与工业布局、城市发展规划相结合。

(5)实用可行，便于管理。功能区划方案应实用可行，有利于强化目标管理，解决实际问题。

二、水环境功能区划的方法

水环境功能区划包括以下几个主要方法和步骤：

(1)对环境保护目标进行全面分析，既考虑环境保护的需要，又考虑经济、技术的可行；

(2)将环境目标具体化为环境质量标准中的数值；

(3)对功能可达性进行分析，确定引起污染的主要污染源；

(4)建立污染源与水质目标之间的相关关系，将各种污染源排放的污染物输入各种水质模型，以评价污染源对水质目标的影响；

(5)分析减少污染物排放的各种可能的途径和措施；

(6)通过对多个可行性方案的优化决策，确定技术、经济最优的方案组合；

(7)通过政策协调和管理决策，最终确定环境保护目标和水环境功能区划分方案。

第三节　水环境容量与水环境保护目标

一、水环境容量

水环境规划备受世人关注，水环境容量理论已成为当前的研究热点之一。根据水环境容量制定科学的改善策略，具有一定的前瞻性和可操作性，不仅可以改善水环境，还可以节约人力、物力和财力，实现人与自然和谐相处和可持续发展。

水环境容量是指在不影响水的正常用途的情况下，水体所能容纳的污染物的量或自身调节净化并保持生态平衡的能力。一般以水体中能容纳的最大污染物的量来衡量。但水环境容量与最大允许纳污量这两个概念是有差异的。最大允许纳污量是指在排污口空间分布及排污方式给定的条件下环境单元所允许排放污染物质的量；而水环境容量的定义更为严格，是指理想环境容量。由于在实践中无法算出理想环境容量，所以通常并没有对这两个概念进行严格区分。

水环境容量是总量控制工作的基础和关键，由污染物本身、收纳水体及环境目标三方面决定。例如，收纳水体的几何形状是选择水质模型的主要依据；水环境容量随着水体功能定位的降低而增大；水体及水生生物对不同的污染物有不同的忍受阈值，阈值越大，环境容量越大。

按照污染物的降解机制，环境容量可分为稀释容量(迁移容量)和自净容量(降解容量)。稀释容量是由上游河段污染物浓度与环境目标之间的差值决定的，自净容量是由污染物自身的降解性能决定的。

二、水环境保护目标

水环境保护目标是水环境规划的出发点与归宿。环境保护目标通过一系列环境保护指标来实现。水环境保护目标通常包括水环境质量目标和水体污染物总量控制目标两类。

水环境质量目标是指依据水体功能分区，执行相应的国家环境质量标准，在此基础上，结合规划的具体要求，确定的各水域的主要水质指标。例如，对于地表水，常用的水质标准有 DO、BOD_5等。环境质量目标是水域功能的保证。

水体污染物总量控制目标是指以功能区环境容量为基础确定的水域内可接受的某种污染物的总量。总量控制目标通常是指以水质模型为基础，结合不同流域内的水文、水质条件，以及污染源的位置，排放方式等，计算出达到预定水质目标条件下的河段内接纳的污染物量。总量控制目标是制定流域污染控制规划的基础，是水体水质目标得以实现的保证。

第四节 水污染控制规划

一、水污染控制的技术措施

(一)减少污染物排放负荷

1. 清洁生产工艺

清洁生产工艺定义为对生产过程和产品实施综合防治战略，以减少对人类和环境造成的风险。对生产过程，包括节约原材料和能源，革除有毒材料，减少所有排放物的排污量和毒性；对产品来说，则要减少从原材料到最终处理产品的整个生命周期对人类健康和环境的影响。

实施清洁生产是深化我国工业污染防治工作，实现可持续发展战略的根本途径，也是水环境规划中的重要措施。

2. 浓度控制

浓度控制是对人为污染源排入环境的污染物浓度所作的限量规定，以达到控制污染物排放量，达到预期目的。目前，许多发展中国家仍依据排入水体或城市下水道的污染物浓度征收排污费。但经若干年的时间验证，实施浓度控制之后，水体质量改善的程度远未达到预期的目标。究其原因，是因为浓度控制法有下列缺陷：①当排放源采用稀释排污方法时，可以在浓度不超标条件下无限制地排放任何污染物；②浓度控制未考虑区域环境的现状负荷，如在排放源密集的地区，即使各个污染源都符合排放标准，但整个区域的环境质量也可能超过标准；③浓度控制法未考虑区域的自然环境条件。

3. 总量控制

总量控制就是依据某一区域的环境容量确定该区域污染物容许排放总量，再按照一定原则分配给区域内的各个污染源，同时制定出一系列政策和措施，以保证区域内污染物排放总量不超过容许排放总量。总量控制可划分为以下三种类型。

(1)容量总量控制：从收纳水体容许纳污量出发，制定排放口总量控制指标。

(2)目标总量控制：从控制区域容许排放量控制目标出发，制定排放口总量控制指标。

(3)行业总量控制：在行业中以能源、资源合理利用为控制基点，从最佳生产工艺和适用处理技术两方面进行总量控制负荷分配。

(二)提高或充分利用水体纳污容量

1. 人工复氧

人工复氧是改善河流水质的重要措施之一，它是借助于安装增氧器来提高河水中的DO浓度。在DO浓度很低的河段使用这项措施尤为有效。人工复氧的费用可表示为增氧机功率的函数。

2. 污水调节

在河流水量低的时期，用蓄污池把污水暂时蓄存起来，待河流水量高时释放，可以更合理地利用河流的自净能力来提高河流的水质。污水调节费用主要是建池费用。其缺点是占地面积大、有可能污染地下水等。国外蓄存的污水大都是经过处理的水，避免和减轻了恶臭现象的发生。

3. 河流流量调控

国外对流量调控以及从外流域引水冲污的研究较早，并已应用于河流的污染控制中。世界上很多河流的径流量时间上分配并不均匀，在枯水期水质恶化，而在高流量期，河流的自净能力得不到充分利用。因此，提高河流的枯水流量成为水质控制的一个重要措施。实行流量调控可利用现有的水利设施，也可新建水利工程。

二、水污染控制单元

水污染控制单元是指源与水域组成的可操作实体。水域按不同使用功能划分，源为排入相应收纳水域的所有污染源的集合。作为可操作实体，控制单元既可以体现污染物类型及其时空分布，又可以在单元内及单元之间建立定量化的输入响应模型，反映出源与目标之间、区域与区域之间的相互作用。这样，可以将复杂的方案分解为单元问题来逐一处理，最后使整个系统的问题得到解决。另外，凡是可供实施的水污染控制规划，必须与城市规划、经济发展规划结合，而这三个规划的结合点，就是与之相应的一个个水污染控制单元。

1. 水污染控制单元的划分

水污染控制单元的划分，要根据水域使用功能的要求，同时要考虑行政区划、水域特征和污染源分布特点等。划分的原则为：①每个单元有单独进行评价、实施不同控制路线的可能；②针对不同的污染物、不同的保护目标，同一地区可以有多种控制单元划分方案，以适应解决不同环境问题的需要，即对于不同的控制目标，能够有不同的控制单元与之对应；③在每个控制单元内，污染物排放清单应齐全，水域水质控制断面应有常规检测资料；④各控制单元之间的相互影响，应能通过污染物的输入、输出来定量表达，做到水量平衡、物质量平衡。

2. 水污染控制单元解析归类

水污染控制单元解析归类包括以下内容：①划分水污染控制单元；②对各单元的主要功能进行说明，包括主要功能区、功能区的位置与范围、执行的水质标准；③水质现状与控制断面分析，包括控制断面的位置、作用、水质；④污染物排放情况与主要污染源分析，包括排放位置、排放方式、排放强度与排放量，以及相应的排放源；⑤排污量与水质预测，即根据预测年单元内的排污情况，用水质模型对污染物排放对水质的影响进行预测，以确定一定水文条件下控制断面的水质；⑥主要水环境问题诊断；⑦确定控制路线；⑧确定容许排放量。

三、水污染控制系统规划数学模型

1. 排污口最优规划

排污口最优规划是以各小区的污水处理厂为基础，以总处理费用最低为目标，在水体水质条件的约束下，寻求各处理厂处理效率的最佳组合，其数学模型为

$$\left.\begin{aligned}&\min Z=\sum_{i=1}^{n}C_i(\eta_i)\\&\text{st.}\ \boldsymbol{UL}+\boldsymbol{m}\leqslant\boldsymbol{L}^0\\&\boldsymbol{VL}+\boldsymbol{n}\geqslant\boldsymbol{O}^0\\&\boldsymbol{L}\geqslant 0\\&\eta_i^1\leqslant\eta_i\leqslant\eta_i^2\ \forall i\end{aligned}\right\}\tag{5-1}$$

式中，$C_i(\eta_i)$为第 i 个小区的污水处理厂的污水处理费用，它是污水处理效率 η_i 的函数；$\boldsymbol{L}^0$ 为河流各断面的 BOD_5 约束组成的 n 维向量；$\boldsymbol{O}^0$ 为河流各断面的 DO 约束组成的 n 维向量；η_i^1，η_i^2 为第 i 个污水处理厂的处理效率的下限与上限约束；$\boldsymbol{L}$ 为输入河流的 BOD_5 向量；$\boldsymbol{U}$，$\boldsymbol{V}$ 为河流中的 BOD_5 和 DO 的响应矩阵；$\boldsymbol{m}$，$\boldsymbol{n}$ 为起始断面 BOD_5 和 DO 对下游各断面影响的向量。

一般情况下，这是一个非线性规划问题，其目标函数是非线性的费用函数，约束条件则是线性的。如对目标函数进行线性化或分段线性化处理，即可将上述问题转换为一个线性规划问题。

2. 均匀处理最优规划

在工业发达国家或地区，法律规定所有排入水体的污水都必须经过二级处理(即物理处理+生化处理)，这是均匀处理最优规划的基础。均匀处理最优规划，是以全区域的污水处理费用最低为目标，寻求污水处理厂的位置与规模的最佳组合。

在均匀处理最优规划问题中，污水处理效率是已知值，处理费用只是污水处理规模的函数。在约束条件中不出现水质约束。其模型表示为

$$\left.\begin{aligned}&\min Z = \sum_{i=1}^{n} C_i(Q_i) + \sum_{i=1}^{n}\sum_{j=1}^{n} C_{ij}(Q_{ij})\\&st.\ q_i + \sum_{j=1}^{n} Q_{ji} - \sum_{i=1}^{n} Q_{ij} - Q_i = 0\ \forall i\\&Q_i, q_i \geqslant 0\ \forall i\\&Q_{ij}, Q_{ji} \geqslant 0\ \forall i, j\end{aligned}\right\}\tag{5-2}$$

式中，$C_i(Q_i)$为第 i 个污水处理厂的污水处理费用，它是污水处理规模的函数；$C_{ij}(Q_{ij})$为由 i 地输往 j 地的污水输送的费用，它是输水量 Q_{ij} 的函数；Q_{ij} 为由 i 地输往 j 地的污水量，$Q_{ij}=-Q_{ij}$；q_i为在 i 地收集的污水量；Q_i 为在 i 地处理的污水量。

由于费用函数是非线性函数，均匀处理最优规划模型也是非线性模型。

对一个包括 n 个小区的系统，可能的污水处理方案数为(2^n-1)个，当 n 较小时，可采用枚举法确定最优方案，当 n 较大时，可以采用数学方法(混合整数规划法)求解。

3. 区域处理最优规划

区域处理最优规划是排放口处理最优规划和均匀处理最优规划的综合。模型的目标函数既是污水处理规模的函数，又是处理效率的函数。在区域处理最优规划中，既要寻求最佳的污水处理厂的位置和处理量，又要寻求污水处理厂处理效率的最佳组合。

区域处理规划模型求解比较复杂，目前还没有比较成熟的技术来求解这一问题。试探分解分解法是比较常用的方法。试探法的基础是“全部处理或全不处理”的策略。根据这个策略，可以把每一小区的污水处理量作为决策变量，对某一小区的污水或全部就地处理，或全被送往相邻小区进行处理。在确定这一方案后，就将原问题分解为两个子问题：排污口最优规划和输水管线费用的计算。这两个问题的费用之和，就是这一方案的总费用。这样得到的系统的最优和总费用，可作为下一方案比较的基础。如此反复进行，直到确定满足条件的最优解。

4. 模拟优选

在许多情况下，采用数学方法进行最优化的条件难以具备，这时，规划方案的模拟选优就成为水污染控制系统规划的主要方法。规划方案的模拟选优与最优规划方法不同，它是进行污水输送与处理设施规划，提出集中可供选择的规划方案，然后采用水质模型，计算各种方案中污水排放后水域控制断面的水质，找出比较好的方案。这种方法选优的结果，在很大程度上取决于规划人员的经验，因此，采用模拟选优方法时，要求尽可能多提出一些初步规划方案，以供筛选。

四、水污染控制规划方案的综合评价

在制定流域水污染控制规划时，一般应有可供选择的方案，并对初选方案进行综合评价。目前，评价方案一般从水环境质量目标的可达性、污水处理投资的可行性两个方面进行。

1. 水环境质量目标的可达性

水环境质量目标的可达性，可利用已建立的水质模型，对各个方案实施可能对水质产生的影响进行模拟，来检验规划方案是否能达到预定的水环境质量目标。也可根据规划确定的水域污染物总量控制目标的可达性，对方案进行分析。

2. 污水处理投资的可行性

对于污水处理所需的费用，一般采用费用-效益分析方法。在水污染控制系统中，规划方案的费用主要由整个系统的污水处理费用与污水输送费用组成。

目前，污水处理的费用函数还只能作为经验模型来处理，表达形式多种多样，国内普遍应用的函数形式为

$$C=K_1Q^{K_2}+K_3Q^{K_2}\eta^{K_4} \tag{5-3}$$

式中，C 为污水处理的费用；Q 为污水处理的规模；η 为污水处理的效率；K_1，K_2，K_3和 K_4为费用函数的参数，对特定的对象其为定值。

在污水处理效率不变时，式(5-3)可以写作

$$C=aQ^{K_2} \tag{5-4}$$

根据国内外对污水处理费用函数的研究，参数 K_2的值为0.7～0.8。由于 $K_2<1$，处理单位污水的费用将随着处理规模的增大而下降。费用与规模的这种关系称为污水处理规模的经济效应，K_2称为污水处理规模的经济效应指数。污水处理规模经济效应的存在，确立了大型污水处理厂在经济上的优势地位，是建立集中的区域污水处理厂的依据。

输水管道也存在类似的经济效应，随着输水量的增加，输送单位污水的费用下降。

如果污水处理的规模不变，式(5-4)可以写作

$$C=a+b\eta^{K_4} \tag{5-5}$$

研究成果表明 $K_4>1$。由于 $K_4>1$，去除单位污染物所需的费用，将随着污水处理效率的增加而增加。污水处理费用与处理效率之间的这种关系，称为污水处理效率的经济效应。K_4称为污水处理效率的经济效应指数。

由于污水处理效率的经济效应的存在，在规划水污染控制系统时，应首先致力于解决那些尚未处理的污水的治理，或者首先提高那些低水准处理的污水的处理程度，然后再进行污水的更高级处理。依据污水处理所需费用，并结合污水处理的规模经济效应和处理效率的经济效应，可从经济角度对方案进行评价。在水质目标可达性与经济评价的基础上，还应结合方案产生的环境效应与社会效应进行综合决策。

第五节　规划方案的综合评价

在进行水环境规划时，一般会先制定几套初步方案，然后比较分析各个方案，根据各方面的条件与限制条件，从中择优选出最合适的方案。规划方案的综合评价包括费用-效益分析、可行性分析及水环境承载力分析。

一、费用-效益分析

对于污水处理问题，提倡建立污水集中处理厂，统一达标排放。集中处理有着总体

投资效益高、运行成本低等优点，但一次性投资大，短期效益不明显，因此污水处理厂只能综合考虑是否设置、投资承受能力、经济发展速度、综合效益等多方面因素，择优比较，才能实现经济发展与环境保护的协调发展。

污水处理厂的费用(C)可用污水流量(Q)与处理效率(η)来表示，即

$$C=f(Q,\ \eta) \tag{5-6}$$

发达国家污水处理经验相对成熟，建立的污水处理厂也比较多。因此，他们收集的污水处理厂的费用数据比较齐全，普遍采用的方法为以 Q 为列、以 η 为行组成一个费用矩阵。我国目前不具备这样的客观条件，一般采用系列设计法求得费用矩阵所需的数据。系列设计法是设计者对某种或某些设计要素进行系列变形，拓展设计要素的表现形式，从而产生同一主题不同方案的设计方法。具体表述为，先假定一个污水处理规模的序列，然后对每一种规模进行一级处理和二级处理的污水处理厂设计，再在不处理、一级处理、二级处理之间进行流量组合，从而得到不同规模下的处理效率及相应的费用。

通过费用矩阵可得到幂函数形式的费用函数。首先对每一种处理方式效率下的一组流量写出费用-流量函数，即

$$C=\alpha Q^{\beta} \tag{5-7}$$

式中，α 和 β 可由曲线拟合得到。显然，α 和 β 又可表示为处理效率 η 的函数。国外统计资料表明，β 值随 η 的变化较小，可取为常数。α 值可用 η 的幂函数表示为

$$\alpha=k+\gamma\eta^{\sigma} \tag{5-8}$$

合并式(5-7)和式(5-8)可得

$$C=k_1Q^{k_2}+k_3Q^{k_2}\eta^{k_4}$$

式中，参数 k_1，k_2，k_3，k_4 可由费用矩阵提供的数据，通过参数估计求出。

二、方案可行性分析

一般从水环境目标的可达性和污水处理投资的可行性两个方面来检验水环境规划方案的可行性。

1. 水环境目标的可达性分析

水环境目标一般包括污水收集率和处理率、饮用水质达标、河流水质达标、重点工业排放源达标排放等。水环境质量目标的可达性，可利用已建立的水质模型，对拟定的方案实施可能对水质产生的影响进行模拟，来检验规划方案是否能达到预定的水环境质量目标；也可根据规划确定的水域污染物总量控制目标对方案进行分析。

2. 污水处理投资的可行性分析

如果规划方案中的投资超出了区域经济所能承受的范围，那么整个规划方案就是不可行的。一般通过下面两种途径估算城市污水处理投资：一是根据城市环保投资占国民生产总值的0.6%~0.7%；二是根据工业总产值和城市固定资产投资率求得污水处理投资占工业基建投资的比例。城市固定资产投资率约为工业总产值的9%。

通过上述方法对不同时期的规划方案的污水处理投资进行估算，并将其与相应的污水处理投资费用进行比较，如果投资额能够满足实际需要的污水处理投资费用，即认为

该方案是可行的。

三、水环境承载力分析

目前对水环境承载力还没有统一的定义，但综合目前学者所做的研究，可以将水环境承载力大致分为广义水环境承载力与狭义水环境承载力。广义水环境承载力是指在某一地区、某一时间、某种状态下，水环境对经济发展和生活需求的支持能力。狭义水环境承载力等同于“水环境容量”、“水环境容许污染负荷量”等，即在一定水域，其水体能够被继续使用并保持良好生态系统时，所能够容纳污水及污染物的最大能力。两种概念虽有一定的差别，但均是建立在水环境的纳污能力的基础上的，只是广义上水环境承载力在纳污能力的基础上又直接联系了人类的活动，更直接地表达了水环境与人类活动的关系。由此可见，可将水环境承载力定义为在某一特定的生产力状况和满足特定环境目标下，以及区域水体能够自我维持、自我调节并可以可持续地发挥作用的前提下，所能支撑的人口、经济及社会可持续发展的最大能力。

1. 水环境承载力指标体系

研究水环境承载力的关键是建立指标体系。水环境不仅为人口和经济的发展提供必要的物质基础和条件，而且还是污水的受纳体。因此，水环境承载力指标应用人口、经济有关的水环境和水污染状况、污水处理投资的供水费用等方面来表征。

具体指标包括：城市化水平的倒数、人均工业产值、工业固定资产产出率、可用水资源量与城市总用水量之比、单位水资源消耗量的工业产值、单位水资源消耗量的农灌面积、污水处理投资占工业投资之比、污水处理率、单位COD(或BOD)排放量的工业产值、COD(或BOD)控制目标与COD(或BOD)浓度之比，等等。这些指标和水环境承载力的大小成正比关系。

2. 水环境承载力的定量表述方法

要将水环境承载力运用于水环境规划制定中，需要将其量化。在探讨水环境承载力的定量表示方法之前，首先介绍两个概念：发展变量和支持变量。发展变量是表征城市社会经济发展对水环境作用的强度的变量，它可用与社会经济发展有关的人口、产值、投资、水资源利用量、向水环境排放的废水和污染物量等因子来表述。这些因素构成了一个集合－发展变量集，其中的元素称发展因子。发展因子可以量化，则发展变量可表示成 n 维空间的一个向量：$\boldsymbol{d}=[d_1 d_2 \cdots d_n]$。支持变量是反映水环境系统结构和功能状况对城市经济发展支持能力及其相互作用的变量。全部支持变量构成了支持变量集，其中的元素称为支持因子。同样，支持因子也可量化，即将支持变量表示成 n 维空间的一个向量：$\boldsymbol{s}=[s_1 s_2 \cdots s_n]$。

水环境承载力是 n 维发展向量空间中的一个向量，其各分量由与发展因子和支持因子有关的具体指标来确定。对于同一个城市来说，该向量可因城市经济发展方向的不同而有不同的方向。也就是说，在不同城市经济发展战略下，发展因子和支持因子的大小会发生变化，从而导致水环境承载力的大小也会发生变化。由于水环境承载力的各个分量具有不同的量纲，为了比较其大小，首先必须对其各分量进行归一化处理。

假设在一个地区的经济发展规划中有 m 个发展方案，因而存在 m 个水环境承载力。不妨将 m 个水环境承载力分别用 $\boldsymbol{E}_j(j=1, 2, \cdots, m)$来表示，再设每个水环境承载力由 n 个具体指标确定的分量组成，即

$$\boldsymbol{E}_j = [E_{1j}E_{2j}\cdots E_{nj}]$$

归一化处理后则为

$$\overline{\boldsymbol{E}}_j = [\overline{E}_{1j}\overline{E}_{2j}\cdots\overline{E}_{nj}]$$

其中

$$\overline{E}_{ij} = \frac{E_{ij}}{\sum_{i=1}^{n} E_{ij}}, \qquad i = 1,2,\cdots,n$$

这样第 j 个水环境承载力的值，可用归一化后的向量的模表示，即

$$|\overline{\boldsymbol{E}}_j| = \sqrt{\sum_{i=1}^{n}(\overline{E}_{ij})^2}$$

为了突出经济发展对不同经济发展方向的支持因子的支持作用，可用

$$E_j = \sqrt{\frac{m^2}{n}\sum_{i=1}^{n}(\overline{E}_{ij})^2}$$

表示第 j 个水环境承载力的相对大小。

第六节　水环境规划案例分析

本节依据肇庆市环境规划部分基础资料，以市内的西江干流为例，进行水污染综合防治规划，简要说明水环境规划的主要步骤和过程。

一、规划研究内容

(1)现状分析。根据资料进行现状分析。

(2)水环境容量的确定。根据城市总体规划及河流水文特点，划分河流水污染控制单元，建立河流水质模型，提出河流设计流量与水质控制目标，进而确定各单元的水环境容量。

(3)制订水环境污染防治规划。对经济发展与水环境供需进行分析，作出区域水环境污染趋势预测，对不同发展方案下水环境的状态进行水质模拟；提出区域水环境污染综合防治的近、远期规划方案，对每个方案的费用－效益进行分析和可行性论证；最后将方案提交决策者选择。

(4)水环境承载力分析和预测。建立水环境承载力指标体系，定量计算水环境承载力的综合值，并提出提高水环境对区域经济发展、人口增长与生活需求支持能力的途径。

二、环境容量的计算

1. 概况简介

西江全长 2214 km，流域面积 360 931 km^2，是珠江的主干流，它发源于云南曲靖马

雄山，从广西梧州流入肇庆市封开，途径肇庆市封开、德庆、高要、端州、鼎湖等县(市、区)，在高要下塘出境流入佛山市。流经肇庆市河长 225 km，流域辖区面积 7614.25 km^2，占全市国土面积的 51.37%。

2. 划分水污染控制单元

把西江干流分为 28 段，稀释混合区的横向距离(即污染物衰减的横向距离)为河宽的 1/4，纵向距离(即污染物衰减的纵向距离)为河段长度(如果纵向距离设置过短，容易造成河流的“过保护”)。

3. 建立水质模型

西江干流河面宽阔，纵向和横向上均存在浓度梯度，根据这些特点，宜用二维混合模型预测其水质变化：

$$C(x,y)=\frac{W}{H\sqrt{\pi E_y v x}}\left\{\exp\left(-\frac{vy^2}{4E_y x}\right)+\exp\left[-\frac{v(2B-y)^2}{4E_y x}\right]\right\}\exp\left(-\frac{Kx}{86400v}\right)$$

式中，$C(x,y)$为(x,y)点处污染物垂向平均浓度增值(mg/L)；W 为污染物排放源强(g/s)；H 为河流平均水深(m)；E_y为横向扩散系数(m^2/s)；v 为河流平均流速(m/s)，参考实测流速选取，计算时取断面平均流速；x，y 分别为污染物衰减纵、横向距离(m)；K 为污染系数，参照相似河流或以往研究成果确定；B 为河宽(m)。

4. 计算结果

部分河段环境容量计算结果(可通过编程实现)如表 5-1 所示。

表 5-1　环境容量情况

河段编号	COD 源强 $W/(g\cdot s^{-1})$	氨氮源强 $W/(g\cdot s^{-1})$	COD 环境容量/$(t\cdot s^{-1})$	氨氮环境容量/$(t\cdot s^{-1})$
XJ－1	6 881.532	227.372 3	16 990	437
XJ－2	7 122.191	235.323 9	17 510	450
XJ－3	7 132.643	235.669 2	18 760	481
XJ－4	7 135.597	235.766 8	14 719	378
XJ－5	7 158.525	236.524 4	18 569	473
XJ－6	7 159.236	236.547 9	12 892	332
XJ－7	7 257.678	239.800 5	12 735	329
XJ－8	7 273.547	240.324 8	10 615	276
XJ－9	7 277.705	240.462 2	17 391	440
XJ－10	7 283.123	240.641 2	13 256	337

注：源强通过水质监测资料中的污染物浓度和污水流量之积乘以一个修正系数算得。

三、水污染综合防治方案

(一)水污染物排放预测

1. GDP 预测

该市 2002～2007 年的 GDP 平均增长率为 15%～20%。假定中速发展和高速发展下 GDP 平均增长率分别为 12.5%和 17.5%。

以2007年为基准年，算得2020年GDP为：中速发展，3015亿元；高速发展，5778亿元。

2. 污水排放量预测

利用污水排放量及污水浓度经验值，即可预测规划年内肇庆市各地生活和工业主要污染物产生量(预测过程略)。

(1)工业废水排放量预测。2020年工业废水排放量：中速发展，45 812×10^4 t；高速发展，75 490×10^4 t。

(2)生活污水排放量预测。根据资料和预测公式，2020年生活污水排放量：中速发展，28 276×10^4 t；高速发展50 654×10^4 t。

(3)主要污染物产生量预测。结合肇庆市各区的水质现状，选取COD_{Cr}、BOD_5、SS、氨氮、磷酸盐磷作为代表污染物进行预测，同时结合肇庆市工业、生活用水和排水发展的预测，类比废、污水浓度经验值，对规划年内肇庆市生活和工业主要污染物产生量进行预测，结果见表5-2。

表5-2 工业废水与生活污水预测

2020年	工业废水/(×10^4 t)	生活污水/(×10^4 t)	废污水总和/(×10^4 t)	含有的COD/t	无污染容量/(t·a^{-1})	上游背景值/(t·a^{-1})	超标值/(t·a^{-1})
中速发展	45 812	28 276	74 088	299 749	792 880	600 000	106 869
高速发展	75 490	50 654	126 144	504 086	792 880	600 000	311 205

注：无污染容量是指假定污染物背景浓度为零时的环境容量（这里仅指COD的环境容量）；上游背景值即上游污染源向河里排放的COD。

(二)防治方案

假设生活污水和工业废水的处理效率分别为80%和95%，废水中COD可被生化降解的比例(BOD_5∶COD)为0.7。

以中速发展为例。2020年，生活污水和工业废水的收集量分别为22 621×10^4 t和43 521×10^4 t，其中COD含量分别为56 553 t和274 159 t，共274 158 t，可被生化降降191 911 t，而需要处理的量为82 248 t，生活污水和工业废水中需要处理的COD分别为36 550 t和70 319 t。设定以下两种防治方案。

方案一(中速发展)：2010～2020年，需逐步通过新建扩建处理设施，增加废、污水处理能力181.2×10^4 t/d。

方案二(高速发展)：2010～2020年，需逐步通过新建扩建处理设施，增加废、污水处理能力307.5×10^4 t/d。

(三)方案分析

1. 费用-效益分析

以COD为例，费用-效益函数为

$$C=k_1Q^{k_2}+K_3Q^{k_2}\eta^{k_4} \tag{5-9}$$

式中，C为污水处理厂投资(万元)；Q为污水处理厂流量(L/s)；η为污水处理厂处理效率。

在中速发展情况下，2020 年需要处理的生活污水和工业废水量分别为 22 621×10^4 t 和 43 521×10^4 t，即 7 173 L/s 和 13 800 L/s。在高速发展情况下，分别为 12 850 L/s 和 22 741 L/s。

方案一(中速发展)：需增加处理能力 20 973.572 46 L/s，建厂费用为 14 427.572 47 万元。

方案二(高速发展)：需增加处理能力 35 590.739 24 L/s，建厂费用为 90 959.121 59 万元。

2. 方案可行性分析

假设环保投资占肇庆市 GDP 的比例为 2%(发达国家现在的投入水平)，其中可用于建污水处理厂的投资为 5%。

方案一(中速发展)：2008～2020 年可支出 21.86 亿元。

方案二(高速发展)：2008～2020 年可支出 33.50 亿元。

可见修建污水处理厂的费用低于可支出的费用，具有可实施性。

(四)水环境承载力分析

通过分析水环境承载力，可以评判环境规划方案的水环境承载力负荷的大小，并可从水环境对人类提供物质、能量等的限度方面加以考虑。水环境承载力指标体系如表 5-3 所示，计算结果如表 5-4 所示。

表 5-3 水环境承载力指标

	指标	正/负效变量	系数
C_1	万元 GDP 耗水量(m^3/万元)	−1	0.108 4
C_2	人均水资源量(m^3/人)	1	0.094 9
C_3	农灌亩均用水量(m^3/亩)	−1	0.083 1
C_4	排污量与纳污量比	−1	0.128 6
C_5	地表水水质超标率	−1	0.117 6
C_6	水资源开发利用率	−1	0.072 8
C_7	化肥施用强度(kg/hm^2)	−1	0.057 2
C_8	人均 GDP(元/人)	1	0.088 6
C_9	万元 GDP 的 COD 排放强度(t/万元)	−1	0.067 3
C_{10}	环境治理投资占 GDP 的比例(%)	1	0.063 0
C_{11}	工业废水排放达标率(%)	1	0.045 2
C_{12}	污水集中处理率(%)	1	0.042 2
C_{13}	城市化水平	−1	0.031 0

表 5-4 水环境承载力分析结果

	现状	方案一	现状	方案二
C_1	0.024 1	0.105 7	0.012 8	0.107 6
C_2	0072 8	0.060 8	0.072 8	0.060 8
C_3	0.054 8	0.062 5	0.054 8	0.062 5
C_4	0.106	0.072 9	0.106	0.072 9
C_5	0	0	0	0
C_6	0.060 9	0.039 9	0.060 9	0.039 9
C_7	0.012 2	0.055 9	0.012 2	0.055 9
C_8	0.016 2	0.087 1	0.008 5	0.088 1
C_9	0.039 8	0.054 3	0.036 4	0.056 6
C_{10}	0.044 6	0.044 6	0.044 6	0.044 6
C_{11}	0.031 1	0.032 8	0.031 1	0.032 8
C_{12}	0.018 9	0.037 8	0.018 9	0.037 8
C_{13}	0.026 6	0.016	0.026 6	0.016
综合值	0.507 9	0.670 3	0.485 6	0.675 6

可见，随着城市建设的发展，水环境承载力会逐渐提高，方案二的水环境承载力综合值比方案一要高，可以基本判断 GDP 的增长是有利于水环境的。在这两个规划方案下的人类活动与水环境是协调的。

思 考 题

1. 简述水环境规划的内容和类型。
2. 什么是环境容量，说明其含义。
3. 进行水环境容量计算时，污染因子有哪些？
4. 制定水环境功能区划的原则和依据是什么？水环境功能区划的重要性体现在哪里？
5. 简述水环境容量计算的几种模型，写出其表达式，并说明各自的适用范围。
6. 水污染控制优化的内容有哪些？
7. 论述水污染综合防治措施。
8. 简述水环境承载力，说明其计算方法。
9. 环境规划方案分析是怎么进行的？
10. 河流宽 120 m，平均流速 0.5 m/s，平均水深 2 m，横向弥散系数 $D_x=1.0\ m^2/s$，BOD_5本底值 $C_0=2$ mg/L，BOD_5降解速度常数 $K=0.5/d$，给定混合区河流半宽为 x，采用Ⅲ类地面水环境质量标准。计算点源排放的允许排放量。

第六章　大气环境规划

第一节　大气环境规划概述

一、我国大气环境质量现状

目前，我国城市空气污染中存在的污染物可分为三类：无机气体、有机化合物、颗粒物。无机气体主要包括硫氧化物、氮氧化物、CO、CO_2、氨氯化物、氟化物、O_3 等；有机化合物主要包括碳氢化合物、醇类、醛类、酮类、酯类等；颗粒物主要包括固态颗粒物(主要是尘——烟尘、粉尘、扬尘)、液态颗粒物(主要是酸雨和酸雾)、生物颗粒物(主要是微生物、植物种子、花粉等)。

我国污染物负荷高，排放强度大，环境污染相当严重。目前癌症高发现象与多年来环境污染的影响密切相关。受大气污染影响，我国大约有近 2 亿人呼吸不到新鲜空气，因空气污染导致每年约 1500 万人患上支气管炎。2003 年，主要大气污染物 SO_2 排放总量达到 2158×10^4 t，超出大气环境容量 80%以上。监测的 340 个城市中，仅有 45%的城市空气质量达到环境空气质量二级标准。

汽车尾气污染问题日益严重。近年来，我国一些特大型城市的空气氮氧化物浓度超标，环境容量已基本饱和。氮氧化物也是致酸物质，致使我国的酸雨污染不断加重。

我国 SO_2 和消耗臭氧层物质(ozone depleting substances，ODS)排放量居世界第一位，CO_2 排放量居世界第二位。

我国缺乏强有力的统一环保监管机制，环境信息系统建设管理手段落后等问题越来越突出，特别是西部地区，环境监测、调查取证、污染事故预警和应急反应等手段远远不能达到依法行政的要求。企业环境行为信息公开和公众参与机制尚未健全，公众参与渠道不畅、能力不足。

二、大气环境规划的原则和依据

1. 大气环境功能区划

大气环境功能区划是为了保护生态环境和人群健康的基本要求而划分的环境空气质量保护区。划分大气环境功能区的目的有以下三个方面。

(1)使各区域充分发挥其社会效益。居民区、商业区、工业区、文化区、旅游区等具有不同社会功能，对大气环境质量的要求也不同，只有按照一定规定将它们划分为不同的功能区，各功能区分别执行不同的环境质量标准，才能保证这些区域充分发挥其社会功能。

(2)充分考虑利用地理气候条件。尽量使用天然界限(山脉、河道等)作为相邻功能区的边界线。类别高的功能区应该安排在最大风频的上风向，类别低的功能区位于最大风频的下风向。

(3)有利于推行新的环境管理机制。划分大气环境功能区，对不同的功能区实行不同的大气环境目标控制对策，有利于推行新的环境管理机制。

2. 大气环境规划指标体系

1)大气环境规划指标体系的特点

(1)能反映大气环境的主要组成；

(2)必须是一个完整的体系，各指标之间相互关联；

(3)能定量或半定量表达；

(4)表征指标的信息可得到。

2)大气环境规划指标的类别

(1)气象气候指标。气象气候指标是决定大气扩散能力的最重要因素，也是进行大气环境规划首先要了解的大气基础资料。主要指标有：气温、气压、风向、风速、风频、日照、大气稳定度和混合层高度等。

(2)大气环境质量指标。大气环境质量指标主要有：TSP、PM_{10}、SO_2、降尘、氮氧化物、CO、光化学氧化剂、O_3、氟化物、苯并(a)芘和细菌总数等。

(3)大气污染物控制指标。大气污染物控制指标主要有：废物排放量、SO_2 排放量及回收率、烟尘排放量、工业粉尘排放量及回收量、烟尘及粉尘去除率、CO 排放量、光化学氧化剂排放量、烟尘控制区覆盖率、工艺尾气和汽车尾气达标率。

(4)城市环境建设指标。城市环境建设指标主要有：城市集中供热率、城市型煤普及率、城市绿地覆盖率和人均公共绿地等。

(5)城市社会经济指标。城市社会经济指标主要有：GDP、人均 GDP、工业总产值、各行业能耗、万元工业产值能耗、城市人口总量、分区人口数、人口密度及分布和人口自然增长率等。

实施大气环境规划时，还要对上述指标进行筛选，一般筛选方法有：综合指数法、层次分析法、加权评分法和矩阵相关分析法等。

三、大气环境规划的内容和类型

(一)大气环境规划的内容

在进行大气环境规划时，首先要对大气环境系统进行分析，确定各子系统之间的关系，其次对规划期内的主要资源进行需求分析，重点分析城市能流过程，从能源的输入、输出、转化、分配和使用的各个环境中，找出产生污染的主要原因和控制污染的主要途径，从而为确定和实现大气环境目标提供可靠保证。

大气环境规划主要内容包括以下 6 个方面。

1. 弄清问题

通过调查和评价，分析大气污染物的产生、排放、治理措施的现状以及发展趋势，评价大气环境现状与预测期发展趋势，从而找出主要的大气污染问题。

2. 确定环境目标

在大气环境现状调查、预测及确定各功能区的功能的基础上，根据规划期所要解决的主要大气污染问题以及社会经济与大气环境协调发展的需要，确定合理的大气环境目标。同时给出表征环境目标的大气环境指标，制定实现目标的方案，通过投资估算和可行性分析以及反复平衡，最后确定规划目标。

3. 建立污染源与大气环境质量之间的输入响应关系

通过实测资料建立大气质量模型，确定大气污染源与保护目标之间的输入响应关系，对大气污染源源强与浓度场进行定量表述。

4. 选定规划方法与建立规划模型

针对 SO_2、氮氧化物和 TSP 污染的基本特点，选定科学合理的规划方法。依据对点源污染就地处理排放为主和集中控制为辅的原则，建立包括能源性污染和工艺在内的综合控制规划模型，制定对各类用能设施，各类工艺尾气中 SO_2、氮氧化物和 TSP 的综合优化方案。

5. 确定优选方案

针对提出的多种可供选择的方案，进行技术经济分析和费用－效益分析，确定优选方案。

6. 方案的实施

制定大气环境规划方案的实施计划，确保大气环境规划方案切实可行、环境管理政策措施合理恰当。

（二）大气环境规划的类型

大气环境规划可划分为大气环境质量规划和大气污染控制规划两类。

1. 大气环境质量规划

大气环境质量规划是以城市总体布局和国家大气环境质量标准为依据，制定城市不同功能区主要大气污染物的限制浓度。它是城市大气环境管理的基础，也是城市建设总体规划的重要组成部分。大气环境质量规划模型就是建立污染源排放与大气环境质量之间的输入响应关系。

2. 大气污染控制规划

大气污染控制规划是实现大气环境质量规划的技术与管理的方案。对于新建和污染较轻的城市，制定大气污染控制规划就是要根据城市的性质、发展规模、工业结构、产品结构、可供利用的资源状况、大气污染最佳实用控制技术以及地区大气环境特征，结合城市整体规划中其他专业规划合理布局，一方面为城市及其工业的发展提供足够的环境容量，另一方面提出可以实现的大气污染物排放总量控制法。但是，对于已经受到污染和部分污染的城市，制定大气污染控制规划的目的主要是寻求实现城市大气环境质量规划的经济和可行的技术方案和管理对策。

大气污染控制模型是建立在设计气象条件下污染源排放与大气环境质量的响应关系。其涉及的气象条件是指综合考虑气象条件、环境目标、经济技术水平、污染特点等因素后，较为不利的气象条件。

大气污染控制规划又可以划分为大气污染综合治理规划和大气污染物排放总量控制规划两种。其中大气污染物排放总量控制规划是以总量控制为指导思想，直接或间接以大气环境质量为目标，通过控制一定时期内排放到大气环境中的污染物总量，来实现环境质量、大气环境质量达标或目标总量达标。

第二节　大气污染物总量控制

一、总量控制与浓度控制

浓度控制是一种仅通过规定污染源排污口所排放的物质浓度来进行污染活动控制的方法。该方法实施简单，管理方便，但在污染控制的实践中，表现出没有有机联系环境受纳体质量要求，无法排除污染源以稀释手段降低污染物排放浓度等严重缺陷。因而当污染源分布密集、污染物排放数量较大时，不能有效控制污染。

总量控制是指以一定时间段、一定区域内，排污单位排放污染物总量为核心的环境管理方法体系，它包含了三个方面的内容：一是排放污染物的总量；二是排放污染物总量的地域范围；三是排放污染物的时间跨度。总量控制通常有三种类型：目标总量控制、容量总量控制和行业总量控制。目前我国的总量控制基本上是目标总量控制。

二、总量控制区边界的划定

大气污染物排放总量控制区是当地人民政府根据城市规划，以及经济发展与环境保护的要求而给大气污染物排放实行总量控制的区域。总量控制区以外的区域称为非总量控制区。在确定总量控制区时应当考虑以下 4 个方面。

(1)对于大气污染严重的城市和地区，控制区域一定要包括全部大气环境质量超标区，以及对超标区影响比较大的全部污染源。非超标区根据未来城市规划、经济发展适当地将一些重要的污染源和新的规划区包括在内。

(2)对于大气污染不很严重但是存在孤立的超标区或者估计不久会成为严重污染的区域，总量控制区域的划定方法同前一条。

(3)在划定总量控制区时，无论是哪种情况，都要考虑当地的主导方向，一般在主导风向的下风向方位，控制区边界应包含烟源的最大落地浓度区域，所以在该方位上控制区应该比非主导风向上的广些。

(4)总量控制区域不宜随意扩大，应当以污染源集中区和主要污染区为主，它不同于总量控制模式的计算区。计算区比控制区大，大出的范围由控制区边缘处的烟源的最大落地浓度的距离而定。

三、总量控制的A−P值法

1. A值法

A值法属于地区系数法。只要给出控制区总面积及各功能区的面积，再根据当地总量控制系数A值就能计算出该面积上的总允许排放量。

该法基本原理如下：如果某城市分为n个区，每个区面积为S_i，总面积S为各分区面积之和，全市某种污染物年允许排放总量为

$$Q_{ak} = \sum_{i=1}^{n} Q_{aki}$$

式中，i，n分别为某功能分区的序号和功能区总数；a，k分别为总量下标和某种污染物下标。一个区域的大气环境容量(或污染物允许排放量)可表示为

$$Q_a = AC_s\sqrt{s}$$

$$A = 1.5768\times10^{-3}\sqrt{\pi}V_E$$

式中，A为区域性总量控制系数($10^4 km^2/a$)；Q_a为规划区的允许排放总量(t/a)；C_s为执行的环境质量标准(mg/m^3)；s为规划区总面积(km^2)；V_E为通风量(m^3/s)。A为地区通风量V_E的函数，而V_E则为地区混合层高度和平均风速函数。

那么，各功能分区污染物排放总量限值为

$$Q_{ai} = A\cdot C_{si}\frac{S_i}{\sqrt{S}}$$

式中，C_{si}为国家和地方大气环境质量标准规定的与第i功能区类别相应的年日平均浓度限值；A为区域总量控制系数，单位为$t\cdot km^2/a$，主要由当地通风量决定。

2. A−P值法

即利用A值法计算区域允许排放总量，再用修正的P值法分配到每个污染源。修正的P值法原理如下：将点源分为低架点源［0<高度(H)<30 m］、中架点源(30 m≤H≤100 m)和高架点源(H>100 m)，其中中架点源和低架点源一般主要影响邻近区域的大气质量，而高架点源可影响整个控制区大气质量。因此，在某功能区内的中架点源及低架点源允许排放总量为

$$Q_{aki} \leqslant \sum_{j}\beta_i \times P \times H_{ej} \times C_{si} \times 10^{-6} + Q_{bki}$$

式中，β_i为调整系数；P为点源控制系数；H_{ej}为烟囱有效高度；Q_{bki}为低架点源污染物排放总量限值，且$Q_{aki} = aQ_{bki}$，其中a为低架点源排放分担率。

各功能区中架点源的总允许排放量为

$$Q_{mki} \leqslant \sum_{j} P \times H_{ej} \times C_{si} \times 10^{-6}$$

故

$$\beta_i = (Q_{aki} - Q_{bki})/Q_{mki}$$

整个城市中架点源的总允许排放量为

$$Q_{mk}=\sum_j \beta_i Q_{mki}$$

各功能区高架点源的总允许排放量为

$$Q_{hi}=\sum_j P\times H_{ej}\times C_{si}\times 10^{-6}$$

整个城市高架点源的总允许排放量为

$$Q_h=\sum_j \beta_i\times Q_{hi}$$

根据Q_a，Q_b，Q_m，Q_h（这4个量分别表示该功能区低架源、中架源、高架源的允许排放量），可以计算全控制区的总调节系数，即

$$\beta=(Q_a-Q_b)/(Q_m+Q_h)$$

据β，β_i可构造各功能区点源控制系数的修正值，即

$$P_i=\beta\times\beta_i\times P$$

各功能区新的允许排放率限值为

$$q_{pi}=\beta\times\beta_i\times P\times C_{si}\times H_e^2\times 10^{-6}$$

实施新的点源允许排放率限值后，各功能区即可保证排放量不超过总排放总量。

第三节　大气污染综合防治措施

一、全面规划、合理布局

大气污染控制是一项综合性很强的技术，由于影响大气环境质量的因素很多，因此要控制大气环境污染，无论是对一个国家，还是对一个地区或城市，都必须有全面而长远的大气环境保护规划。所谓大气污染综合防治规划是指从区域（或城市）大气环境整体出发，针对该地域内的大气污染问题（如污染类型、程度、范围等），根据对大气环境质量的要求，以改善大气环境质量为目标，抓住主要问题，综合运用各种措施，组合、优化确定大气污染防治方案。制定大气污染综合防治规划，是在新形势下实施可持续发展战略、全面改善城市大气质量环境的重要措施。

二、调整工业结构、推行清洁生产

根据国家产业政策，调整行业结构、产品结构、原料结构、规模结构，最终淘汰或限制发展大气污染物排放量大的行业和产品，积极发展对大气环境危害小的高新技术产业；以无毒、无害原料替代有毒、有害原料。

三、改善能源结构

目前在我国，煤仍然是主要的能源物质，这是造成大气污染的重要原因之一。

1. 集中供热

集中供热是指以热水或蒸汽为热媒，由一个或多个热源通过热网向城市、镇或其中某些区域用户供应热能的方式。

根据热源不同，城市集中供热可分为电厂集中供热系统和锅炉房集中供热系统两种。集中供热比分散供热可节约30%～35%的燃煤，且便于提高除尘效率和采取脱硫措施，减少粉尘和SO_2的排放量。

在有条件的城市的规划、建设和改造中，特别是在新建工业园、居民小区等的建设中都应积极发展集中供热。

2. 城市煤气化

气态燃料是清洁燃料，燃烧完全，使用方便，是节约能源和减轻大气污染的较好燃料方式。天然燃气(如天然气、液化石油气等)和燃料气化气(如油制气、煤制气等)均可作为城市煤气的气源，因此在城市中应因地制宜广开气源，大力发展和普及城市煤气，这也是当前和今后解决煤烟型大气污染的有效措施。

3. 普及民用型煤

烧型煤比烧散煤可节煤20%，可减少烟尘排放量50%～60%，在型煤中加入固硫剂还可减少SO_2排放量30%～50%。因此普及民用型煤是解决分散的生活面源，以及解决小城镇煤烟型大气污染的可行的有效措施。

4. 积极开发清洁能源

在大力节能的同时，各类城市要积极开发清洁能源，除大力普及和推广城市煤气外，还应因地制宜地开发水电、地热、风能、海洋能、核电，以及充分利用太阳能等。

5. 综合防治汽车尾气及扬尘污染

1)防治汽车尾气

随着经济持续地高速发展，我国汽车的保有量急剧增加，特别是在大城市表现得更为明显。而且目前我国机动车的尾气排放水平基本处于国外控制前的水平，因而汽车尾气的污染危害日益明显。

2)防治扬尘污染

对扬尘可采取如下一些措施进行防治。

(1)尽量减少土地裸露在干燥的天气下。裸露的土地遇风就会扬尘，因此应尽量使土地不裸露，即“黄土不露天”。最主要的办法是植树种草，固土保湿，而对那些不能绿化的地方，如马路旁的人行便道和大小广场等处，则应铺设地面饰砖，这样既美化环境又减少扬尘。

(2)加强环卫工作，对马路、人行便道及广场等地应加强环卫保洁及洒水，以减少扬尘。

(3)施工防护。对建筑、道路及其他工程的施工现场要加强扬尘防护，如及时清运渣土(最好是夜间清运)、作业现场喷水降尘等。

(4)加强管理监督。必须有相应的法规和管理、监督措施，以保证上述办法的有效实施。

6. 完善城市绿化系统

植物减少大气中污染物主要体现在两个方面：一是降低大气中污染物的浓度，二是防尘。若城市存在大片的植被，则相当于增大了地表的粗糙度，加强了地表层的湍流度，使空气中的大粒子下降速度增加，或因碰撞而降落：植物叶子的表面粗糙不平、多绒毛，有些植物还能分泌油脂和黏性汁液，对于比较小的粒子来说，植物能起到很强的滞留或吸附作用。一般认为绿地覆盖率必须达到城市面积的30%以上，才能起到改善大气环境质量的作用。

7. 强化城市大气环境质量管理

大气污染综合防治的原则之一是技术措施必须与管理措施相结合，因此大气环境的质量管理就成为大气污染综合防治的重要环节。应强化对大气污染源的监控，实施城市空气质量的周报或日报工作，并在此基础上，在部分有条件的城市进行空气质量预报试点工作并逐渐正式实行空气质量预报制度。

第四节　大气环境规划案例分析

大气环境规划也是环境规划中重要的组成部分，在此以成都市为例，简要介绍大气规划中污染源预测和总量控制两部分主要内容。

一、大气污染源预测

将成都市锦江区、青羊区、金牛区、武侯区、成华区和高新区共6个行政区分为西北区、东南区、中心区、西南区共4个控制区。中心区以一环线作为边界，其他控制区均以城外森林区作为边界。

1. 大气扩散模式

由成都市气象资料得知，成都市全年地面风速为0.9～1.4 m/s，全年静风频率高，平均为42%，并且逆温天气出现频繁。故选取小风静风模型和逆温模型作为主要研究模型。

(1)烟气抬升高度。烟气抬升高度可表示为

$$\Delta H=\frac{v_s D}{\bar{v}}\left(1.5+2.7\frac{T_s-T_a}{T_s}D\right) \tag{6-1}$$

烟囱出口处的平均风速为

$$\bar{v}=v_{10}\left(\frac{z}{10}\right)^p \tag{6-2}$$

以上两式中，v_s为烟气出口流速(m/s)；D为烟囱出口内径(m)；$\bar{v}$为烟囱出口处的平均风速(m/s)；T_s为环境大气平均温度(K)；ΔH为烟气抬升高度(m)；z为高度(m)；v_{10}为距地面10 m处的平均风速(m/s)。

(2)烟囱有效高度。烟囱有效高度可表示为

$$H_e=\Delta H+H \tag{6-3}$$

式中，H为烟囱高度(m)。

(3)小风静风点源地面浓度模型(v_{10}<1.5 m/s)：

$$C(x,y,0,H_e)=\int_0^{\infty}\frac{2Q}{\sqrt{8\pi^3}\sigma_x\sigma_y\sigma_z}\exp\left\{-\left[\frac{(x-v_xT)^2}{2\sigma_x^2}+\frac{y^2}{2\sigma_y^2}\right]\right\}\exp\left[\frac{H_e^2}{-2\sigma_Z^2}\right]\mathrm{d}T \tag{6-4}$$

式中，C 为敏感点污染物浓度(mg/m³)；Q 为污染源强度(g/s)；σ_x，σ_y，σ_z 分别为扩散系数(m)；v_x 为地面风速，取 0.9 m/s；H_e 为烟囱有效高度(m)；x 为敏感点距污染源下风向水平距离(m)；y 为敏感点距污染源下风向垂直距离(m)；T 为烟囱移动时间(d)。

(4)逆温条件下的高架连续点源模型：

$$C(x,y,0,H_e)=\frac{Q}{2\pi v_x\sigma_y\sigma_z}\exp\left[-\left(\frac{y^2}{\sigma_y^2}+\frac{H_e^2}{\sigma_Z^2}\right)\right] \tag{6-5}$$

式中，参数含义同式(6-4)。

2. 大气污染源分析

对某年份 6 个行政区内的工业企业的污染情况进行分析，SO_2、NO_2 和 PM_{10} 为大气的主要污染物。调研范围内的工业企业共有 474 个，已知大气污染点源排放的企业共 32 家，其中中架源有 29 个，高架源有 3 个。假设在 5 个控制区内所有企业均匀分布，则共有 427 个中架源、47 个高架源。

敏感点的选取参照《环境影响评价技术导则　大气环境》(HJ. T 2. 2—93)推荐值，为中架源周围 4～6 km、高架源周围 20 km。由于高架源周围 20 km 超出了控制区的范围，因此也选取 4～6 km 处敏感点作为研究对象。共选取 20 个污染点源进行分析计算，其中高架源 3 个，中架源 17 个。鉴于逆温模型计算出各污染点源对敏感点浓度贡献很小，与小风静风模型计算出各污染源对敏感点浓度贡献值相比可以忽略不记，因此只列出小风静风模型计算的结果。

二、总量控制

选用 A—P 值法进行控制区内的大气环境规划，依据国家标准《制定地方大气污染物排放标准的技术方法》(GB/T 3840—1991)。鉴于调研的 20 个点源中没有低架源，因此没有考虑低架点源的计算。

先用 A 值法求出各个控制区各种污染物的年允许排放量限值，再用 P 值法确定各控制区内每个点源的年允许排放量限值，以及各个控制区内高架点源的各种污染物年允许排放量限值，然后根据点源排放系数对计算结果进行修正。

思　考　题

1. 简述大气环境规划的内容。
2. 简述大气环境规划目标在规划中是如何确定的。
3. 大气环境规划的类型有哪些?
4. 如何进行大气功能区划，其意义有哪些?
5. 什么是大气总量控制和浓度控制，说明其区别和联系。

6. 大气总量控制的方法有哪些，说明它们的区别。

7. 论述大气污染的综合防治措施。

8. 已知某工业基地位于一山谷地区，计算的混合高度为 100 m，该地区长为 50 km，宽为 5 km，上风向的风速为 2 m/s，SO_2 的本底浓度为 0。该基地建成后的计划燃煤量为 7000 t/d，煤的含硫量为 3%，SO_2 转化率为 85%，使用单箱模型估算该地区大气中的 SO_2 含量。

第七章　城市环境规划

第一节　城市环境规划概述

一、城市环境与城市环境规划

城市是处在地表一定范围之内的开放性系统，是人口最集中、经济活动最活跃的地方，同时对自然环境的干预最为强烈。城市环境从属于周围整个区域的自然环境之中，它是指与城市整体发生关系的各种人文现象、自然现象的总和。

为了维持城市人民生产和生活的需要，城市与周围的环境之间、城市内部各子系统之间不断地进行着物质和能量的传输和转换，并形成一定的结构和功能，因此，可以把城市看成是一个人工生态系统。近二三十年城市人口迅速增长，已使城市出现了环境污染、住宅短缺、交通拥挤等城市的通病，这在特大城市表现尤为突出。为了综合整治城市环境问题，城市环境规划应运而生。城市环境规划的任务就是促进城市经济、社会、环境系统协调发展，维护系统良性循环，提出和实现城市环境目标，促进城市可持续发展。

二、城市环境规划的内容

城市环境规划的目的是调控城市人工生态系统的动态平衡。城市环境规划应以城市生态学的理论为指导，以实现环境目标为宗旨，它主要由污染控制规划和城市生态规划两部分组成。

城市污染控制规划的内容包括：预测城市发展、经济发展给环境带来的影响；确定功能分区及各区的环境保护目标值；提出切实可行的、实现环境目标值的污染防治方案，包括污染源控制方案、环境保护投资方案、处理设施建设方案等。按环境要素划分，包括大气污染控制规划、水污染控制规划、固体废物管理规划和噪声污染控制规划。

城市生态规划的出发点和归宿点是维持城市的生态平衡。要改进城市生态系统的状态，必须从城市生态的结构入手，而合理布局则是调控城市生态结构的关键环节。合理布局的实质是通过合理地调整城市的生态结构来调控物质流、能量流、信息流，达到维持城市生态平衡的目的。

城市生态规划编制将在第八章介绍，本章主要介绍城市污染控制规划。

三、城市环境规划编制程序

城市环境规划的基本思路与第四章所述规划编制程序基本一致，是在城市环境规划编制工作中所采取的具体步骤和过程。城市环境规划的具体内容和程序如图 7-1 所示。

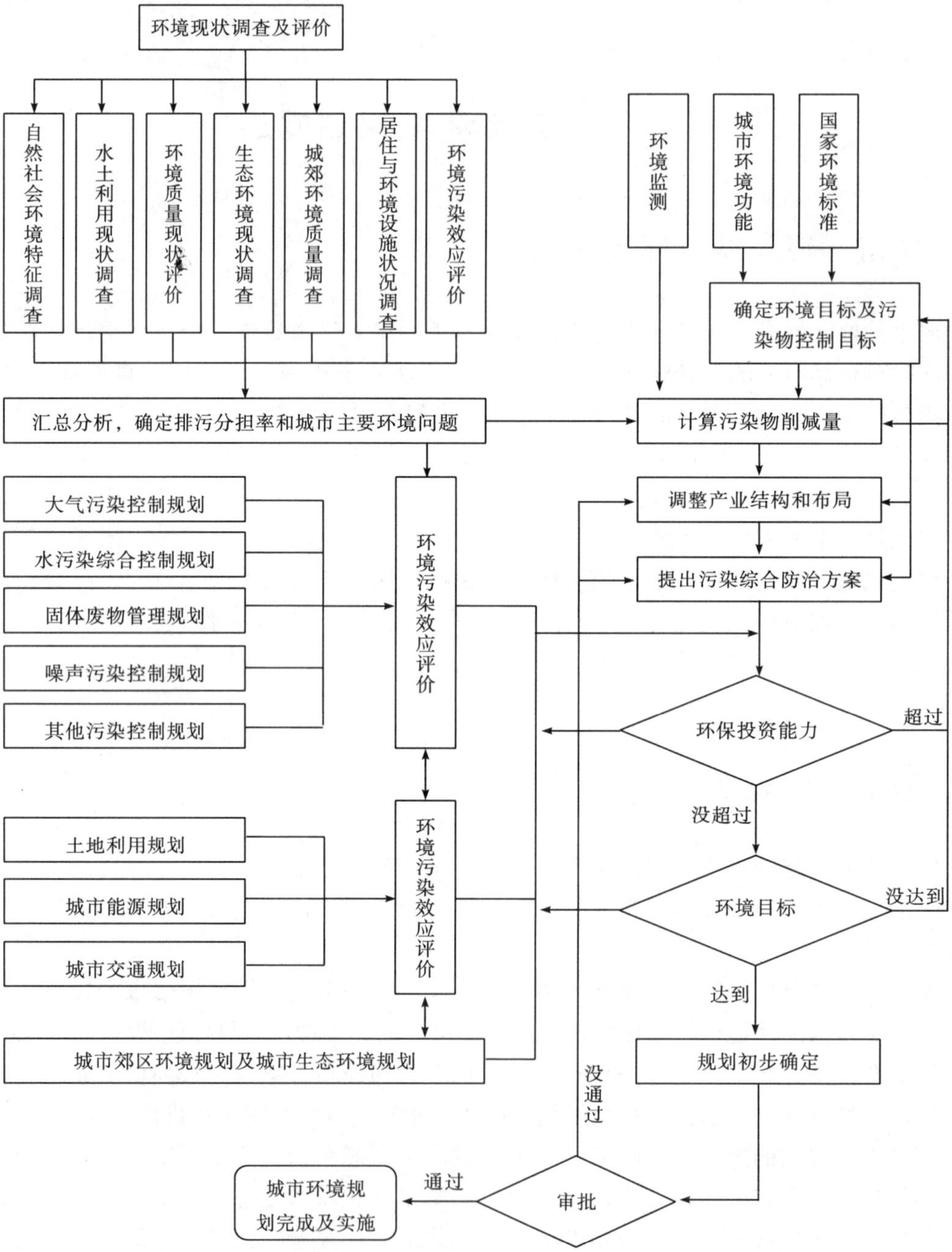

图 7-1 城市环境规划编制程序

第二节 城市大气污染控制规划

一、大气污染源分析与评价

(一)污染源调查与分析

生活污染源和交通污染源的调查，可以结合各城市的具体情况进行。工业污染源的调查内容，若有近期的“工业污染源调查资料”，一般可直接选用。但是，调查所得的基础资料和数据，必须能满足环境污染预测与制定污染综合整治方案的需要。污染源调查分析主要包括下列几方面。

1. 画出污染源分布图

画出规划区域范围内的大气污染源分布图，标明污染源位置、污染排放方式，并列表给出各所需参数。高的、独立的烟囱一般作为点源处理；繁忙的公路、铁路、机场跑道一般作为线源处理；无组织排放源及数量多、排放源不高且源强不大的排气筒一般作为面源处理(一般把源高低于 30 m、源强小于 0.04 t/h 的污染源列为面源)。

2. 点源调查统计内容

其主要包括：①排气筒底部中心坐标(一般按国家坐标系)及分布平面图；②排气筒高度(m)及出口直径(m)；③排气筒出口烟气温度(℃)；④烟气出口速度(m/s)；⑤各主要污染物正常排放量(t/a，t/h 或 kg/h)。

3. 面源调查统计内容

将规划区在选定的坐标系内网格化。网格单元，一般可取 1000 m×1000 m，规划区较小时，可取 500 m×500 m，按网格统计面源的下述参数：①主要污染物排放量[t/(h·km^2)]；②面源排放高度(m)，当网格内排放高度不等时，可按排放量加权平均取平均高度；③面源分类，如果面源分布较密且排放量较大，当其高度差较大时，可酌情按不同平均高度将面源分为 2～3 类。

(二)大气污染源评价方法

1. 等标污染负荷法

采用等标污染负荷法对工业污染源进行评价，用等标污染负荷法对污染源及污染物位次进行排序并评价。

2. 污染物排放量排序

污染物排放量排序是直接评价某种污染物的主要污染源的最简单方法。采用总量控制规划法时，针对区域总量控制的主要污染物，对排放主要污染物的污染源进行总量排序。

针对主要污染物的排放量对污染源进行排序的方法很简单，首先要有污染源排放量清单，然后排序。排序后，可选出占污染物总量 90%以上的污染源，据此制定总量控制规划。

二、大气污染预测

区域的大气环境质量不但受到污染源的影响，还要受到污染气象条件的影响。常用于大气环境规划工作的大气质量预测模型有两类：箱式模型和扩散模型。具体方法见第三章第二节。

三、大气污染总量控制规划

(一)规划区的划定

城市大气污染总量控制规划区的总范围，原则上应该将本城市的所有主要工业和民用污染源包括在内。并且根据城市规划，要将近期城市发展的重点功能区划归在内。

控制区域的总范围划定之后，在大多数情况下，要选择一些控制点代表控制区的环境质量，一般将规划区划分为若干网格，用网格点作控制点。确定规划区要注意以下两方面的问题：

(1)对于大气污染严重的城市和地区，规划区一定要包括全部大气环境质量超标区和对超标区影响比较大的全部污染源。非超标区根据未来城市规划和经济发展情况，适当地将一些重要的污染源和新的规划区包括在内。

(2)在划定规划区时，无论哪种情况，都要考虑当地的主导风向，一般在主导风向下风向方位，规划区边界应包含污染源的最大落地浓度区域。

(二)总量控制的 A-P 值法

A-P 值法是大气环境总量控制 A 值法和 P 值法的合称。P 值法属于烟囱排放标准的地区系数法，只要给定烟囱高度，再根据当地点源排放系数 P，就能立即求得该烟囱允许排放率。A 值法与之类似，只要给出控制区总面积及各功能分区的面积，再根据当地总量控制系数 A，也能很快求得该面积上的总允许排放量。A-P 方法简便，能从宏观上迅速估算出各地区允许排放总量，并能分配给点源。

1. 区域总量的计算

A 值法的基本原理：如果假定某城市分为 n 个区，每分区面积为 S_i，总面积 S 为各个分区面积之和，由式 7-1 确定，全市排放的允许总量可由式 7-2 确定，各分区排放总量由式 7-3 确定。

$$S = \sum_{i=1}^{n} S_i \tag{7-1}$$

式中，S 为总量控制区总面积，km^2；S_i 为第 i 功能区面积，km^2。

$$Q_{ak} = \sum_{i=1}^{n} Q_{aki} \tag{7-2}$$

式中，Q_{ak} 为总量控制区某种污染物 k 年允许排放总量限值，10^4 t/a；Q_{aki} 为第 i 功能区

某种污染物 k 年允许排放总量限值，10^4 t/a；n 为功能区总数；a 为总量下标。

$$Q_{aki}=A_{ki}\frac{S_i}{\sqrt{S}}=A(\rho_{ki}-\rho_0)\frac{S_i}{\sqrt{S}} \tag{7-3}$$

式中，ρ_{ki} 为国家和地方有关大气环境质量标准所规定的与第 i 功能区类别相应的年日平均浓度限制，mg/m^3；ρ_0 为当地背景年日平均浓度，mg/m^3；A 为地理区域性总量控制系数，10^4 km^2/a，主要由当地通风量决定，可参照表 7-1 所列数据选取；A_{ki} 为第 i 功能区某种污染物排放总量控制系数，10^4 t/(km・a)

考虑到控制区内边缘地带污染源对周边环境的污染，质量控制区总面积的计算值应大于质量控制区实际面积，设 $S_{扩}$ 为扩散的范围，因此需要将总量计算公式调整为

$$Q_{aki}=A_{ki}\frac{S_i}{\sqrt{S_{扩}}} \tag{7-4}$$

2. 点源和面源允许排放量的分配

在一般气象条件下，高架源对地面浓度数值影响不大，但影响范围大。而低架源及地面源往往对地面浓度贡献较高，在对区域的允许排放总量进行分配时，首先要确定各个功能区的面源和点源所占的份额。

在夜间大气温度层结稳定时，高架源对地面影响不大，但低架源及地面源都能产生严重污染，因此需确定夜间低架源的允许排放总量。

总量控制区内低架源的大气污染物年允许排量总量可通过式(7-5)计算：

$$Q_{bk}=\sum_{i=1}^{n}Q_{bki} \tag{7-5}$$

式中，Q_{bk} 为总量控制区某种污染物低架源年允许排放总量限值，10^4 t/a；Q_{bki} 为第 i 功能区某种污染物低架源年允许排放总量限值，10^4 t/a；b 为低架源排放总量下标。

各功能区低架源污染物排放总量限值可按式(7-6)计算：

$$Q_{bki}=\alpha g Q_{aki} \tag{7-6}$$

式中，α 为低架源排放分担率，见表 7-1。

表 7-1　我国各地区总量控制系数(A)、低架源排放分担率(α)和点源排放系数(P)值

地区序号	省(市)名	A	α	P 总量控制区	P 非总量控制区
1	新疆、西藏、青海	7.0～8.4	0.15	100～150	100～200
2	黑龙江、吉林、辽宁、内蒙古(阴山以北)	5.6～7.0	0.25	120～180	120～240
3	北京、天津、河北、河南、山东	4.2～5.6	0.15	120～180	120～240
4	内蒙古(阴山以南)、山西、陕西(秦岭以北)、宁夏、甘肃(渭河以北)	3.6～4.9	0.20	100～150	100～200
5	上海、广东、广西、湖南、湖北、江苏、浙江、安徽、海南、台湾、福建、江西	3.6～4.9	0.25	50～75	50～100
6	云南、贵州、四川、甘肃(渭河以南)、陕西(秦岭以南)	2.8～4.2	0.15	50～75	50～100
7	静风区(年均风速小于 1 m/s)	1.4～2.8	0.25	40～80	40～80

3. 点源允许排放量分配

在A值法中只规定了各区域总允许排放量而无法确定每个源的允许排放量。而P值法则可以控制某个固定的烟囱排放总量，但无法对区域内烟囱个数加以限制，即无法限制区域排放总量。若将二者结合起来，则可以解决上述问题。所谓A－P值法是指用A值法计算控制区域中允许排放总量，用修正的P值法分配到每个污染源的一种方法。我国1984年颁布、1991年修订的《制定地方大气污染物排放标准的技术方法》(GB/T 13201—91)中对此作出了具体说明，此处不再赘述。

第三节　城市水污染控制规划

城市水污染控制规划是通过对城市所处流域的水污染现状和水环境问题进行分析，在水环境质量预测的基础上，根据社会经济可持续发展要求，确定阶段水环境保护目标，对环境保护工程和环境管理措施进行设计。在作城市水环境规划时，应当注意要与区域经济和社会发展规划以及城市总体规划、环境保护规划相协调，兼顾各地区、各行业的需要。

一、城市水污染源调查与分析

1. 工业污染源调查与分析

通过城市水污染源调查与分析，查清工业主要污染源、主要污染物的数量，以及在城市各个水域的分布情况，确定重点工业污染源、主要污染行业和重点控制区。主要调查内容包括工业企业产品，产值，用水量，废水排放量，BOD_5、COD、氨氮等污染物排放量，污染治理措施，废水排放去向以及对应入河排污口等。

2. 生活污染调查与分析

通过生活污染调查，查清城市生活污水的排放方式和主要污染物浓度、城市生活污水的治理现状和排放情况，主要调查内容包括城市人口，人均用水量，人均废水排放量，人均BOD_5、COD、氨氮等污染物排放量，污染治理措施，废水排放去向以及对应入河排污口等。

二、城市水污染控制预测

城市水环境预测的主要目的，就是预先推测经济社会发展达到某一水平时的环境状况，以便在时间和空间上作出保护环境的具体安排和部署。城市水环境预测包括排污量预测和水环境质量预测两方面的内容。具体预测方法参见第三章。

三、城市水污染控制规划方案

水污染控制的基本途径有两种：一是减少污染物排放负荷，环境质量不能达到功能要求的区域，实施污染物排放总量控制；二是提高或充分利用水体的自净能力，提高水环境承载力，并有效利用环境容量。水污染物排放总量控制的技术路线是根据区域环境容量要求，把允许排污量按照一定原则分配给区域内的各个污染物，同时制定一系列的保证措施，以保证区域内水污染物排放总量不超过区域允许排放总量。

第四节　噪声、固体废物管理规划

一、城市噪声管理规划

根据环境遭受噪声污染历年变化规律和城市总体规划、区域规划及经济建设的发展，预测城市噪声源结构及强度的变化趋势。

交通噪声是城市的主要噪声来源，根据交通噪声历年的变化规律和城市总体规划及交通规划，在预测交通运输工具变化趋势基础上分析交通噪声污染趋势。

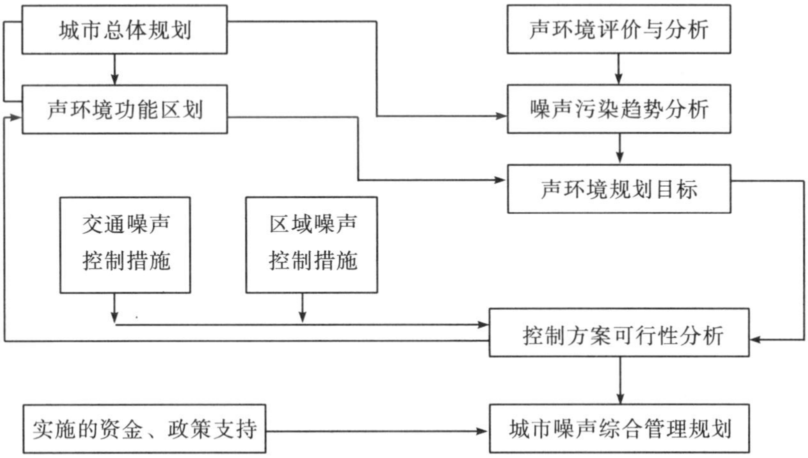

图 7-2　城市噪声管理规划路线图

在城市环境质量和污染现状与发展趋势分析的基础上，根据城市总体规划和声环境功能区划，提出声环境规划目标及实现目标所采取的措施。城市噪声管理规划路线图如图 7-2 所示。

城市噪声来源主要为交通噪声、工业噪声和社会生活噪声三类。

(1)交通噪声：针对城市布局和道路建设规划，从减少交通噪声的角度，针对公路路网和站点布局、铁路建设和车站布局、机场和港口布局，提出改进和改造方案，加强对流动噪声源的管理，有计划地淘汰噪声超标的交通工具。

(2)工业噪声：对重点工业噪声源采取治理与关、停、并、转迁等方式相结合的方案，在居民区中的建筑工地使用低噪声设备，规定噪声超标机械设备的使用时间。

(3)社会生活噪声：合理布局文化娱乐、集贸市场等场所，规范、监督其经营。

二、固体废物管理规划

在城市化进程中，固体废物作为城市代谢的产物，已成为城市发展的负担。我国每年的垃圾量以8%～10%的速度增长，而且还有不断增加的趋势，出现了垃圾围城的局面。如何处理越来越多的垃圾成为人们关注的热点。在城市环境规划中必须对固体废物进行妥善的规划，以减少固体废物对环境和人体健康造成的危害。

第五节　城市环境规划案例分析

一、污染物总量控制规划目标

国家级成都高新技术产业开发区南区位于成都市南郊，与旧城区连为一体，面积为47 km^2，截至2004年末，高新南区总人口为14.5万人，全年实现国民生产总值168亿元。预计2007年国民生产总值达到225亿元，2010年可达400亿元。由于靠近城区，区内主要水体均受到了有机物污染，多为Ⅳ～Ⅴ类水；但环境空气质量良好，满足环境质量标准(GB 3095—1996)二级标准要求，除交通干线外，声环境质量较好。

该区域污染物总量控制规划的目标是：通过规划的实施，用3～5年时间使环境污染得到基本控制，规划区环境质量达到相应标准的要求，初步实现环境与社会经济的协调发展。

二、水污染总量控制规划

本规划涉及的河流为龙爪堰、栏杆堰两个控制单元。

1. 污染源调查情况

污染源调查情况见表7-2。

表7-2　工业污染源调查及排放量表

工业企业名称	废水排放量/(t·a^{-1})	排污去向	污染物排放量/(kg·a^{-1})	
			COD_{Cr}	氨氮
四川华西乳业有限责任公司	128 000	龙爪堰	17 664	166
成都市高新电镀厂	3 500	龙爪堰	500.5	69.3
四川嘉田制版有限公司	8 000	龙爪堰	1 088	144
成都新耀华食品有限公司	21 800	龙爪堰	2 746.8	413.64
成都新成食品工业有限公司	15 296	栏杆堰	1 651	183
成都住矿电子有限公司	181 688	栏杆堰	8 721	1 998
四川海特高新技术股份有限公司	21 675	污水管网	9 948	346
成都地奥制药集团	148 600	污水管网	67 613	2 972

续表

工业企业名称	废水排放量/(t·a^{-1})	排污去向	污染物排放量/(kg·a^{-1})	
			COD_{Cr}	氨氮
成都普天电缆股份有限公司	390 000	污水管网	185 250	8 697
成都恩威投资(集团)有限公司	100 000	污水管网	41 200	2 010
成都康宁光缆有限公司	70 000	污水管网	31 640	1 386
成都美登高食品有限公司	8 500	污水管网	3 383	168
吉泰安(四川)药业有限公司	8 000	污水管网	3 384	168
成都旺旺食品有限公司	309 700	污水管网	131 932	6 627.5
成都市三联纺织印染有限公司	17 850	污水管网	7 318	339
四川华西医药科技发展有限公司	7 000	污水管网	2 464	149

2. 城市生活污染源调查与评价

各控制河段的生活污染源调查情况见表 7-3。

表 7-3 城市生活污染源调查及排放量表

水环境功能区名称	城镇人口数量/万人	人均综合用水量/(t·a^{-1})	人均综合排水量/(t·a^{-1})	生活污水平均浓度/(mg·L^{-1})		污染物排放量/(t·a^{-1})	
				COD_{Cr}	氨氮	COD_{Cr}	氨氮
龙爪堰	2.74	127.75	102.2	229	17.14	641.26	48.00
龙爪堰	2.32	127.75	102.2	229	17.14	542.97	40.64
栏杆堰	1.29	127.75	102.2	229	17.14	301.91	22.60

3. 农村生活污染源调查与评价

农村生活污染源调查情况见表 7-4。

表 7-4 农村生活污染源调查及排放量表

县(市)名称	水环境功能区名称	生活污水平均浓度/(mg·L^{-1})		污染物排放量/(t·a^{-1})	
		COD_{Cr}	氨氮	COD_{Cr}	氨氮
新兴村	龙爪堰	330	33	33.20	5.69
丰收村	龙爪堰	330	33	89.47	15.33
仁和村	龙爪堰	330	33	17.81	3.06
清和村	龙爪堰	330	33	74.10	12.70
灯塔村	龙爪堰	330	33	115.41	19.75
铜牌村	龙爪堰	330	33	17.89	3.07
殷家村	栏杆堰	330	33	64.23	10.99
庆云村	栏杆堰	330	33	74.14	12.71
三元村	栏杆堰	330	33	18.10	3.09
石桥村	栏杆堰	330	33	74.66	12.76
双河村	栏杆堰	330	33	67.95	11.72
大元村	栏杆堰	330	33	4.82	0.85

4. 地表水环境容量计算

入境水质达到标准要求时，高新南区水污染物允许排放量计算结果见表 7-5。

表 7-5 控制单元允许排放量 (单位：t/a)

<table>
<tr><th rowspan="2">控制子单元</th><th colspan="2">枯水期</th><th colspan="2">平水期</th><th colspan="2">丰水期</th></tr>
<tr><th>COD_{Cr}</th><th>氨氮</th><th>COD_{Cr}</th><th>氨氮</th><th>COD_{Cr}</th><th>氨氮</th></tr>
<tr><td>龙爪堰</td><td>186</td><td>8</td><td>239</td><td>9</td><td colspan="2">366</td></tr>
<tr><td>栏杆堰</td><td>145</td><td>4</td><td>206</td><td>6</td><td colspan="2">319</td></tr>
<tr><td>合计</td><td>331</td><td>12</td><td>445</td><td>15</td><td colspan="2">685</td></tr>
</table>

5. 各类污染物削减计划

根据成都高新南区规划，到 2007 年全部取消规模化畜禽养殖和散养，农村面源的污染继续减少；全部工业废水和 80%的城镇生活污水能够进入城市管网，进入污水处理厂进行处理。为此，确定各控制单元的近期削减量见表 7-6。

表 7-6 2007 年成都高新南区入河污染物削减量 (单位：t/a)

污染物 控制单元	COD_{Cr}			氨氮		
	允许排放量	排放量	削减量	允许排放量	排放量	削减量
龙爪堰	186	372	186	8	34.8	26.8
栏杆堰	145	94.8	−50.2	4	8.9	4.9

2010 年各控制单元的削减量见表 7-7。

表 7-7 2010 年成都高新南区入河污染物削减量 (单位：t/a)

污染物 控制单元	COD_{Cr}			氨氮		
	允许排放量	排放量	削减量	允许排放量	排放量	削减量
龙爪堰	186	0	−186	8	0	−8
栏杆堰	145	0	−145	4	0	−4

由以上分析可见，从现在到 2010 年规划年，要使高新南区各控制单元的水环境质量达标是可行的。

三、大气污染总量控制规划

1. 污染源调查与评价

除城镇居民区外，高新南区大气污染源不多，统计情况见表 7-8。

表 7-8 高新南区主要大气污染源排放情况

编号	企业名称	废气排放量 /($\times 10^4 m^3 \cdot a^{-1}$)	SO_2 排放量 /($t \cdot a^{-1}$)	烟尘排放量 /($t \cdot a^{-1}$)	所在位置
1	成都南星热电股份有限公司	118 575	1 493	1 130	石羊场乡
2	成都三瓦窑热电有限责任公司	116 480	2 240	1 400	桂溪乡

续表

编号	企业名称	废气排放量 /($\times10^4 m^3 \cdot a^{-1}$)	SO_2 排放量 /($t \cdot a^{-1}$)	烟尘排放量 /($t \cdot a^{-1}$)	所在位置
3	成都水泵厂	69	3.32	2.49	永丰路
4	成都市三联纺织印染有限公司	263	3.397	3.40	桂溪乡
5	成都市仁和电镀厂	263	3.397	3.40	桂溪乡
6	成都市高新电镀厂	25	0.311	0.18	石羊场乡

2. 大气环境容量计算结果

根据 A－P 值法，计算出大气环境容量、允许低架源排放量、允许高架源排放量限制见表 7-9、表 7-10、表 7-11。

表 7-9　大气环境容量计算成果统计表

功能区 项目		控制单元		
		Ⅰ$_1$	Ⅰ$_2$	Ⅰ$_3$
面积 S_i/km^2		9.2	24	13.8
SO_2	ρ_{ki}/($mg \cdot m^{-3}$)		0.06	
	Q_{aki}/($\times10^4 t \cdot a^{-1}$)	0.093	0.242	0.139
	Q_{ak}/($\times10^4 t \cdot a^{-1}$)		0.474	
TSP	ρ_{ki}/($mg \cdot m^{-3}$)		0.2	
	Q_{aki}/($\times10^4 t \cdot a^{-1}$)	0.310	0.809	0.465
	Q_{ak}/($\times10^4 t \cdot a^{-1}$)		1.548	

表 7-10　低架源污染物允许排放量计算成果统计表

功能区 项目		控制单元		
		Ⅰ$_1$，Ⅱ$_2$	Ⅰ$_2$	Ⅰ$_3$
面积 S_i/km^2		9.2	24	13.8
SO_2	ρ_{ki}/($mg \cdot m^{-3}$)		0.06	
	Q_{bki}/($\times10^4 t \cdot a^{-1}$)	0.014	0.036	0.021
	Q_{bk}/($\times10^4 t \cdot a^{-1}$)		0.071	
TSP	ρ_{ki}/($mg \cdot m^{-3}$)		0.2	
	Q_{bki}/($\times10^4 t \cdot a^{-1}$)	0.046	0.121	0.070
	Q_{bk}/($\times10^4 t \cdot a^{-1}$)		0.237	

表 7-11　高架源污染物允许排放量限值计算成果统计表

功能区 项目	控制单元		
	Ⅰ$_1$，Ⅱ$_2$	Ⅰ$_2$	Ⅰ$_3$
面积 S_i/km^2	9.2	24	13.8

续表

项目 \ 功能区		控制单元				
		Ⅰ$_1$，Ⅱ$_2$		Ⅰ$_2$	Ⅰ$_3$	
SO_2	$\rho_{ki}/(mg \cdot m^{-3})$			0.06		
	$P_{ki}/(\times 10^4 t \cdot a^{-1})$	3.6	0.036	0.021	0.028	0.005
	$Q_{pki}(\times 10^4 t \cdot a^{-1})$			0.009		
TSP	$\rho_{ki}/(mg \cdot m^{-3})$			0.2		
	$P_{ki}/(\times 10^4 t \cdot a^{-1})$	12	0.121	0.070	0.094	0.017
	$Q_{pki}/(\times 10^4 t \cdot a^{-1})$			0.03		

3. 大气污染总量的负荷分配

高新南区 SO_2及 TSP 实际排放量、允许排放量限值及削减量统计见表 7-12。

表 7-12　各功能区 SO_2及 TSP 实际排放量、允许排放量限值及削减量

功能区名称		高新南区	
面积/km^2		47	
执行标准		$SO_2/(t \cdot a^{-1})$	$TSP/(t \cdot a^{-1})$
		0.06	0.2
实际排放量	2007 年	22.26	12.85
	2010 年	29.63	17.10
允许排放量限值		4 740	15 840
削减量	2007 年	−4 717.74	−15 827.15
	2010 年	−4 710.37	−15 822.9

2007 年高新南区 SO_2剩余环境容量为 4717.74 t/a，TSP 剩余环境容量为15 827.15 t/a。至规划年 2010 年，SO_2剩余环境容量为 4710.37 t/a，TSP 剩余环境容量为15 822.9 t/a。

根据以上分析可知，至规划年 2010 年，大气污染物的排放量均远小于环境容量所能承载的负荷，仍有较大的大气环境容量可供企业自我发展之用。

四、固体废物总量控制规划

2004 年高新南区固体废物产生量约 3724 t/a，设有 9 个垃圾中转站，工业固体废物分散处理，未实现资源化利用。随着经济快速发展，固体废物的环境影响日益突出。

(一)固体废物产生及排放量预测

根据表 7-13 中产生及排放强度可预测出 2007 年、2010 年工业固体废物的产生量及排放量。

表 7-13　各规划期工业固体废物产生及排放量　（单位：t/a）

	2007年		2010年	
	产生量	排放量	产生量	排放量
高新南区	7650	382.5	10 000	200

（二）固体废物处置及管理规划

1. 重点工程建设

高新南区发展迅速，现虽已有 9 个垃圾中转站，收运能力仍不能满足园区发展的需要。因此，规划设置 1 个压缩能力为 150 t/d 的垃圾压缩站。

2. 管理措施

（1）从清洁生产、循环经济角度控制工业固体废物产生量，引导企业系统内部减量化和循环利用，降低单位产品固体废物产生量。

（2）设计合理的工业生产链，促进工业废渣的资源化的实现，使一个企业的废渣成为另一个企业的原料。

（3）建立并逐步完善区域性的危险废物交换网路。建立专门的危险废物（固体废物）管理中心，充分发挥政府对危险废物的执法、管理和监督作用。设立危险废物应急管理办公室，负责辖区内危险风险事故的应急管理。

五、成都高新南区总量控制规划工程及环境保护投资

为实现成都高新南区总量控制规划目标，拟采取的环境保护工程措施见表 7-14。

表 7-14　成都高新南区总量控制规划工程及投资估算

内容		项目名称	建设性质	投资/万元	建设年限	备注
水污染控制工程项目	近期	高污染企业搬迁工程	迁建	800	2004～2005	乳品、纺织、印染
		大源污水处理厂建设工程	新建	14 000	2004～2007	建成处理能力 10×10^4 t/d
		高新南区污水收集管网改造与建设工程	扩、改建	18 000	2003～2007	完善支管，总覆盖率 80%以上
		高新南区未建成区分散点源污染控制工程	新建	800	2003～2007	控制 10 t/d 以上的分散点源
		分散的以及集中畜禽养殖业取缔工程	新建	400	2003～2006	2006 年底全部取缔
		龙爪堰、栏杆堰河道综合整治工程	新建	1500	2004～2006	对河道中的淤泥进行疏通、清理
	远期	大源污水处理厂扩建工程	扩建	20 000	2007～2010	扩建后处理能力 20×10^4 t/d
		高新南区污水收集管网建设工程	扩、改建	12 000	2007～2010	使总覆盖率达 100%
		分撒点源污水集中处理工程	新建	500	2007～2010	全部纳入管网进污水处理厂
		试点推行清洁生产，开展循环经济	新建	—	2007～2010	—

续表

内容		项目名称	建设性质	投资/万元	建设年限	备注
大气污染控制工程项目	近期	成都南星热电股份有限公司搬迁工程	迁建	400	2004～2005	—
		成都三瓦窑热电有限责任公司搬迁工程	迁建	400	2004～2005	—
		三瓦窑污水处理厂一期、二期恶臭控制工程	新建	5000	2004～2007	在恶臭源上加盖收集，生物除臭
	远期	高新南区内燃料改造工程	新建	500	2004～2010	到2010年高新南区内居民燃料全部采用清洁的天然气
固体废物控制工程项目		高新南区垃圾压缩站工程	新建	800	2004	建设150 t/d的垃圾压缩中转站

思 考 题

1. 简述城市环境规划的概念。应如何理解城市环境规划？

2. 论述城市环境规划的内容。

3. 大气环境规划的基本方法有哪些？

4. 怎样进行水环境污染物总量分配？

5. 什么是环境容量？它在环境规划中有何作用？

6. 试述固体废物管理规划的技术路线；简述制定噪声控制规划方案的步骤。

7. 某工厂烟囱高度为50 m，出口直径2 m，出口烟气速度为15 m/s，温度130 ℃，排烟中SO_2的排放量为50 g/s，烟囱出口处风速为4 m/s，大气温度为27 ℃。若要求地面SO_2最大浓度不超过卫生标准——一次最高允许浓度为0.5 mg/m^3，实际地面最大落地浓度值会超过卫生标准吗？若超过，应采取什么措施？（假设$\sigma_z=\sigma_y$）。

第八章　生态环境规划

第一节　生态规划概述

一、基本概念

20世纪60年代初，美国宾夕法尼亚大学学者麦克哈格(I. L. McHarg)在《设计结合自然》(*Design with Nature*)一书中指出生态规划是在没有任何有害的情况或多数无害条件下，对土地的某种可能用途进行的规划。日本一些学者则将生态规划定义为生态学的土地利用规划。从以上的观点来看，生态规划偏重于土地利用规划。而从区域或城市人工复合生态系统的特点、发展趋势和生态规划所应解决的问题来看，生态规划不应仅限于土地规划。李博等提出，生态规划应是以生态学原理和城乡规划原理为指导，应用系统科学、环境科学等多学科的手段辨识、模拟和设计人工复合生态系统内的各种生态关系，确定资源开发利用与保护的生态适宜度，探讨改善系统结构与功能的生态建设对策，促进人与环境持续协调发展的一种规划方法。

二、生态规划的主要任务

生态规划对象是社会—经济—自然的复合生态系统，它包括以下主要任务：

(1)根据土地承载力或环境容量的评价结果，搞好区域生态区划、人口适宜容量、环境污染防治规划和资源利用规划等；提出不同功能区的产业布局以及人口密度、建筑密度、容积率和基础设施密度限制。

(2)根据区域气候特点和人类生存对环境质量的要求，搞好林业生态工程、城乡园林绿化布局、水域生态保护等规划设计，提出各类生态功能区内森林与绿地面积、群落结构和类型方案。

(3)根据生态适宜度，制定区域经济战略方针，确定相宜的产业结构，进行合理布局，以避免因土地利用不适宜和布局不合理而造成的生态环境问题。

三、生态规划的步骤

生态规划目前尚无统一的工作程序，麦克哈格在《设计结合自然》一书中提出了生态规划的框架，后来被称作麦克哈格生态规划法。其步骤如图 8-1 所示。

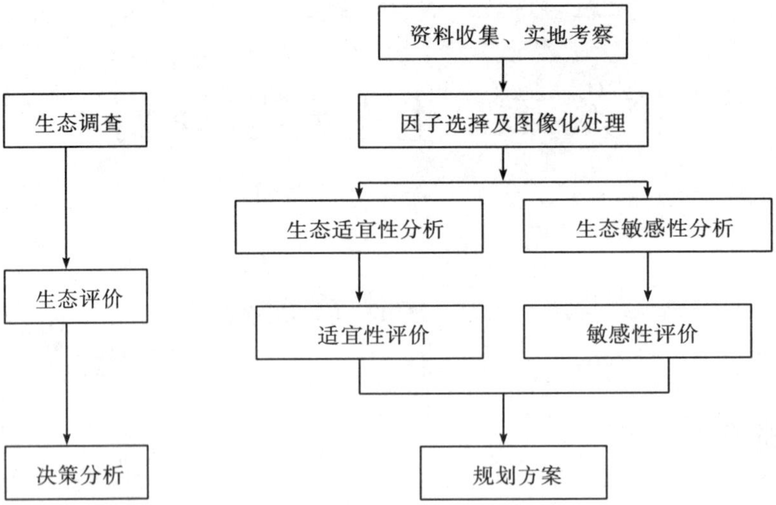

图 8-1 生态规划的步骤

四、生态规划的内容与方法

(一)生态调查的内容

生态调查是指调查了解区域资源环境与社会经济的特征及其相关关系的过程，是生态规划的重要环节。其内容包括以下三个方面：

(1)自然环境状况调查。自然环境状况调查主要侧重对规划区域生态环境基本特征的调查，包括：气候气象因素和地理特征因素，如地形地貌、坡向坡位、海拔、经纬度等；自然资源状况，如水资源、土壤资源、野生动植物资源及珍稀濒危动植物资源等；生态功能状况，如区域自然植被的净生产力、生物量和单位面积物种数量，生物组分的空间分布及在区域空间的移动状况，土壤的理化组成和生产能力等；人类开发历史、方式和强度；自然灾害及其对环境的干扰破坏情况；生态环境演变的基本特征；基础图件收集和编制，主要收集地形图、土地利用现状图、植被图和土壤侵蚀图等。

(2)社会经济状况调查。社会经济状况调查包括：社会经济情况，如人口密度、人均资源量、人口年龄构成、人口发展状况、生活水平的历史和现状、科技和文化水平的历史和现状、规划区域的主要生产方式等；经济结构与经济增长方式，如产业构成的历史和现状及发展、自然资源的利用方式和强度等。

(3)环境质量状况调查。包括空气、水体、土壤、声环境质量现状的监测和调查。

(二)生态调查的方法

生态调查的手段通常包括历史资料的收集、实地调查、社会调查与遥感技术的应用 4 类。收集历史资料，可以了解区域与城市的过去及其与现在的关系，还可以提供实地调查所不能得到的资料；在区域规划和城市规划中，实地调查往往可以弥补历史资料的不足与不完善，或对遥感资料进行校正；社会调查可了解社会各阶层对发展的要求以及所关心的焦点问题，以便在规划过程中体现公众的愿望；遥感技术为迅速准确地获得空间资料提供了十分有效的手段。

在生态资料收集过程中多采用网格法，即在筛选生态因子的基础上，按网格逐个进行生态状况的调查与登记，通过数据库和图形显示的方式将规划区域的社会、经济和生态环境各种要素空间分布直观地表示出来。其具体工作方法为：采用 1∶10 000（较大区域为 1∶50 000）地形图为底图，依据一定原则将规划区域划分为若干个网格（单元），网格一般为 1 km×1 km，有的也采用 0.5 km×0.5 km（网格大小视具体情况而定），每个网格即为生态调查与评价的基本单元。

（三）生态适宜性分析

生态适宜性分析是生态规划的核心，是制定规划方案的基础。生态适宜性分析的目标是根据区域自然资源与环境状况，评价其对某种用途的适宜性和限制性，并划分适宜等级，弄清限制因素，为资源的最佳利用方向的确定提供依据。其分析方法有形态法、因素叠加法、线性与非线性因子组合法、逻辑规划组合法、生态位适宜度模型五大类。其中因素叠加法和线性与非线性因子组合法是目前生态规划中应用最为广泛的方法。

1. 因素叠加法

因素叠加法又称地图叠加法。其基本步骤为：根据规划目标，列出各种发展方案和措施，确定规划方案和措施与环境因子的关系表，建立关系矩阵；在生态调查的基础上，按一定的评价准则进行各因子对规划目标的适宜性评价与分级；用不同的颜色将各因素对特定的规划方案的适宜性绘制在地图上，形成单因素生态适宜评价图；再将各单一因素适宜性叠加得到综合适宜性图；由综合适宜性图上颜色的深浅表示特定规划方案的适宜性等级，并由此制定规划方案。

2. 线性与非线性因子组合法

线性组合法是用一定的度量值来表示适宜性等级，并对每一因素视其重要性赋予不同的权重值；将每一因素的适宜性等级值乘以权重值，得到该因素的适宜性值。最后综合各因子的适宜性空间分布特征，即可得到综合适宜性值及其空间分布。常用的综合性适宜性值计算公式为

$$S_i = \sum_{k=1}^{n} B_{ki} W_k \tag{8-1}$$

式中，i 为土地利用方式编号；k 为生态因子编号；n 为生态因子总数；W_k 为因子 k 对 i 种土地利用方式的权重值，且 $W_1 + W_2 + \cdots + W_k = 1$；$B_{ki}$ 为土地利用方式 i 的第 k 个生态因子适宜性评价值；S_i 为土地利用方式为 i 时的综合适宜性值。

某些情况下，环境资源因素之间的关系能够运用数字模型进行拟合。因此，在生态适宜性分析时，可直接利用这些模型进行空间模拟，然后按照一定的准则划分适宜性等级。由于这些模型往往属于非线性的，所以称为非线性组合法。

3. 生态适宜性等级划分

单因素生态适宜性等级通常分为三级（即适宜、基本适宜、不适宜）或五级（即非常适

宜、适宜、基本适宜、基本不适宜、不适宜）；同时分别赋权值 5、3、1 或 9、7、5、3、1，数值大小与该因素生态适宜的大小成正相关。土地利用适宜性每级的含义为：非常适宜，指土地可持久地用于某种用途而不受重要限制，不至于破坏生态环境、降低生产力或效益；适宜，指土地有限制性，当持久用于规划用途会出现中等程度不利，以至于破坏生态环境、降低效益；不适宜，指有严重的限制性，某种用途的持续利用产生的影响是严重的，将严重破坏生态环境，利用勉强合理。综合生态适宜性分级，通常根据综合生态适宜性值确定适宜性分级的上下限，结合单因素的生态适宜性分级标准进行分级。

（四）生态敏感性分析

生态敏感性是指在不损失或不降低环境质量的情况下，生态因子对外界压力或干扰的适应能力。生态敏感性分析是利用信息技术对影响生态环境的组成因子按照一定的加权叠加规律进行模拟分析的一种方法，它基于 GIS 强大的空间分析能力，对影响生态环境平衡的因素进行叠加分析，可动态地在一定范围内显示“如果这样”将会产生何种后果和“最好这样”的合适区域。生态敏感性分析的内容包括敏感集水区分析和水土流失分析等。

1. 敏感集水区分析

敏感集水区分析的目的是基于规划区域水文及水资源活动与土地利用的关系，确定其与资源开发和工农业生产布局的关系，使规划区域内水循环过程得到维护。规划区域按其与河流、水体、水土流失、植被等的关系，划分成不同敏感性集水区。对人类活动及一定方式的土地利用十分敏感的区域划分为敏感集水区；而将人类活动及土地利用相对抗干扰能力强的区域划分为不敏感集水区。

2. 水土流失分析

用于分析、评价规划区域潜在水土流失与现实水土流失状况的通用方程为

$$A=R\cdot K\cdot L_S\cdot C\cdot P$$

式中，R 为降雨冲蚀指数；K 为土壤冲蚀指数；L_S 为坡长指数；C 为地表覆盖因素；P 为土地管理因素。

3. 生态敏感性等级划分

影响一个地区生态敏感性的因素很多，通常选用对开发建设影响较大的因子作为生态敏感性分析的生态因子，通过制定单因子生态敏感性标准及其权重对各单因子等级及其权重进行评估，通常用 5、3、1 或 9、7、5、3、1 表明其敏感性高低。然后用加权多因素分析公式进行单因子加权叠加、聚类得出综合评价值，作为综合评价值分级标准，并由此判明不同区域的敏感性等级。对城市生态敏感性地带分级，一般按三级标准分：敏感地带（A 级，3.7～5）；一般敏感地带（B 级，2.3～3.7）；基本不敏感地带（C 级，1～2.3）。对生态敏感、景观独特的地带，适宜保持原貌而成为保护区；对于生态不敏感、不适合动植物生长的地带，可以进行工业或商业开发。

第二节　城市生态规划

一、生态城市的基本理论

20 世纪 70 年代，联合国教科文组织发起的“人与生物圈”(MAB)计划研究过程中提出生态城市这一概念。生态城市的最终目标是把社会、经济发展与生态环境建设结合起来，努力创造人与自然环境互惠共生、高效、和谐的人类栖息地。为建设生态城市，推动可持续发展，我国环境保护部提出了生态城市建设指标体系，包括经济发展、环境保护、社会进步三类共 28 项指标。

二、城市生态规划的内容

城市生态规划主要包括土地利用、人口适宜容量、生态功能分区、园林绿地系统、环境污染防治等几项规划内容。

1. 土地利用规划

城市用地一般可分为农业用地、工业用地、生活居住用地、市政设施用地、道路交通用地、绿化用地等，它们各自对环境质量有不同的要求，本身又给环境带来不同程度的影响。因此，在城市生态规划中，应综合研究城市用地状况与环境条件的相互关系，按照城市的规模、性质、产业结构和城市总体规划及环境保护规划的要求，提出调整用地结构的建议和科学依据，同时，应充分重视农业用地，尤其是基本农田的保护，促使土地利用布局趋于合理。

2. 人口适宜容量规划

城市人口对城市土地资源、水环境、能源、城市空间和环境容量具有较大的影响。截至 2003 年底，我国城市平均人口密度为 847 人/km^2，北京和广州城市的人口密度分别为 1.4×10^4 人/km^2 和 1.3×10^4 人/km^2。而目前世界主要大城市如纽约、伦敦、巴黎的人口密度最多也只有 8500 人/km^2。制定适宜人口容量的规划将有助于降低单位国土面积的资源消耗和环境影响。城市人口规划内容包括人口分布、密度、规模、年龄结构、文化素质、性别比、自然增长率、机械增长率以及流动人口等基本情况。

3. 生态功能分区规划

生态功能分区规划是根据城市生态系统结构及其功能的特点，综合考虑地区生态要素的现状、问题、发展趋势及生态适宜度等，划分不同类型的单元，提出工业、生活居住、对外交通、仓储、公共建筑、园林绿化、游乐等功能区的划分以及大型生态工程布局的方案。应充分发挥各地区生态要素的有利条件及其对功能分区的反馈作用，促使功能区生态要素朝着良性方向发展。其中要特别注意城市的产业结构的调整，产业结构的不同比例对城市生态系统的结构、功能以及环境质量有较大的影响。因此，调整、改善老城区产业布局，搞好新建城市产业的合理布局，是一项重要措施。

4. 园林绿地系统规划

园林绿地系统对于改善生态环境质量、调节小气候、丰富与美化城市景观起着十分重要的作用。因此，城市生态规划应制定城市各类绿地的用地指标，选定各项绿地的用地范围，合理安排整个城市园林绿地系统的结构和布局形式，合理设计群落结构，选配植物，并进行绿化效益的估算。

5. 环境污染防治规划

环境污染防治规划应从整体出发，实行主要污染物排放总量控制，根据各功能区不同的环境目标，实行分区生态环境质量管理，逐步达到生态规划目标的要求。环境污染防治规划的主要内容包括：大气污染控制、水污染控制、噪声污染控制、固体废物管理规划等，详见第七章。

三、城市生态规划的保障措施

生态城市的建设不仅是环保部门的工作，同时也是涉及政府各级部门，上至行政首长，下至普通市民的全社会共同任务。为保障规划的实施，必须进行规划实施保障体系的建设。

1. 政策法规

应以法律的形式明确生态规划在城市规划中的先导地位，城市的总体规划和各部门规划都应自觉遵循生态规划中所规范的生态、环境、资源、经济、社会之间的动态耦合关系。同时完善城市生态环境管理的法律法规体系，明确生态城市建设所涉及的各部门之间的职能、责任和权利义务关系，使生态城市的建设工作做到有法可依、有章可循。

2. 组织机构与管理机制

生态城市的建设存在大量的协调工作，关系到生态城市建设的成败。建议专门成立生态城市建设协调推荐委员会，环保局负责组织服务，政府各市委、各区县负责人参加，并由行政首长亲自挂帅。同时在管理机制上要大胆创新，完善绿色GDP的核算体系，建设以“生态预警系统”为技术平台的绿色行政体系。

3. 资金筹措与技术保障

建议将生态城市建设的规划指标、资金平衡建设项目等纳入国民经济和社会发展规划中进行综合平衡。在政府投入之外，吸引多元化投资主体，推进生态城市建设市场化进程，强化环境监测、环境监理、环境标准、环境管理等技术手段，积极吸引公众参与，扩大对外交流与合作等，努力探索一条在社会主义市场经济体制下的生态环境保护与建设的新路。

第三节　生态产业园规划

一、生态产业园概念

所谓生态产业园，是指在生态学、生态经济学、产业生态学和系统工程理论指导下，将在一定地理区域内的多种不同产业，按照物质循环、产业共生原理组织起来，构成一个资源利用具有完整生命周期的产业链和产业网，通过最大限度地降低对生态环境的负面影响，求得多产业综合发展的资源循环利用体系。

二、生态产业园规划的内容

生态产业园区规划包括企业选择、系统集成和非物质化三部分(图 8-2)。在规划中，首先要对产业定位和现有企业进行详细了解，合理引入与原有企业存在潜在协同和共生关系的企业；同时，在区域和企业层次上进行系统集成以及园区的管理与服务体系的规划。

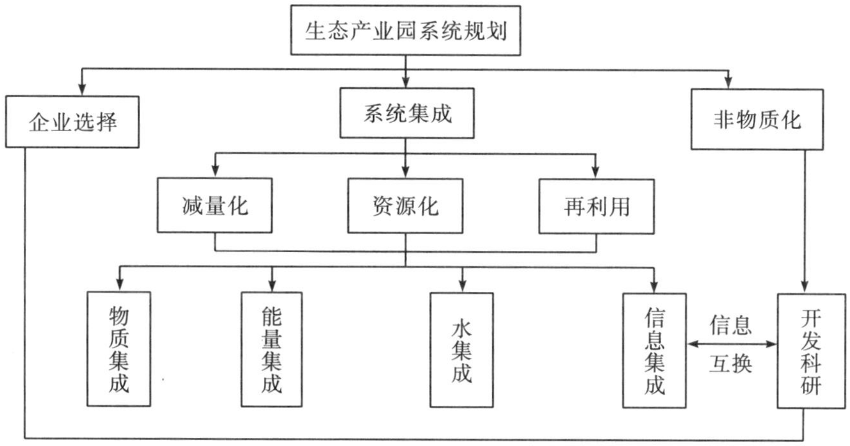

图 8-2　生态产业园系统规划与设计框架示意图

1. 系统集成

系统集成主要是在区域和企业层次上进行。物质、能量、信息的循环与共享是通过具体的集成方案得以体现的。在系统集成方案中，将应用生态学和系统工程方法，把最先进的工艺、最具有市场前景的产品融入生态产业园区的规划中。系统集成包括物质集成、水集成、能量集成和信息集成 4 个方面。

2. 管理与服务

生态产业园区需要政府、园区、企业三个层次进行生态化管理。政府着眼于宏观方面进行战略管理、政策导向、法规建设和建立激励机制；园区管理则侧重协调生产企业和技术、产品、环境、经济等多个部门的关系，保证物质、能量和信息在区域范围内的最优流动，达到园区能源和原材料使用最小、废物产生量最小的目的；企业管理主要推行清洁生产、节能降耗，按照废物交换关系优化原料—产品—废物的关系，保证高效、稳定的正常生产活动。

三、生态产业链的结构及构建

1. 生态产业链的成员组成与“关键种企业”的选定

根据各企业的特点和其在生态产业链中所处的位置，可将区内企业划分为物质生产者和技术生产者(生产者)、加工生产者(消费者)和还原生产者(分解者)，由它们共同组成生态产业链和产业共生网络系统。其中物质生产企业承担着不可再生资源和可再生资源的开发与利用，为工业生产提供初级原料和能源；技术生产者通过对园区各企业提供无形的技术支持，使各个企业以及整个生态链条都朝着更加丰富和完善的方向发展；加工生产企业将物质生产企业提供的初级原料或可作为原料的其他企业的副产物、废弃物，加工成满足人类生产生活所需的最终产品或中间产品；还原生产企业将生产过程中的各种副产物和废弃物进行资源化，或对其进行无害化处理，或提供给其他企业作为原料。为了构成高效的生态产业链，还应在园区内构建一些补链的辅助设施，以促进物质循环和能量的有效利用，使多个生产过程形成更高度交叉的生态链和产业网。

在生态产业链设计时，应应用生态学的关键种理论，选定“关键种企业”作为生态产业园的主要种群，构筑企业共生体。“关键种企业”使用和传输的物质最多、能量流动的规模最为庞大；带动和牵制着其他企业、行业的发展；居于中心地位，也是生态产业链的链核，对构筑企业共生体和生态产业园的稳定起着重要作用。因此选定“关键种企业”构筑企业共生体，是发展生态产业的关键。如著名的日本太平洋水泥生态产业园的水泥厂和广西贵港生态产业园的糖厂，这些“关键种企业”是其园区内产业链的链核。根据我国工业发展的特点，可选定煤炭、火电厂、石油、石化、钢铁、水泥、电子行业、农副产品加工业作为“关键种企业”。

2. 生态产业链的构建

生态产业链的构建是在企业内部、企业之间建立产业链乃至在更大范围建立生态工业网络以实现对物料和能量的更有效利用。

(1)物质循环生态产业链：为了生态产业园、生态产业网络中的各成员之间进行物质传递、供应、副产品交换，建立了物质循环生态产业链。如山东鲁北生态产业系统的“磷铵—水泥—硫酸联产”(PSC)产业链，磷矿粉与硫酸制取得到的磷酸与合成氨反应制得磷铵；副产品磷石膏送往水泥厂生产水泥；富含 SO_2 的水泥窑气送往硫酸厂生产硫酸和液态 SO_2；硫酸送往磷铵厂完成 PSC 工艺的硫循环，液体 SO_2 做制溴原料。

(2)能量梯级利用生态产业链：生态产业园、生态产业网络成员依据能量的品质差异，进行“能量层叠”梯级利用，如热电联产、热电冷三联供。如河南商电铝业集团公司构筑的“铝—电—热—化”生态工业链，热电厂将生产的电力供给铝厂进行电解铝生产，剩余蒸汽供给化肥厂用于化肥生产，同时向市民供暖。

(3)水循环利用生态产业链：生态产业园构筑水循环利用生态产业链，循环利用、分级使用水资源，既可节约水资源，又可提高水的利用率。如朔州火电厂生态产业园水循环利用使用产业链，充分利用神头泉的天然泉水生产纯水；所有企业产生的废水进入废水处理厂，处理后的水用于清洁、灌溉和工艺循环。

四、生态产业系统分析

生态产业系统分析是指对一个已有的生态产业系统进行科学的分析和评价，定量地衡量其在各方面的主要特性，判断系统的发育状况，用以指导系统的进一步发展。一般的，对一个生态产业系统的分析包括资源分析和代谢分析。

(1)资源分析是针对某种具体物质在一个储库内或几个储库间流动开展的分析。资源分析是指根据物质的化学形态开展不同层次的分析，即元素分析、分子分析、物质分析、材料分析。其中元素分析是一种比较常用且简单的资源分析方法，元素分析即研究某种元素从一个储库到另一个储库的迁移速率。资源分析的结果可以为提高资源循环利用率、评估现存的和潜在的各种环境危害和相关政策的实施提供依据。

采用投入-产出分析方法对鲁北生态产业系统的 PSC 产业链和海水“一水多用”两条产业链中硫元素的转化速率进行分析，得到硫元素的系统平均路径长度 PL(即一股物流从进入系统到流出系统所经历的节点数)为 10.44，系统循环指数 CI(即元素在系统中的循环利用率)为 0.710。由此可知，在鲁北生态产业系统中，PSC 产业链的关键在于突破了磷石膏分解制水泥的技术难点，实现了硫元素的循环；液态 SO_2 和磷石膏在园区的硫代谢网络中将 PSC 和海水“一水多用”产业链关联起来，是两条链间主要的物质交换。

(2)代谢分析是针对所有进出生产系统的物流和能流的输入和输出的平衡分析。该方法依据质量守恒定律，通过建立物质结算表，估算物质流动与储存数量，描述其行动的路线和复杂的动力学机制，同时指出它们的物理的和化学的状态。通过这种分析，可以为公众或企业的决策者提供一幅详细的物流图，并可从中看出某一地区或企业所具有的可持续发展的潜力。

利用代谢分析方法，通过绘制元素代谢网络，建立物质结算表，计算元素利用率(RU)(即元素进入相关有用产品的比率)、产品转入率(RT)(即元素进入所有产品的比率)。对鲁北生态产业系统中的磷、氟、氯、钙等元素的利用情况进行分析，结果表明其 RU 分别为 0.923、0.558、0.587、0.984；RT 分别为 0.973、0.999、0.587、0.984。由此可见，鲁北生态产业系统的物质利用情况已经达到了较高的水平，在系统中部分元素得到了循环利用，主要元素得到了充分利用，较好地体现了生态产业系统的物质利用原则。

第四节　生态规划案例分析——广州科学城生态规划

广州科学城总用地为 22.74 km^2，位于广州市区东北部，地处广州中心组团与东部组团交汇处，北倚生态果林保护区，西邻石牌高教区，广深高速公路从西向东横贯全区。其总体规划必须重视一个问题，即如何在开发建设中保持良好环境，避免“建设性破坏”。

一、科学城发展用地的生态适宜度分析

1. 生态调查及评价因子选择

影响科学城开发建设的生态因素很多，有关部门综合考虑广州科学城用地现状，开发目标、性质以及广州当前城建出现的问题等因素，搜集了下述8类要素的基础资料文字或图，依据对土地利用方式影响的显著性及资料的可利用性筛选出评价因子。

(1)地基承载力：主要与地层的地质构造和地基的构成有关，影响到城市用地选择和建设项目的合理分布以及工程建设的经济性。

(2)坡度：科学城地处丘陵地带，地形起伏较大，坡度是影响建设投资、开发强度的重要控制指标之一。

(3)土壤生产性：科学城用地多为农业用地，保护良田是在开发建设过程中必须重视的问题。土壤生产性是综合反映土地生产力的指标。

(4)土壤渗透性：充足的地下水源对维持本地水文平衡极为重要，在开发建设中应保护渗透性土壤，使之成为地下水回灌场地，顺应水循环过程。土壤渗透性也是地下水污染敏感性的间接指标。渗透性越大，地下水越易被污染。

(5)植被多样性：植被多样性是将自然引入城市的重要因素，它的存在与对它的保护使城市居民对自然的感受加强，并能提高人们生活质量，是保护城市内多样的生物基因库和改善环境的重要场所。

(6)地表水：地表水在提高城市景观质量，改善城市空间环境，调节城市温度、湿度，维持正常的水循环等方面起着重要作用，同时也是引起城市水灾、易被污染的环境因子。

(7)居民点用地程度：居民点规模是影响开发投资、工程建设的重要因素之一，也是规划中确定居民点保留或集中搬迁的依据。

(8)景观价值：它的评价依据自然和人文因素两方面进行。人文评价主要考虑视频、视觉质量(悦目性)、独特性。自然评价主要考虑地貌、水系、植被三方面。综合人文评价与自然评价得出三类景观类型：一类为有丰富植被的山峰、河流，视觉条件好，有一定独特性；二类为自然条件较好，视觉质量一般，独特性中等；三类为其他区域。

2. 制定单因子生态适宜度分级标准及其权重

科学城发展用地各生态因素的适宜度分级标准及其权重见表8-1。

表8-1 科学城发展用地单因子分级标准及其权重

编号	生态因子	属性分级	评价值	权重
1	地基承载力	承载力大	5	0.10
		承载力中	3	
		承载力小	1	

续表

编号	生态因子	属性分级	评价值	权重
		＜5	5	
2	坡度/%	5～20	3	0.15
		＞20	1	
		生产力低	5	
3	土壤生产性	生产力中	3	0.10
		生产力高	1	
		渗透性小	5	
4	土壤渗透性	渗透性中	3	0.10
		渗透性大	1	
		旱地，无自然植被区	5	
5	植被多样性	荒山灌木草丛区	3	0.15
		自然密林，果林	1	
		小水塘及无水区	5	
6	地表水	灌溉渠及大水塘	3	0.10
		支流、溪流及其影响区	1	
		＜5	5	
7	居民点用地程度/%	5～30	3	0.12
		＞30	1	
		人文、自然景观价值低	5	
8	景观价值	人文、自然景观价值中	3	0.18
		人文、自然景观价值高	1	

对表 8-1 中的 8 个生态因素加权叠加得出科学城发展用地综合平均值 S_i 为 1.97～4.79，取 1.97—2.69—3.15—3.55—3.95—4.79 区段为综合适宜度分级标准。其中 $3.95<S_i\leqslant 4.79$ 为最适宜用地；$3.55<S_i\leqslant 3.95$ 为适宜用地；$3.15<S_i\leqslant 3.55$ 为基本适宜用地；$2.69<S_i\leqslant 3.15$ 为不宜用地；$1.97<S_i\leqslant 2.69$ 为不可用地。

对照科学城现状土地利用情况可以看出，最适宜用地为坡度＜5%的区域、无自然植被或荒山区域、低产田区域及景观差的区域；适宜用地为坡度＜5%的区域、低产田区域、植被较差等区域；基本适宜用地为坡度为 5%～10%的区域，低中产田区域、居民点较集中区域，但经一定的工程措施和环境补偿措施后也可作为城市发展用地；不宜用地一般为坡度＞10%且植被良好的区域，高中产田区、溪流影响区，从生态学及保护生产性土地的观点看不宜用于发展用地，但在一定限度内可适当占用；不可用地一般为坡度＞20%的坡地、溪流水域及植被景观优良的区域，该区域完全不适宜作为城市发展用地。

科学城 5 类用地的百分比分配为：最适宜用地约占 30.96%(6.736 km^2)；适宜用地约占 26.91%(5.856 km^2)；基本适宜用地约占 20.87%(4.540 km^2)；不宜用地约占 15.12%(3.290 km^2)；不可用地约占 6.14%(1.336 km^2)。可以看出属于适宜用地范围的用地占 78.74%，说明科学城用地大部分是适宜开发的，适宜用地主要分布于科学城西部及中南部。

二、生态敏感性分析

影响一个地区生态敏感性的因素很多，选用对科学城开发建设影响较大的 5 个自然生态因子，即植被多样性、特殊价值、坡度、土壤渗透性、地表水作为生态敏感性分析的生态因子，其分级标准及权重见表 8-2。

表 8-2 科学城生态敏感性分析单因素分级标准及权重

编号	生态因子	评价标准	分级	敏感性评价值	权重
1	植被多样性	景观游憩、生物多样性、环境改善、水土流失	密林、立体种植果园 一般果园、灌木草丛 区农地及其他	5 3 1	0.3
2	特殊价值	生态保护、美学价值、历史文化价值、娱乐价值	价值高 价值中等 价值一般	5 3 1	0.3
3	坡度/%	水土流失、土壤侵蚀	>20 5～20 <5	5 3 1	0.2
4	土壤渗透性	保证地下水恢复、减少对地下水及土壤污染	渗透性高 渗透性中 渗透性低	5 3 1	0.1
5	地表水	景观游憩、野生生物生境、污染敏感性	溪流及其影响区大水塘 灌溉渠 其他	5 3 1	0.1

经单因素加权叠加、聚类，得出综合评价值(*SE*)最大为 4.4，最小为 1.0，即在 1.0 和 4.4 间变化，取 4.4—3.6—2.8—2.0—1.0 为综合评价值分级标准，按此分级标准分为 4 类敏感区。其中 $3.6<SE\leqslant 4.4$ 为最敏感区；$2.8<SE\leqslant 3.6$ 为敏感区；$2.0<SE\leqslant 2.8$ 为低敏感区；$1.0\leqslant SE\leqslant 2.0$ 为不敏感区。在此基础上进行生态环境区划。

最敏感区为河流及其影响区，为坡度>20%、生态价值高的成片的林地，该区域对城市开发建设极为敏感，一旦出现破坏、干扰，不仅会影响该区域，而且也可能会给整个区域生态系统带来严重破坏，属自然生态重点保护地段；敏感区一般为平缓区域上的林地等，对人类活动敏感性较高，生态恢复难，对维持最敏感区的良好功能及气候环境等方面起到重要作用，开发必须慎重；低敏感区为有荒山灌草丛及经济作物分布的区域，能承受一定的人类干扰，严重干扰会产生水土流失及相关自然灾害，生态恢复慢；不敏感区主要是旱地农田等，可承受一定强度的开发建设，土地可作多种用途开发。科学城不敏感区、低敏感区所占面积最大(各为总面积的 49.03%和 29.60%)，而敏感区和最敏感区面积最小(各为总面积的 16.85%和 4.52%)，说明科学城发展用地潜力较大。

三、科学城发展模式及用地选择

为突出自然生态优先的原则，不仅要考虑科学城发展用地适宜度模型，同时要兼顾生态敏感性模型，二者相互对照、串联考虑，揭示了如下发展模式：科学城用地范围内分布的生态最敏感区及部分生态敏感区必须保护，为科学城的自然骨架，如建设自然公园或生态保护区；科学城用地内覆盖率较高且景观价值大的区域或生产力较高的果林区不适宜开发，或作为生态农业区，或开辟为生态经济果林观光区；科学城东部、中北部生态敏感性较高，不宜作高强度开发；科学城未来发展方向宜向东北部、南部发展。科学城土地利用、布局应顺应以上揭示的生态联系，只有这样才能保证科学城优良的自然生态环境。在土地利用规划的用地选择中，首先应控制生态敏感地段，确定不宜建设区域和“适宜用地”，合理安排土地开发顺序，避免开发活动对其的“过度消费”、“不当消费”，保证科学城发展环境。

思　考　题

1. 何谓生态规划？它与区域规划、环境规划之间存在什么关系，又有何不同？
2. 举例简述生态规划的基本步骤与主要规划内容。
3. 简述生态适宜性分析和生态敏感性分析的方法。
4. 进行生态适宜性分析和生态敏感性分析的目的和意义分别是什么？
5. 何谓生态城市？其具备什么特征？
6. 城市生态规划的原则、目标和主要内容是什么？
7. 何谓生态产业园？试分析生态产业园与传统工业生产体系在对资源与能源利用方面的主要差异。
8. 举例说明生态产业园规划的原则与主要内容。
9. 为什么说生态产业园的建立是减少环境污染、实现可持续发展的有效途径？

第九章　环境影响评价概述

第一节　环境影响评价的法律法规与标准体系

一、环境影响评价的法律法规体系

环境影响评价制度是把环境影响评价工作以法律、法规和行政规章的形式确定下来从而形成必须遵守的制度。环境影响评价只是一种评价方法、评价技术，而环境影响评价制度却是进行评价的法律依据。

我国的环境影响评价制度融于环境保护的法律法规体系之中，该体系以《中华人民共和国宪法》关于保护环境的规定为基础，以综合性环境基本法为核心，以相关法律关于保护环境的规定为补充，是由若干相互联系协调的环境保护法律、法规、规章、标准及国际条约所组成的一个完整而又相对独立的法律法规体系。

1. 法律

《中华人民共和国环境保护法》(1989 年颁布)用法律确立和规范了我国的环境影响评价制度。《中华人民共和国环境影响评价法》(2002 年颁布)把环境影响评价从项目环境影响评价拓展到规划环境影响评价。

2. 行政法规

《建设项目环境保护管理条例》(1998 年国务院 253 号令颁布)规定了对建设项目实行分类管理，对建设项目环境影响评价单位实施资质管理，规定了有关单位和人员的法律责任。

3. 部门规章和地方法规、规章

依据《环境影响评价法》和《建设项目环境保护管理条例》，国家环境保护部和国务院有关部委及各省、自治区、直辖市人大、政府和有关部门陆续颁布了一系列行政规章和地方法规、规章。

4. 标准和技术规范

(1)《环境影响评价技术导则　总纲》(HJ/T 2.1—93)；

(2)《环境影响评价技术导则　大气环境》(HJ/T 2.2—2008)；

(3)《环境影响评价技术导则　地面水环境》(HJ/T 2.3—93)；

(4)《环境影响评价技术导则　声环境》(HJ/T 2.4—2004)；

(5)《环境影响评价技术导则　非污染生态影响》(HJ/T 19—1997)；

(6)《环境影响评价技术导则　地下水环境》(HJ/T 610—2011);

(7)《规划环境影响评价技术导则(试行)》(HJ/T 130—2003);

(8)《开发区区域环境影响评价技术导则(试行)》(HJ/T 131—2003)。

二、环境标准体系

根据《中华人民共和国环境保护标准管理办法》，环境保护标准是指：“为保护人群健康、社会物质财富和维持生态平衡，对大气、水、土壤等环境质量，对污染源、监测方法以及其他需要所制订的标准的总称，简称为环保标准。”环境保护标准也被简称为环境标准。

环境标准是相关联的统一整体，这个统一的整体就叫做环境标准体系。环境标准体系不是一成不变的，它随一定时期的技术经济水平以及人类对环境质量的要求而不断地发展和完善。

(一)环境标准体系的分类与分级

根据《中华人民共和国标准化法》和《中华人民共和国标准化实施条例》的有关规定，国务院环境保护主管部门组织草拟、审批环境保护的国家标准。对没有环境保护国家标准而又需要在全国某个行业范围内统一的环保技术要求，由国务院环境保护主管部门制定环境保护行业标准。行业标准在相应的国家标准实施后自行废止。国家标准和行业标准分为强制性标准和推荐性标准。

《中华人民共和国环境保护标准管理办法》中规定，“环保标准包括环境质量标准、污染物排放标准、环境基础标准和环境方法标准。环境质量标准和污染物排放标准分国家标准和地方标准两级，环境基础标准和环境方法标准只有国家标准。”

国家环境标准是由国家环境保护行政主管部门制订并在全国范围内或特定区域内适用的标准。地方环境标准，是由省、自治区、直辖市人民政府批准颁布的适用于特定行政区。对国家环境质量标准中未规定的项目，可制订地方环境质量补充标准；当地方执行国家污染物排放标准不适用于当地环境特点和要求时，省、自治区、直辖市人民政府可制订地方污染物排放标准。

概括起来，中国目前的环境保护工作中执行四类和两级的环境标准。四类是环境质量标准、污染物排放标准、方法标准和环境保护行业标准；两级是国家标准与地方标准，另外还有一些行业标准。

(二)环境标准概述

1. 环境质量标准

环境质量标准是指为了保障人群健康和社会物质财富、维护生态平衡而对环境中有害物质和因素所做的限制性规定，它往往是对污染物的最高允许含量的要求。环境质量标准是以国家的环境保护法规为政策依据，以保护环境和改善环境质量为目标制定的。环境质量标准是国家经济、技术等多种因素的综合反映，是一定时期内评价环境质量的尺度和进行环境规划、评价和管理的依据。环境质量标准依环境要素分为水环境质量标准、大气影响标准等。

2. 污染物排放标准

污染物排放标准是指为了实现环境质量要求，对污染源产生和排入环境的污染物质或有害因素所做的限制性规定。污染物排放标准是以环境质量标准为基础，为实现环境质量标准目标，以污染防治的技术、经济可行性为依据而制订的。污染物排放标准是对污染物排放行为进行直接监督管理，实现环境质量标准水平的基本途径和手段。

依污染物所影响的环境要素，污染物排放标准可划分为大气污染物排放标准、水污染物排放标准、固体废物、噪声控制标准等。排放标准可分为国家和地方两个层次。对于国家污染物排放标准，又可划分为一般综合性的污染物排放标准和行业性污染物排放标准。对重点污染行业和特殊行业，结合其生产工艺、产污特点和污染控制技术、费用，制订相应的行业性国家排放标准，实行重点管理；对于一般污染行业的管理，制订综合性国家排放标准，解决广大非重点源和非特殊污染行业的排放管理。在实际工作中，常用到污染物排放标准、浓度控制标准和总量控制标准等。

3. 环境基础标准

环境基础标准是对环境标准中具有指导意义的有关词汇、术语、图式、原则、导则、量纲单位所作的统一技术规定。在环境标准体系中，基础标准是制订其他各类环保标准的基础。

4. 环境方法标准

环境方法标准是指对环境保护领域内以采样、分析、测定、试验、统计等方法为对象所制订的统一技术规定。目前的环境方法标准中，制订的主要是分析方法和测定方法标准。统一的环境方法标准，对于规范环境监测、统计等数据的准确性、可靠性和一致性具有重要的作用。

（三）环境标准和环境基准

环境基准是指环境中污染物或有害因素对特定对象（一般为人和生物）不产生有害影响的最大剂量或水平，一般可用剂量－效应关系表示。例如大气中 SO_2 年平均浓度超过 0.115 mg/m^3 时，对人体健康就会产生有害影响，这个值就是大气中 SO_2 的环境基准，亦即保护人类健康的环境质量的基本水准。此外，还有保护鱼类的渔业基准以及保护其他动植物和物种的有关基准，例如六价铬的浓度大于 16 mg/L 时，大马哈鱼生长速度将减慢。

环境基准是依据科学实验的结果制定的，并没有考虑到社会、经济等条件的影响。环境标准则是环境管理部门根据环境基准，考虑到社会、政治、经济和技术条件等许多方面的因素制定的切实可行的技术规定。它是环境保护政策的决策结果，是环保法规的执法依据。

(四)我国主要的环境标准

1. 大气环境标准体系

(1)《环境空气质量标准》(GB 3095—1996);

(2)《大气污染物综合排放标准》(GB 16297—1996)以及水泥厂、工业炉窑、火车焦炉、火电厂、锅炉、摩托车、汽车等行业大气污染物行业排放标准和污染物排放标准;

(3)监测方法。

2. 水环境标准体系

1)水环境质量标准

(1)《地表水环境质量标准》(GB 3838—2002);

(2)《海水水质标准》(GB 3097—1997);

(3)《渔业水质标准》(GB 11607—92);

(4)《景观娱乐用水水质标准》(GB 12941—91);

(5)《农田灌溉水质标准》(GB 5084—2005);

(6)《地下水质量标准》(GB/T 4848—93)。

2)污染物排放标准

《污水综合排放标准》(GB 8978—1996),以及烧碱聚氯乙烯、磷肥、航天推进器、兵器、合成氨、肉类加工、钢铁、造纸、纺织染整、海水石油、船舶、船舶污染物等行业污染物排放标准。

3)基础标准

(1)《水质　词汇　第一部分和第二部分》(GB 6816—86);

(2)《水质　词汇　第三部分至第七部分》(GB 11915—89);

(3)《环境保护图形标志　排放口(源)》(GB 15562.1—95)。

3. 部分其他环境标准

(1)《电磁辐射防护规定》(GB 8702—88);

(2)《辐射防护规定》(GB 8703—88);

(3)《工业企业厂界噪声标准》(GB 12348—2008);

(4)《建筑施工厂界噪声标准》(GB 12523—90);

(5)《声环境质量标准》(GB 3096—2008);

(6)《土壤环境质量标准》(GB 15618—95)。

第二节　环境影响评价

一、我国的环境影响评价制度

(一)环境影响评价制度的建立和发展

用法律的形式规定环境影响评价是一个必须遵守的制度,称为环境影响评价制度。

1976年，《美国国家环境政策法》(NEPA)首次提出：所有联邦政府机构在提交每一项对人类环境质量有重大影响的立法提案、报告以及其他重要的联邦行动之前，均应由负责官员提供一份环境影响报告书。这份报告书应该清楚阐述以下内容：

(1)拟议中的行动会对环境产生的影响；

(2)如果计划付诸实施对环境不可避免的损害；

(3)该行动的替代方案；

(4)地方对环境的短期利用与长期维护及促进生产力之间的关系；

(5)计划实施所造成的不可逆或不可恢复的资源损失。

美国各州政府也颁布了类似的法规，通常用环境影响报告来代替环境影响报告书。30多年来，美国环境影响评价的方法和程序有了许多变化，对环境影响评价的要求也从联邦和州扩大到私人企业。

瑞典(1970年)、俄罗斯(1972年)、加拿大(1973年)、澳大利亚(1974年)、马来西亚(1974年)、德国(1976年)、菲律宾(1979年)、泰国(1979年)、中国(1979年)等国家也相继建立了环境影响评价制度。1992年，联合国在里约热内卢召开的环境与发展大会通过的《里约环境与发展宣言》写到：对于拟议中可能对环境产生重大不利影响的活动，应进行环境影响的评价。环境影响评价作为一种国家手段应由国家当局做出决定。据统计，全世界已有一百多个国家建立了环境影响评价制度。

在环境影响评价制度为越来越多的国家所接受的同时，环境影响评价的内容也在不断深化，评价的对象从建设项目逐步转移到了区域开发，再由区域开发逐步转移到公共政策。对积累性影响、非污染生态影响、风险性评价和环境影响的经济评价的工作也在逐步深入。

(二)中国的环境影响评价制度

20世纪70年代初，我国就已开展一些零星环境质量评价的探索工作。我国的环境影响评价制度的建立应该以1979年9月颁布的《中华人民共和国环境保护法(试行)》为标志。该法以法律的形式正式规定了我国实施环境影响评价的制度。1989年颁布的《中华人民共和国环境保护法》第三条规定："建设污染环境的项目，必须遵守国家有关建设项目环境管理的规定"。该法还规定"建设项目的环境影响报告书，必须对建设项目产生的污染和对环境的影响作出评价，规定防治措施，经项目主管部门预审，并依照规定的程序报环境保护行政主管部门批准。环境影响报告书经批准后，计划部门方可批准建设项目设计任务书。"

目前，我国已形成比较完善的环境影响评价的法律体系，它由法律、行政法规、部门行政规章和地方性法规组成。

我国陆续颁布的重要环境保护法律有《中华人民共和国环境保护法》(1989年)、《中华人民共和国海洋环境保护法》(1999年修订)、《中华人民共和国水污染防治法》(2008年修订)、《中华人民共和国大气污染防治法》(2000年修订)、《中华人民共和国固体废物污染防治法》(2004年修订)、《中华人民共和国野生动物保护法》(2004年修订)等。

1986 年 3 月颁布的《基本建设项目环境保护管理办法》，明确把环境影响评价制度纳入基本建设项目审批程序中；国务院环境保护委员会、国家计委、国家经贸委 1986 年颁布的《基本建设项目环境保护管理办法》，对建设项目环境影响评价的范围、程序、审批和报告书(表)编制格式都作了明确规定；国家环保总局 1986 年颁布的《建设项目环境影响评价证书管理办法(试行)》，开始了对从事环境影响评价的单位的资质审查。国家环保总局陆续颁布了《关于建设项目环境管理问题的若干意见》(1986 年)、《关于重审核设施环境影响报告书审批权限问题的通知》(1989 年)、《建设项目环境影响评价证书管理办法》(1989 年)、《建设项目环境影响评价收费标准的原则与方法(试行)》(1989 年)等一系列文件。

与此同时，各地方根据《建设项目环境保护管理办法》制订了以适用于本地的建设项目环境管理办法的实施细则为主体的地方环境影响评价行政法规，各行业主管部门也陆续制订了建设项目环境保护管理的行业行政规章，初步形成了国家、地方、行业相配套的建设项目环境影响评价的多层次法规体系。

1998 年国务院发布实施的《建设项目环境保护条例》对环境影响评价作出了明确的规定。为了贯彻落实该法规，国家环保总局陆续公布了《建设项目环境影响评价资格证书管理办法》、《关于公布建设项目环境保护分类管理名录(试行)的通知》、《关于执行建设项目环境评价制度有关的通知》等。2002 年 10 月 28 日，第九届全国人大常委会通过了《中华人民共和国环境影响评价法》，并于 2003 年 9 月 1 日起正式实施。环境影响评价范畴从项目环境影响评价扩展到规划环境影响评价，是关键影响评价制度的最新发展。

(三)中国环境影响评价制度的特点

1. 具有法律强制性

如前所述，现行的重要环境保护法律对环境影响评价作了明确的要求，具有不可违抗的强制性。

2. 纳入基本建设程序和规划的编制、审批、实施过程

无论是 1986 年发布的《建设项目环境保护管理办法》或是 1990 年发布的《建设项目环境保护管理程序》，还是 1998 年公布执行的《建设项目环境保护管理条例》，都明确规定了对未经环境保护主管部门批准环境影响报告书的建设项目，计划部门不办理设计任务书的审批手续，土地部门不办理征地手续，银行不予贷款。这样就更加具体地把环境影响评价制度结合到基本建设的程序中去，使其成为建设程序中不可缺少的环节。因此，环境影响评价制度在项目前期工作中有较大的约束力。

《中华人民共和国环境影响评价法》规定，土地利用的有关规划，区域、流域、海域的建设开发利用规划(称为“一地”“三域”规划)，以及工业、农业、畜牧业、林业、能源、水利、交通、城市建设、旅游、自然资源开发规划(“十个专项”规划)中的指导性规划，应当在规划的编制过程中进行环境影响评价，编制该规划有关环境影响的篇章或说明，并将其作为规划草案的一部分一并报送规划审批机关；对“十个专项”中的非指导性规划，在上报审批前要进行环境影响评价，并编制环境影响报告书。

3. 分类管理

对造成不同程度环境影响的建设项目实行分类管理。①对环境有重大影响的项目必须编写环境影响报告书。②对环境影响较小的项目应编写环境影响报告表。③对环境影响很小的项目，可只填环境影响登记表。评价工作的重点也各有侧重：新建项目的评价重点主要是合理布局、优化选址和总量控制；扩建和技术改造项目的评价重点是工程实施前后可能对环境造成的影响及“以新带老”。

4. 评价以工程项目和污染影响为主

长期以来我国的环境影响评价以工程项目为主，较少对区域开发和公共政策进行环境影响的评价，同时评价的重点往往是污染影响，而不是废污染生态影响，对经济和社会的影响评价则进行得更少。

5. 资质审查和持证评价制度

持证评价是中国环境影响评价制度的一个重要特点。为确保环境影响评价工作的质量，自 1989 年起，国家建立了环境影响评价的资质审查制度，强调评价机构必须具备法人资格，具有与评价内容相适应的固定在编的各专业人员和配套测试手段，能够对评价结果负法律责任。评价资格经审核认定后，颁发环境影响评价资格证书。评价资格证书分为甲、乙两个等级。承担环境影响评价的单位，按照证书中规定的资质和范围开展环境影响评价工作，并对结论负责，这在《中华人民共和国环境影响评价法》第十九条和《建设项目环境保护管理条例》第十三条有明确规定。从 2004 年起，国家开始实行环境影响评价工程师职业资格制度，要求凡从事环境影响评价、技术评估、环境保护验收的单位，应配备环境影响评价工程师。

6. 公众参与制度

《中华人民共和国环境影响评价法》第五条规定：“国家鼓励有关单位、专家和公众以适当方式参与环境影响评价”。鼓励公众参与的主体即有关单位、专家和公众以适当方式参与环境影响评价，是决策民主化的体现，也是决策科学化的必要环节。因此，不仅针对建设项目，对涉及国民经济发展的有关规划的环境影响评价实行公众参与更有必要。

7. 跟踪评价和后评价

环境影响追踪评价和后评价是指拟定的开发建设规划或者具体的建设项目实施后，对规划或建设项目给环境实际造成和将可能进一步造成的影响进行跟踪评价或后评价，通过检查、分析、评估等对原环境影响评价结论的客观性及规定的环境保护对策和措施的有效性进行验证性评价，并提出需补救、完善或者调整的方案、对策、措施的方法和制度。

二、环境影响评价的目的、分类和意义

(一)环境影响评价的目的

按照 ISO 14001 标准的定义，环境影响是“全部或部分组织的活动、产品或服务给环境造成的任何有益或有害的变化”。广义的理解，环境影响是人类活动给环境造成的任何有益或有害的变化，但是人们更关心的是负面的影响，即有害的变化。环境影响评价的目的，是在开发活动或决策之前全面地评估人类活动给环境造成的显著变化，并提出减免措施，从而起到“防患于未然”的作用。环境影响评价应做到以下几个方面。

(1)基本上适应所有可能给环境造成显著影响的项目，并且应当识别和评估这些影响；

(2)对各种替代方案、管理技术及减免措施进行比较；

(3)编写出清楚的环境影响报告书，使专家和非专家都可以了解影响的特征及重要性；

(4)应有广泛的公众参与和严格的行政审查；

(5)能够为决策提供信息。

(二)环境影响评价的分类

按照环境影响评价的层次和性质的不同，可以分为三类。

1. 战略性环境影响评价

战略性环境影响评价是一个国家或地区在拟定立法议案、重大方针、战略发展规划和采取战略行动前开展的环境影响评价。

2. 区域环境影响评价

区域环境影响评价所指区域的范围比国家和地区小。以区域为单元进行整体性规划和开发是近代世界各国发展的重要方式。在一个区域内，将容纳许多建设项目。要协调好区域发展与建设和环境保护的关系，必须按照一定的发展战略制订全面的环境规划，而区域环境规划的基础工作是区域环境影响评价。近年来，区域环境影响评价已在我国普遍开展。

3. 建设项目环境影响评价

拟议建设项目的环境影响评价是为其合理布局和选址、确定生产类型和规模以及拟采取的环保措施等决策服务的。这类环境影响评价的种类最多，数量最大。通常我们所说的环境影响评价是指建设项目的环境影响评价。

(三)环境影响评价的意义

环境影响评价是管理工作的重要组成部分，它具有不可代替的预知功能、导向作用和调控作用。对开发项目而言，它可以保证建设项目的选址和布局的合理性，同时也可以提出各种减免措施和评价各种减免措施的技术经济可行性，从而为污染治理工程提供依据。区域环境影响评价和公共政策的环境影响评价，可以在更好的层次上保证区域开发和公共决策对环境的负面影响降低到最少或人们可以接受的程度。

三、环境影响评价程序

(一)中国环境影响评价的管理程序

1. 建设项目的分类筛选

根据《建设项目环境保护管理条例》第七条和原国家环境保护总局“分类管理名录”规定，建设项目应编制环境影响报告书、环境影响报告表或填报环境影响登记表。

(1)编写环境影响报告书的项目，是指对环境可能造成重大影响的项目，这些影响可能是敏感的、不可逆的、综合的或以往尚未有过的，对这类项目产生的污染和对环境的影响应进行全面、详细的评价。

(2)编写环境影响报告表的项目，是指可能对环境产生轻度的不利影响的项目，这些影响是较小的或者容易采取措施减免的，通过规定控制或补救措施可以减免对环境的不利影响。这类项目应编写环境影响报告表，对其中个别环境要素或污染因子需要进一步分析的，可附单项环境影响评价专题报告。

(3)填报环境保护管理登记表的项目，是指不对环境产生不利影响或影响极小的建设项目，这类项目不需要开展环境影响评价，只需填写环境影响的登记表。对需要进行环境影响评价的项目，建设单位要委托有相应评价资格证书的单位来承担环境影响评价工作。

2. 评价大纲的审查

编制环境影响报告书之前，评价单位应编制评价大纲。评价大纲是环境影响报告书的总体设计。评价大纲由建设单位向负责审批的环境保护部门申报，并抄送行业主管部门。环境保护部门根据情况确定评审方式，提出审查意见，评价单位依据经过审批的大纲开展环境影响的评价工作。

3. 环境影响报告书的审批

评价单位编制的环境影响报告书由建设单位负责报主管部门预审，主管部门提出预审预审批意见后转报负责审批的环境保护部门，环保部门一般组织专家对报告书进行评审。在专家审查中若有修改意见，评价单位应对报告书进行修改，审查通过后的环境影响报告书由环保主管部门批准后实施。

各级主管部门和环保部门在审批环境报告书时应重点审查该项目是否符合有关要求：

(1)是否符合国家产业政策；

(2)是否符合区域发展规划与环境功能规划；

(3)是否符合清洁生产的原则，采用了最佳可行技术来控制环境污染；

(4)是否做到污染物达标排放；

(5)是否满足国家和地方规定的污染物总量控制指标；

(6)建成后是否能维持地区环境质量。

(二)环境影响评价的工作程序

环境影响评价的工作程序如图 9-1 所示。

《环境影响评价技术导则》总纲规定，环境影响评价工作大体分为三个阶段：第一阶段为准备阶段，主要工作为研究有关文件，进行初步的工程分析和环境现状调查，筛选重点评价项目，确定各单项环境影响评价的工作等级，编制评价大纲；第二阶段为正式工作阶段，其主要工作为详细的工程分析和环境现状调查，并进行环境影响预测和评价环境影响；第三阶段为报告书编制阶段，其主要工作为汇总、分析第二阶段工作所得的各种资料、数据，给出结论，完成环境影响报告书的编制。

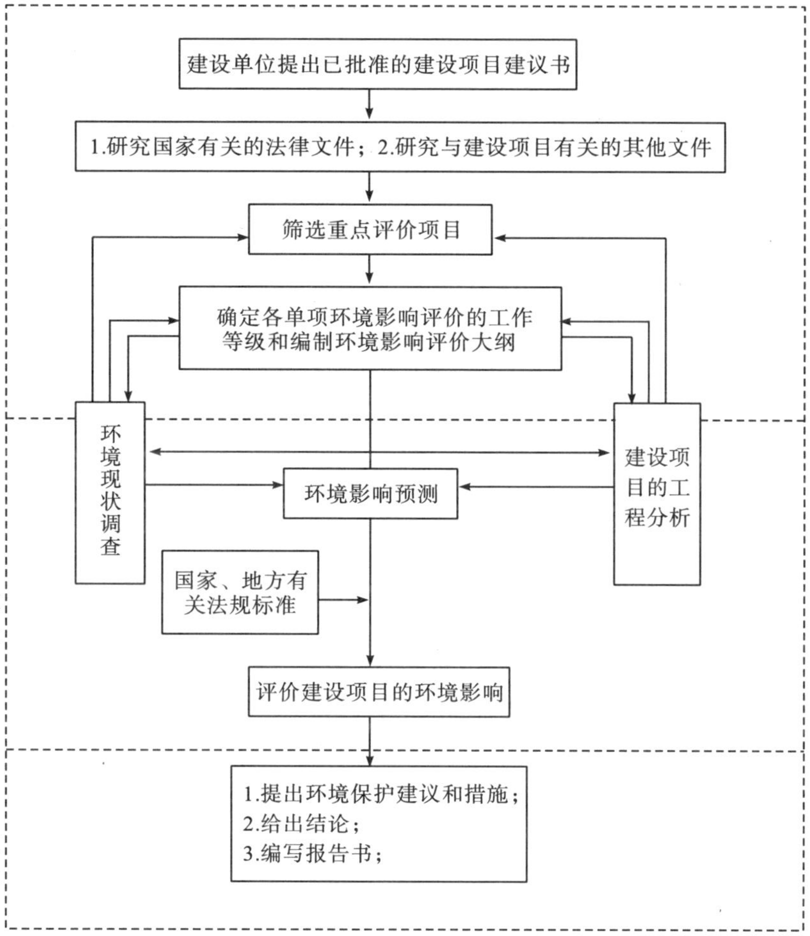

图 9-1 环境影响评价的工作程序

第三节 建设项目环境影响评价

一、建设项目环境影响评价的特点

环境影响评价是一项技术，是强化环境管理的有效手段，对确定经济发展方向和保护环境等一系列重大决策都有重要作用。建设项目的环境影响评价是针对某一较小的地域或范围内拟建的一个或几个建设项目，对其建设可能对周围环境造成的影响或后果进行影响预测和评价，提出保护措施或缓解环境影响的方案。建设项目环境影响评价一般具有以下几个特点：

(1)评价范围较小，评价对象单一。

(2)评价介入时间早，一般与建设项目的可行性研究同时进行。

(3)评价任务明确，评价精度要求高。建设项目环境影响评价要根据建设项目的性质、规模和所在地区的自然、社会、环境质量状况，通过调查分析和预测，给出项目建设对环境的影响程度，在此基础上作出项目建设的可行性结论，提出污染防治的具体对策和建议。因评价的对象为确定的建设项目，评价的精度要求比较高，预测计算的结果要求准确。

(4)评价指标为对拟建设项目有直接或间接影响的水、大气、噪声、生态、土壤、固体废物等明确的环境质量指标，评价的指标和标准具有唯一性。

二、建设项目环境影响报告书的内容

建设项目环境影响报告书应根据环境和工程的特点及评价工作等级，选择下列全部或部分内容进行编制。

(1)总则。

按照环境影响评价技术导则的要求，根据环境和工程的特点及评价工作的等级，可以选择下列内容编写环境影响报告书。

①编制目的。结合评价项目的特点阐述编制环境影响报告书的目的。

②编制依据。包括项目建议书、评价大纲及其审查意见、建设项目可行性研究报告等。

③采用标准。包括国家标准、地方标准或拟参照的国外有关标准(参照的国外标准应按国家环境保护部规定的程序报有关部门批准)。

④控制污染与保护环境的目标。

(2)建设项目概况。

①建设项目的名称、地点及建设性质；

②建设规模(扩建项目应说明原有规模)、占地面积及厂区平面布置(应附平面图)；

③土地利用情况和发展规划；

④产品方案和主要工艺方法；

⑤职工人数和生活区布局。

(3)工程分析。

报告书应对建设项目的下列情况进行说明，并作出分析。

①主要原料、燃料及其来源和储运，物料平衡，水的用量和平衡，水的回用情况；

②工艺过程(附工艺流程图)；

③废水、废气、废渣、放射性废物等的种类、排放量和排放方式以及其中所含污染物的种类、性质、排放浓度，产生的噪声、振动的特性及数值等；

④废弃物的回收利用、综合利用和处理、处置方案；

⑤交通运输情况及场地的开发利用。

(4)建设项目周围地区的环境现状。

①地理位置(应附平面图)。

②地质、地形、地貌和土壤情况，河流、湖泊(水库)、海湾的水文情况，气候与气象情况。

③大气、地面水、地下水和土壤的环境质量状况。

④矿藏、森林、草原、水产和野生动物、野生植物、农作物等情况。

⑤自然保护区、风景游览区、名胜古迹、温泉、疗养区以及重要的政治文化设施的情况。

⑥社会经济情况。包括现有工矿企业和生活居住区的分布情况、人口密度、农业概况、土地利用情况、交通运输情况及其他社会经济活动情况。

⑦人群健康状况和地方病情况。

⑧其他环境污染、环境破坏的现状资料。

(5)环境影响预测。

①预测环境影响的时段；

②预测范围；

③预测内容及预测方法；

④预测结果及其分析和说明。

(6)评价建设项目的环境影响。

①建设项目环境影响的特征；

②建设项目环境影响的范围、程度和性质；

③如要进行多个厂址的优选，应综合评价每个厂址的环境影响并进行比较和分析。

(7)环境保护措施。

评述及技术经济论证，提出各项措施的投资估算(列表)。

(8)环境影响经济损益分析。

(9)环境监测制度及环境管理、环境规划的建议。

(10)环境影响评价结论。

三、建设项目的环境影响后评价

《中华人民共和国环境影响评价法》第二十七条规定："在项目建设、运行过程中产生不符合经审批的环境影响评价文件的情形的，建设单位应当组织环境影响的后评价，采取改进措施，并报原环境影响评价文件审批部门和建设项目审批部门备案；原环境影响评价文件审批部门也可以责成建设单位进行环境影响的后评价，采取改进措施。"

《中华人民共和国环境影响评价法》中所指建设项目环境影响后评价，是针对正在进行建设或已经投入生产或使用的建设项目，在建设过程中或投产运行后由于建设方案的变化或运行、生产方案的变化，导致实际情况与评价文件的情形不符。《中华人民共和国环境影响评价法》第二十七条规定中所说的"生产不符合经审批的环境影响评价文件的情形"，一般包括以下几种情况。

(1)在建设、运行过程中，产品方案、主要工艺、主要原料或污染处理设施和生态保护措施方式重大变化，致使污染物种类、污染物的排放强度或生态影响与环境影响评价预测情况相比较有较大变化的；

(2)在建设、运行过程中，建设项目的选址、选线发生较大变化或运行方式发生较大变化，可能对新的环境敏感目标产生影响或可能产生新的重大生态影响的；

(3)在建设、运行过程中，当地人民政府对项目所涉及区域的环境功能作出重大调整，要求建设单位进行后评价的；

(4)跨行政区域、存在争议或存在重大环境风险的。

开展环境影响后评价有两方面的目的：一是对环境影响评价的结论、环境保护对策措施的有效性进行验证；二是对项目建设中或运行后发现或产生的新问题进行分析，提出补救或改进方案。组织环境影响后评价的是建设单位，可以是在原环境影响评价文件审批部门要求下组织的，也可以是自主组织的。环境影响后评价要对存在的有关问题采取改进措施，报环境影响文件审批部门和项目审批部门备案。

第四节　规划环境影响评价

一、规划环境影响评价的目的和意义

《中华人民共和国环境保护法》中规定：“一切企业、事业单位选址、设计、建设和生产，都必须注意防止对环境的污染和破坏。在进行新建、改建和扩建过程中，必须提出对环境影响报告书，经环境保护部门和其他有关部门审查批准后才能进行设计”。环境影响评价作为环境管理的一项重要制度被确定下来。建设项目的环境影响评价在我国的环境影响评价制度的建立和发展、为我国的经济建设和环境保护的健康协调发展中发挥了积极的作用。

但是，在包括众多建设项目的规划开发建设中，如果仅分别对各建设项目进行环境影响评价，则不能准确地预测规划开发活动造成的环境变化，不能整体说明规划开发建设的环境影响，难以在规划开发建设中合理发展经济、合理开发利用自然资源、合理采取环境保护综合防治对策，难以以较少的投入获得最大的经济效益、环境效益和社会效益，难以使区域或流域环境质量达到预期的目标。

因此，将规划开发建设各项目作为一个整体，考虑所有开发建设行为，遵循生态学和可持续发展的观点，从区域自然、社会、经济和环境现状出发，整体上考虑规划拟开展的各项社会经济行为对环境的影响，找出其影响途径和规律，论证规划建设项目的布局、结构合理性，提出环境影响最小的整体优化方案和合理的环境保护综合防治对策措施，为规划和专项规划的环境管理提供科学依据的“规划开发建设活动的环境影响分析和环境保护方案、对策研究”的过程，称为规划环境影响评价。

1. 规划环境影响评价的目的

规划环境影响评价的目的是在规划区环境质量现状调查的基础上，依据有关环境保护的法律、法规和标准，通过对规划开发活动的环境影响评价，识别影响环境的主要因子，提出规划开发建设活动中可能出现的主要环境问题，完善开发活动的规划，保证规划建设和环境保护的协调发展。规划环境影响评价的对象是规划中的拟开发建设行为，而开发建设行为又是在规划方案的指导下进行的。事实上，规划环境影响评价是对规划方案进行评价、论证，提出修改意见，对修改后的规划方案再进行环境影响分析论证，减少或避免环境问题的出现，最终帮助形成可持续发展的规划、专项和环境保护的对策和措施。因此规划环境影响评价工作和规划方案相互交错，是规划方案用于考虑环境因素的主要工具之一，对于有效地控制区域性环境污染、总量控制，实现规划区环境目标具有积极的作用。

鉴于规划开发建设对环境的影响和规划环境影响评价在规划方案中的重要作用，规划环境影响评价受到了政府和环境保护专家的高度重视，现已被逐步运用于城市(城镇)规划、开发区规划、工业园区开发规划的区域开发建设项目中。

2. 规划环境影响评价的重要意义

根据规划环境影响评价在规划建设中的地位和作用，规划环境影响评价在规划开发活动中具有重要的意义。

(1)规划环境影响评价可从宏观的角度论证规划方案的经济建设与环境协调发展的问题，避免规划开发建设项目在选址、规模、性质上的重大失误，最大限度地减少自然生态环境的破坏，实现对资源的合理开发利用。通过规划环境影响评价工作合理地制订规划方案，以协调经济发展和环境保护的关系，运用经济、技术、法律的手段规范开发活动，达到既发展经济又保护好环境的目的。

(2)规划环境影响评价的分析、论证，可为规划建设项目布局的合理调整、规划区内建设项目的选择和筛选提供科学依据。

(3)规划环境影响评价、对规划方案的修改建议可减少或规避规划区内建设项目相互间的影响、规划区开发建设对规划区外环境的影响或规划区外环境对规划区内开发建设项目的影响。

(4)规划环境影响评价，有助于了解规划区环境现状、存在的环境问题以及规划开发建设可能产生的新的环境问题，所提出的环境保护综合防治规划建议可以帮助实现规划区污染物总量控制、建立相应的环境保护规划、达到预定的环境质量目标，以实现区域社会经济的可持续发展。

(5)规划环境影响评价可作为进入规划区开发建设单位建设项目的审批依据，从项目的性质、功能区的要求、与相邻建设项目的相容性、区域环境的承载力等方面确定项目建设的可行性。同时，规划环境影响评价的基础性工作可减少单个建设项目环境影响评价工作的内容，缩短工作周期，并使单个建设项目环境影响评价能兼顾区域环境的宏观特征，更具有科学性、可靠性、可信性。

二、规划环境影响评价的特点和原则

1. 规划环境影响评价的特点

规划开发建设活动具有建设规模大、开发强度高及经济密度高于一般地区的特点，往往能使规划区域内的自然、社会、经济、人口和生态环境在短期内发生巨大变化。因此，规划开发建设活动的环境影响评价涉及因素多，层次复杂，相对于建设项目的环境影响评价具有以下特点。

(1)广泛性和复杂性。规划环境影响评价范围广，内容复杂，其范围在地域上、空间上、时间上均远远超过单个建设项目对环境的影响，一般小至几十平方千米，大至一个地区、一个流域，其影响评价涉及区域内所有规划开发建设项目以及这些开发活动对规划区内外的自然、社会、经济和生态的全面影响。

(2)战略性。规划环境影响评价涉及区域发展规模、性质、产业布局、产业结构及功能布局等区域规划方案。要从土地利用规划、污染物总量控制、污染综合治理等方面论述环境保护和经济发展的战略性对策。

(3)不确定性。规划开发建设活动是逐步建设和发展的过程，规划方案只能确定拟开发活动的基本规模、性质，而具体建设项目、污染源种类、污染物排放量等不确定因素较多。因此，规划环境影响评价具有一定的不确定性。

(4)评价时间的超前性。规划环境影响评价应在开发建设活动详细规划以前进行，它是规划决策不可缺少的参考依据。只有在超前的规划环境影响评价工作的基础上，才能制定出实现规划合理的开发建设活动，以较小的经济投资取得最大的环境效益、社会效益、经济效益的规划方案。

(5)评价方法的多样性。由于规划开发建设活动往往涉及较大的地域、较多的人口，对区域的社会、经济发展和自然生态环境有较大影响。它可以包括对规划所涉及的社会和自然生态环境保护、修复和塑造环境的过程，因此社会和生态环境影响评价是规划环境影响评价的重要内容。而社会和生态环境的评价大多采用定性或定性定量相结合的评价方法。

2. 规划环境影响评价的原则

(1)科学、客观、公正原则。规划环境影响评价必须科学、客观、公正，综合考虑规划实施后对各种环境要素及其所构成的生态系统可能造成的影响，为决策提供科学依据。

(2)早期介入原则。规划环境影响评价应尽可能在规划编制的初期介入，并将对环境的考虑充分融入规划中。

(3)整体性原则。一项规划的环境影响评价应当把与该规划相关的政策、规划、计划以及相应的项目联系起来，作整体性考虑。

(4)公众参与原则。在规划环境影响评价过程中鼓励和支持公众参与，充分考虑社会各方面的利益和主张。

(5)一致性原则。

(6)可操作性原则。应当尽可能选择简单、实用、经过实践检验可行的评价方法，评价结论应具有可操作性。

三、规划环境影响评价的范围及评价要求

(一)规划环境影响评价的适用范围

1. 需进行环境影响评价的规划类别

我国《环境影响评价法》规定，国务院有关部门、设区的市级以上地方人民政府及其有关部门，对其组织编制的有关土地利用的有关规划，区域、流域、海域的建设、开

发利用规划，应当在规划编制过程中组织进行环境影响评价，编写该规定有关环境影响的篇章或者说明。

《环境影响评价法》同时规定，国务院有关部门、设区的市级以上地方人民政府及其有关部门，对其编制的工业、农业、畜牧业、林业、能源、水利、交通、城市建设、旅游、自然资源开发的规划(以下简称专项规划)，应当在该专项规划草案上报审批前，组织进行环境影响评价，并向审批该专项规划的机关提出环境影响报告书。

专项规划中的指导性规划，应当编写该规划有关环境影响的篇章或者说明。

上述部门编制的规划不是全部进行环境影响评价，《中华人民共和国环境影响评价法》中只规定对“一地”、“三域”规划和“十个专项”规划组织进行环境影响评价。

《中华人民共和国环境影响评价法》第三十六条规定：“省、自治区、直辖市人民政府可以根据本地的实际情况，要求对本辖区的县级人民政府编制的规划进行环境影响评价。具体办法由省、自治区、直辖市参照本法第二章的规定制定。”对县级(含县级市)人民政府组织编制的规划是否应进行环境影响评价，法律没有强求一律。至于县级人民政府所属部门及乡、镇人民政府组织编制的规划，法律没有要求进行环境影响评价。

2. 编制规划环境影响评价的具体范围

经国务院批准，国家环境保护总局 2004 年 7 月 3 日颁布了《关于印发〈编制环境影响报告书的规划的具体范围(试行)〉和〈编制环境影响篇章或说明的规划的具体范围(试行)〉的通知》(环发［2004］98 号文件)，对编制环境影响报告书的规定和编制环境影响篇章或说明的规划规定了具体范围。

1)编制环境影响报告书的规划的具体范围

(1)工业的有关专项规划。如省级及设区的市级工业各行业规划。

(2)农业的有关专项规划。如设区的市级以上种植业发展规划、省级设区的市级渔业发展规划、省级及设区的市级乡镇企业发展规划。

(3)畜牧业的有关专项规划。如省级及设区的市级畜牧业发展规划，省级及设区的市级草原建设、利用规划。

(4)能源的有关专项规划。如油(气)田总体开发方案、设区的市级以上流域水电规划。

(5)水利的有关专项规划。如流域区域涉及江河、湖泊开发利用的水资源开发利用综合规划和供水、水力发电等专项规划，设区的市级以上跨流域调水规划，设区的市级以上地下水资源开发利用规划。

(6)交通的有关专项规划。如流域(区域)、省级内河航运规划，国道网、省道网及设区的市级交通规划，主要港口和地区性重要港口总体规划，城际铁路网建设规划，集装箱中心站布点规划，地方铁路建设规划。

(7)城市建设的有关专项规划。如直辖市及设区的市级城市专项规划。

(8)旅游的有关专项规划。如省级及设区的市级旅游区的发展总体规划。

(9)自然资源开发的有关专项规划。如对矿产资源，设区的市级以上矿产资源开发利用规划；对土地资源，设区的市级以上土地开发整体规划；对海洋资源，设区的市级以上海洋自然资源开发利用规划；对气候资源开发利用的规划。

2)编制环境影响篇章或说明的规划的具体范围

(1)土地利用的有关专项规划。如设区的市级以上土地利用总体规划。

(2)区域的建设、开发利用规划。如国家经济区规划。

(3)流域的建设、开发利用规划。如全国水资源战略规划，全国防洪规划，设区的市级以上防洪、治涝、灌溉规划。

(4)海域的建设、开发利用规划。如设区的市级以上海域建设、开发利用规划。

(5)工业指导性专项规划。如全国工业有关行业发展规划。

(6)农业指导性发展规划。如设区的市级以上农业发展规划、全国乡镇企业发展规划、全国渔业发展规划。

(7)畜牧业指导性发展规划。如全国畜牧业发展规划，全国草原建设、利用规划。

(8)林业指导性专项规划。如设区的市级以上商品林造林规划(暂行)，设区的市级以上森林公园开发规划。

(9)能源指导性专项规划。如设区的市级以上能源重点专项规划，设区的市级以上电力发展规划(流域水电规划除外)，设区的市级以上煤炭发展规划、油(气)发展规划。

(10)交通指导性专项规划。如全国铁路建设规划、港口布局规划、民用机场总体规划。

另外，还有城市建设指导性专项规划、旅游指导性专项规划、自然资源开发指导性专项规划等。

(二)规划环境影响评价的评价要求

规划有关环境影响的篇章或说明应当包括对规划实施后可能造成的环境影响作出分析、预测和评估，提出预防或者减轻不良环境影响的对策和措施。篇章或说明作为规划草案的组成部分一并报送规划审批机关。

专项规划的环境影响报告书应当包括：实施该规划对环境可能造成影响的分析、预测和评估；预防或者减轻不良环境影响的对策和措施；环境影响评价的结论。

上述分别介绍了规划有关环境影响的篇章或者说明及专项规划环境影响报告书的法定内容要求。无论是篇章或说明还是环境影响报告书，都要求对规划实施后可能造成的环境影响作出分析、预测和评估，并且提出预防或者减轻不良环境影响的对策和措施，同时在专项规划的环境影响报告书中，还必须有环境影响评价的明确结论。

第五节　区域环境影响评价

一、区域环境影响评价的目的和意义

1. 区域环境影响评价的目的

区域开发活动是在一定地域内有计划地进行一系列开发建设活动，因此区域环境影响评价的对象是区域内所有的拟开发建设行为，其目的是利用区域开发活动环境影响评价，完善区域开发活动规划，保证区域开发的可持续发展。

2. 区域环境影响评价的意义

通常情况下，区域环境影响评价发生在区域开发规划纲要编制之后和区域开发规划方案形成之前。在实际工作中，区域开发规划设计方案编制和环境影响报告书编制是一个交互过程，环境影响评价在区域开发规划的一开始就介入，从区域环境特征等因素出发，考虑区域开发性质、规划和布局，帮助制定区域开发规划方案，并对形成的每一个方案进行评价，提出修改意见，对修改后的方案进行环境影响分析，直至帮助最终形成区域经济发展与区域环境保护协调的区域开发规划和区域环境管理规划，促进整个区域开发的可持续性。

所以，从某种意义上讲，区域环境影响评价的对象可以说是区域开发规划方案，但同时区域环境影响评价实际上也是区域开发规划方案制定的重要参考依据。

根据区域环境影响评价在区域开发规划与环境管理中的地位和作用，该评价具有如下重要意义：

(1)区域环境影响评价从宏观角度对区域开发活动的选址、规模、性质的可行性进行论证，避免重大决策失误，最大限度地减少对区域自然生态环境和资源的破坏；

(2)区域环境影响评价，可为区域开发各功能的合理布局、入区项目的筛选提供决策依据；

(3)区域环境影响评价，有助于了解区域的环境状况和区域开发带来的环境问题，从而有助于区域环境污染总量控制规划的制定和区域环境保护管理体系的建立，促进区域的可持续发展；

(4)区域环境影响评价可以作为单项入区项目的审批依据和区域内单项工程评价的基础和依据，减少各单项工程环境影响评价的工作内容，也使单项工程的环境影响评价兼顾区域宏观特征，使其更具有科学性、指导性，同时缩短其工作周期。

二、区域环境影响评价的特点和原则

(一)区域环境影响评价的特点

1. 广泛性和复杂性

区域环境影响评价包括多个行业、多个项目及较大范围的社会经济活动内容。其影响涉及面包括区域内所有开发行为及其对自然、社会、经济和生态的全面影响，所涉及的环境、生态系统及资源问题也都大大复杂化。

2. 战略性

区域环境影响评价是从区域发展的规模、性质、产业布局、产业结构及功能布局、土地利用规划、污染物总量控制、污染物综合治理等方面，论述区域环境保护和经济发展的战略规划；从较大的空间范围和较长的时间尺度上预测区域开发建设导致的环境变化和提出相应的环境保护措施，以防止区域污染和保护区域生态环境功能，保障区域可持续发展的资源和环境基础。区域环境影响评价的结论和措施具有更强的指导性。因此，区域环境影响评价具有较强的战略性，主要表现为其具有超前性、主动性和宏观性。

3. 不确定性

区域开发一般是逐步、滚动发展的，在开发初期只能确定开发活动的基本规律、性质，而具体入区项目、污染源种类、污染物排放量等不确定因素较多。

4. 评价时间的超前性

区域环境影响评价一般要在制定区域环境规划、区域开发活动详细规划之前进行，以作为区域开发活动决策不可缺少的参考依据，只有在超前的区域环境影响评价的基础上才能真正实现区域内未来项目的合理布局，以最小的环境损失获得最佳的社会、经济和生态效益。

5. 评价方法的多样性

由于区域开发活动往往涉及较大的区域、较多的人口，对区域的社会经济有较大的影响，因此区域环境影响评价内容多，可能涉及社会经济影响评价、环境影响评价和景观影响评价等，评价的方法也应随区域开发的性质和评价内容的不同而有所不同。

6. 更加强调社会、生态和环境影响评价

区域开发活动涉及的地域范围较广，人口较多，对区域社会、经济发展影响较大，同时区域开发活动是破坏一个旧的生态系统、建立一个新的生态系统的过程，因此，社会、生态与环境影响评价是区域环境影响评价的重点。

（二）区域环境影响评价的原则

区域环境影响评价的基本原则是：评价必须符合客观实际，技术可行，经济合理，社会满意。要做到这几点应注意以下几个原则。

1. 同一性原则

区域环境影响评价的目的性决定了它与区域环境规划的同一性原则。要把区域环境影响评价纳入环境规划之中，应该在制订环境规划的同时开展区域环境影响评价工作。

2. 整体性原则

区域环境影响评价的多元性决定了评价的整体性原则。区域环境影响评价涉及协调和解决开发建设活动中产生的各种环境问题，包括所有产生污染和生态破坏的部门、地区和建设单位。从系统的观点来看，环境问题的产生、发展和解决过程仅仅是区域发展在环境问题这一侧面上的具体体现。所以认识、解决环境问题必须从整体考虑。

3. 综合性原则

区域环境影响评价地域、空间的广泛性决定了评价的综合性原则。在广大的地区和空间范围内，评价工作不仅要考虑社会环境，而且要考虑自然环境以及各种环境要素。因此，在评价的分析工作中必须强调采用综合的方法，以期得到正确的评价结论。

4. 动态性原则

区域环境影响评价中各种建设项目的不确定性决定了评价的动态性原则。在进行评价时应该考虑随着时间推移，区域发展规划会有适当的调整甚至发生较大的改变。所以原来预测的环境质量与客观现实总有一定差异。但是诸如环境目标、环境标准以及对策、方案应该在实践活动中基本兑现。

5. 必要性原则

区域环境影响评价基础资料的准确、全面、连续性决定了必须充分利用现有资料和与当地例行监测工作相结合的必要性原则。基础资料主要包括评价区域内及其周围的环境影响报告书、有关研究成果等。在提高评价质量、降低评价费用的前提下，应该把当地例行的大气监测点和水体监测断面纳入评价方案。

三、区域环境影响评价的范围及评价要求

1. 评价范围的确定

《开发区区域环境影响评价技术导则》(HJ/T 131—2003)中规定，区域环境影响评价适用于经济技术开发区、高新技术产业开发区、保税区、边境经济合作区、旅游度假区等区域的开发以及工业园区等类似区域的开发中。

区域环境影响评价的范围应按不同环境要素和区域开发建设可能影响的范围来确实。环境影响评价范围应包括开发区、开发区周边地域以及开发建设直接影响涉及的区域(或设施)。区域开发建设涉及的环境敏感区等重要区域必须纳入环境影响评价的范围，应保持环境功能区的完整性。

确定各环境要素的评价范围应体现表 9-1 所列的基本原则，具体数值参考有关环境影响评价技术导则。

表 9-1　确定评价范围的基本原则

评价要素	评价范围
陆地生态	开发区及周边地域，参考《环境影响评价技术导则　非污染生态影响》(HJ/T 19—1997)
空气	可能受到区内和区外大气污染影响的，根据所在区域现状大气污染源、拟建大气污染源和当地气象、地形等条件而定
地表水(海域)	与开发区建设相关的重要水体或水域(如水源地、水源保护区)和水污染物受纳水体，根据废水特征、排放量、排放方式、受纳水体特征而定
地下水	根据开发区所在地域地下水补给、径流、排泄条件，地下水开采利用状况及其与开发区建设活动的关系确定
声环境	开发区与相邻区域噪声适用区划
固体废物管理	收集、贮存及处置场所周围

2. 评价的基本要求

区域环境影响评价要按照开发区的性质、规模、建设内容、阶段目标和环境保护规划，结合当地的社会、经济发展总体规划、环境保护规划和环境功能区规划等，调查主要敏感环境保护目标、环境资源、环境质量现状，分析现有环境问题及其发展趋势，识别开发区规划可能导致的主要环境问题，初步判定主要环境问题、环境影响程度以及主要环境制约因素，确定主要评价因子。评价时还应注意以下问题：

(1)主要从宏观角度进行自然环境、社会经济两方面的环境影响识别；

(2)一般或小规模开发区主要考虑对区外环境的影响，重污染或大规模(大于10 km^2)的开发区还应识别区外经济活动对区内的环境影响；

(3)突出与土地开发、能源和水资源利用相关的主要环境影响的识别分析，说明各类

环境影响因子、环境影响属性(如可逆影响、不可逆影响)，判断影响程度、影响范围和影响时间等。

第六节　环境影响评价业务的承接

一、六方关系

编制一部出色的环境影响报告书(表)，需要多方努力，相互支持，密切配合。环境影响评价项目负责人，就是这部环境影响评价文件的灵魂，他应高水平掌握环境影响评价职业技能，还需要处理好当今社会各种人际关系，见表 9-2。

表 9-2　六方关系

序号	部门	角色	应对方案
1	环保部	政府官员	加强沟通，搞好关系
2	评估中心	专家	1. 敬仰，尊重； 2. 理解的要执行，不理解的要沟通
3	建设方	“上帝”	1. 理解建设方迫切的心情。 2. 耐心解释程序，诚心为“上帝”服务；热心为“上帝”解决实际问题；感动“上帝”，让他觉得“物”有所值
4	评价机构领导	上司	1. 尊重领导，服从安排； 2. 有理，有力，有节地争取到劳工的权力和待遇
5	协作单位	友军	1. 为友军“司令”解决实际问题； 2. 互惠互利，有福同享、有难同当； 3. 把好协调项目质量关
6	同事或下属	战友	1. 同一个战壕，相互关心，相互帮助； 2. 学会宽容人、包容人； 3. 多看他人的长处，向身边的人学习； 4. 不要斤斤计较，患得患失，吃亏是福

二、现场勘察的注意事项

1. 目的与作用

现场踏勘是环境影响评价工作的基础，环境影响评价人员以此获得第一手资料，直观认知并辨识建设项目选址及其与周围环境、相关规划的协调性等；同时对环境影响评价工作的进一步开展确立基本前提。

2. 工作目标

现场踏勘的基本目标是进行现状调查并对实际情形与书面资料进行对照和确认，确定评价等级与评价范围，同时为提高环境影响评价工作的有效性和工作效率，现场踏勘还要完成下列工作：

(1)相关方联系人与联系方式，如建设单位、科研编制单位、当地环保局开发科、监测单位等；

(2)索取基本资料，如现状分析所需的地理地质、气候气象、水文、功能区划、政府规划、社会环境等，利用已有的环境监测数据；

(3)确认选址具体位置、平面布置，选址选线周围的环境敏感点，拟定的水源和排放点、纳污水体，拟定的大气排放点和固废排放位置，厂址的土地性质和归属等；

(4)开展公众参与的相关事项，如环境影响评价公告与意见收集、环境影响评价简本公告与意见收集等；

(5)其他必要的事项，如安排环境监测计划或监测布点、当地环保局应出具的相关意见等。

3. 准备事项

(1)项目类别判断：有科研、科研在做、无科研；污染型、非污染生态型；新建、改扩建；建设方是否处于前置审批阶段；行业特点、产业政策明确与否；环境影响报告类别要求与专题设置明确与否等。

(2)政策法规研读：项目相关法律、环保审批机关要求、技术导则与方法、已完成的科研报告或项目建议书。

(3)资料清单准备：资料清单包括现状资料、规划资料、总量控制资料或环保意见、环境质量、项目周边敏感点资料、排放位置、监测数据。原则上应满足报告要求事项和必要数据的完善，以便于确定评价等级、范围、方法和专题设置等。

(4)问题清单准备：包括公众调查问题、咨询建设单位问题、咨询环保局问题、咨询科研单位问题等。

(5)公众参与准备：包括公告文本、公告方式、公告范围、调查问卷等。

(6)监测计划准备：如科研已完成，可据之作初步计划，到现场后考察布点以及监测单位选择等。

(7)工具准备，即现场踏勘携带器具：A3 笔记本一个，铅笔、中性笔各一支，计算器，便携式声级计，GPS 定位仪，数码照相机、摄像机，1∶10 000～1∶50 000 地形图一张，预先准备的调查内容清单，旅游鞋，太阳镜，测距仪，指北针，防身器具(偏僻地区，夜间观测必备)。

(8)其他。

4. 工作组织

(1)项目负责人向公司领导请示相关事宜，批准后开展工作；

(2)联系建设单位，请其联系相关单位，并确定现场踏勘日期，并作简要沟通；

(3)确定参与人员，预约车辆和工具；

(4)携带完备资料清单、必备工具、公众参与文本等进行现场考察，必要时向财务借支资金；

(5)踏勘完毕回公司后，进行踏勘总结，并向公司领导简要汇报并作进一步工作计划。

5. 注意事项

(1)踏勘工作一般在环保审批机关出具意见后进行；

(2)注意工作的目的性；

(3)踏勘工作一般需要2～3次，应合理计划，以求高效；

(4)现场踏勘与外部单位沟通时，应注意维护公司形象，严守公司机密，仪表大方，言谈举止有分寸。

6. 表单示例

(1)现场踏勘申请单。

(2)资料清单。

(3)问题清单。

(4)附件。建设单位需提交的附件资料如下。

①建设项目立项依据：计划部门、经济部门批准的立项文件符合自主立项规定的，企业提供自主立项文件(含各类建筑装修项目)。

②携工商部门颁发的填写齐全的公司设立登记表、变更登记表或个体工商户登记表、工商部门确认预先企业名称核准单(或工商营业执照复印件)。

③法人身份证复印件(非法人办理请提供法人委托办理的委托书及被委托人身份证复印件)。

④土管局、房管局提供的土地权属证明、房产权属证明，如为租房，需提供租房意向或协议。以上资料为原件审核，复印件留存(需盖章)。

⑤项目所在地及周边环境总平面布置图，项目所在地场内平面布置图。

⑥拟生产经营的产品，规模，产量，生产所需的原辅材料种类、数量，包括燃料、水、电等耗量，生产班次，职工人数。

⑦生产工艺介绍：每一产品的投入产出全过程，给出工艺流程图，以方框图表示，如涉及化学项目需列出化学反应方程式。

⑧主要设备清单及燃烧设备的名称与型号。

⑨生产经营中可能产生的污染情况及防治对策说明。

⑩项目所在地废水，如接入市政干管，需提供市政污水接管证明，原件审核，复印件留存。

⑪危险废物处置协议、工业固废处置协议。

⑫公众参与调查意见。

三、环境影响报告书(表)的质量要求

1979年颁布的《中华人民共和国环境保护法(试行)》首次确立了环境影响评价的法律地位，1989年颁布的《中华人民共和国环境保护法》对环境影响评价的法律地位进行了重申。我国于2002年颁布并于2003年实施了《中华人民共和国环境影响评价法》，从法律地位上确定了规划和建设项目要实施环境影响评价。

环境影响报告书(表)质量的优劣，是实施环境影响评价制度的关键问题。应从以下几个方面进行该问题的探讨。

1. 格式审查与评定

按照国家环境保护总局和各地环境保护行政主管部门的要求，编制环境影响评价有

关文件。这里需要特别指出的是，2006 年 9 月 21 日，国家环境保护总局发布了第 51 号公告《关于进一步加强环境影响评价管理工作的通知》，其中第三条规定：环境影响评价机构编制的环境影响报告书(表)中应附资质证书正本缩印件，缩印件页上应当注明项目名称和文件类型，并加盖本单位公章和法人名章。各级环境保护行政主管部门应以此为受理条件予以审查。环境影响评价机构公章不得以报告书专用章、下设机构或分支机构印章及其他印章代替。每个项目应留存两份以上有编写人员签名的原件的环境影响评价书(表)备份。

2. 内容审查与评定

(1)根据《环境影响评价法》第 17 条的规定，建设项目环境影响报告书应包含下列内容：

①建设项目概况；

②建设项目周围环境现状；

③建设项目对环境可能造成影响的分析、预测和评估；

④建设项目环境保护措施及其技术、经济论证；

⑤建设项目对环境影响的经济损益分析；

⑥对建设项目实施环境监测的建议；

⑦环境影响评价的结论。

涉及水土保持的建设项目，还必须有经水行政主管部门审查同意的水土保持方案 。

(2)根据《环境影响评价法》第十条的规定，专项规划的环境影响报告书应当包括下列内容：

①实施该规划对环境可能造成影响的分析、预测和评估；

②预防或者减轻不良环境影响的对策和措施；

③环境影响评价的结论。

上述是法定要求的内容，评价结构编制的环境影响评价文件绝对不能漏项，否则将严重影响报告书的质量。

法定编制内容是粗线条的，评价机构应根据《环境影响评价技术导则》以及各省市制定的《环境影响报告书(表)主要内容编制要求》进行编写。技术导则和各省市的编制要求内容非常详细周到，评价机构应严格按照导则和各省市环保局要求编写环评文件。

3. 质量审查与评价

质量审查与评定，有两层含义：其一，审查环境影响评价文件是否达到环境影响评价目的；其二，环境影响评价文件是否满足环保局评估中心对项目技术评估的要求。

(1)环境影响评价的目的或原则包括 4 个方面：一是客观、公开、公正；二是综合考虑实施后可能造成的影响；三是在考虑环境影响时要兼顾各种环境因素和其所构成的生态系统；四是要为决策提供科学依据。

建设项目环境影响评价基本服务于以下三个目的：

①明确开发建设者的环境责任；

②对建设项目环保工程设计提出具体要求和提供科学依据；

③为各级环保行政管理部门实行对项目的环境管理提供科学依据和具有法律约束力

的文件。

探讨环境影响报告书质量优劣，其重要内容是审查文件是否达到上述目的和原则，以便达到社会效益、经济效益和环境效益三者兼顾，全面贯彻中央提出的《关于落实科学发展观加强环境保护的决定》。

(2)环境影响评价文件，还应满足环保局评估中心对项目技术评估的要求。评估中心在技术评审时，有6项基本原则，它们是：

①项目建设符合国家产业政策；

②厂址选择可行并符合环境功能区划要求；

③本项目污染物均可稳定达标排放；

④工程的建设对周围环境质量有所改善；

⑤本项目符合清洁生产的要求；

⑥污染物排放总量满足总量控制指标的要求。

在质量审查和评定时，一定要认真审查这6项基本原则的符合性，否则，将是不合格的，应退回评价机构重新编写。

2003年，国家环境保护总局评估中心出版的《建设项目环境影响技术评估指南》一书，对不同行业均提出了“环境影响技术评估要点”，可供不同建设项目环境影响评价文件质量审查与评定时参考，这些行业，包括钢铁、有色、造纸、发酵、火电、化学肥料、合成材料、化石炼油、水泥、水利水电、公路、铁路及生态类等。

4. 质量审查与评定程序

环境影响报告书(表)质量审查与评定程序，包括两部分内容：其一为内部审查程序；其二为外部审查程序。

(1)内部审查程序：项目负责人审查→质量负责人审查→总技术负责人审查，即通常所说的三级审查程序。

(2)外部审查程序如图9-2所示。

国家环境保护总局环办［2006］112号文，强调了环评报告书(表)的质量监督问题。该文件指出：“实行环境影响报告书(表)‘一版制’考核，即以建设单位正式提交的报告书(表)为考核对象，解决以往报告书(表)可经多次修改通过审查，而编制单位不承担责任的问题。对发现质量问题多，不足以说明项目环境可行性的报告书(表)，负责审批的环保部门应以书面形式直接予以退回，通报有关情况，并向我局提出对编制单位的处罚建议。”

以上文件表明，国家对环境影响评价机构编制的报告书(表)质量要求更加严格，评价机构在向建设单位提交报告书(表)之前，一定要把好质量关，防范经营中出现的风险。

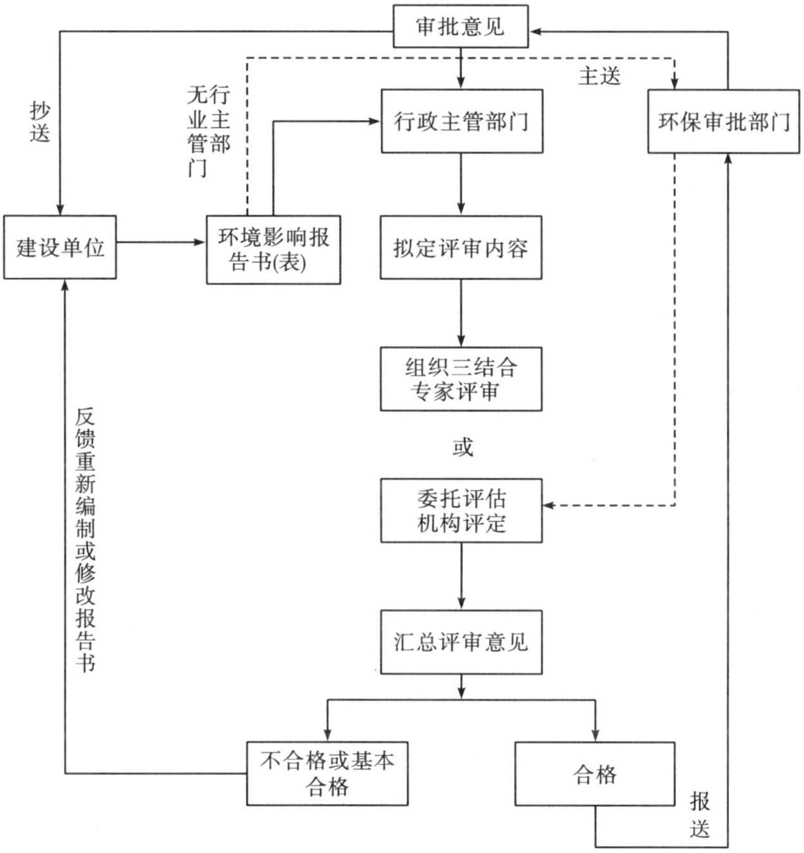

图 9-2　环境影响报告书外部审查程序

5. 质量评定等级划分

可根据贯彻执行环保政策、产业政策、法规、标准、工程概况、工程分析、环境状况介绍、主要环境问题、预测结果、污染防治措施、评价结论与建议等方面对环境影响报告书(表)进行打分，根据分值，确定质量评定等级，具体分值见表 9-3。

表 9-3　环境影响报告书(表)(初稿)考核表

序号	考核内容	满分	评分
1	报告书(表)编制前期准备工作(实施调研、资料收集、组织协调等)是否充分	5	
2	依据文件是否齐全	5	
3	评价范围、敏感保护目标的确定是否正确	5	
4	评价标准选用是否合理	5	
5	概况阐述是否体现工程特点和环境特征	10	
6	污染因子、评价因子的识别和筛选是否正确	10	
7	评价重点是否合理、明确	10	
8	监测项目、点位(断面)、时段、频次设定的代表性、合理性	10	
9	预测评价的模式、参数和方法的选用是否正确	10	
10	报告书(表)编制的深度、广度和可操作性	10	

续表

序号	考核内容	满分	评分
11	报告书(表)编制中对有关环境保护法规、政策、制度的执行情况	5	
12	报告书(表)编制(包括图、表绘制)是否规范	5	
13	报告书(表)提出的防治措施是否可行	10	
总计		100	

质量评定等级见表 9-4。

表 9-4 环境影响报告书(表)质量评定等级划分

等级	评分值	划分依据	结果判断
优秀	≥96	全部达到报告书的质量要求	可以报批
良好	80～95	基本上全部达到报告书的质量要求	可以报批
合格	70～79	报告书的主要或关键部分达到了质量要求	作较小补充或修改可报批
基本合格	60～69	报告书大部分内容基本达到了质量要求	作较大补充修改后再报批
不合格	<60	报告书大部分内容不符合质量要求	重新编制

四、环境影响评价机构的责任与义务

2008 年，是“十一五”规划的第三年，也是各项规划和建设项目实施的关键一年。

2008 年，全国大部分省级建设项目环境影响评价执行率只有 70%左右，地级市只有 40%左右，部分地区县以下企业和乡镇企业仅为 20%左右。

环境影响评价执行率不高，说明环境执法还有一定难度；同时也说明环境影响评价市场很大，环境影响评价机构大有作为。目前，各环境影响评价机构任务重、项目多，要求时间紧。在这种情况下，防范经营风险，确保环境影响评价资质安全的问题十分突出和重要。

1. 违反国家和地方环保部门审查内容的项目不能承接

环境影响评价文件审批中的重点审查内容，即审查是否符合以下相关要求(称“7+2”原则)。

(1)是否符合环境保护相关法律法规。建设项目涉及依法划定的自然保护区、风景名胜区、生活饮用水水源保护区及其他需要特别保护的区域的，应当符合国家有关法律法规该区域内建设项目环境管理的规定；依法需要征得有关机关(水利、渔业、军队等)同意的，建设单位应当事先取得该机关同意。

(2)是否符合国家产业政策和清洁生产要求。

(3)建设项目选址、选线、布局是否符合区域和流域规划、城市总体规划、产业布局规划和环保规划。

(4)项目所在区域环境质量是否满足相应环境功能区划和生态功能区划标准或要求。

(5)拟采取的污染防治措施能否确保污染物排放达到国家和地方规定的排放标准，是否满足污染物总量控制要求；涉及可能产生放射性污染的，拟采取的防治措施能否有效预防和控制放射性污染。

(6)拟采取的生态保护措施能否有效预防和控制生态破坏。

(7)是否符合国家环保部《关于加强环境影响评价管理防范环境风险的通知》(环发[2005] 152号)对区域或规划环境影响评价的要求和项目风险评价的相关要求(分析是否全面到位，措施是否有效得当，如化学品库围堰、事故消防水应急缓冲池等)。

(8)是否符合国家环保部《环境影响评价公众参与暂行办法》的要求，是否认真考虑了公众意见，是否在环境影响报告书中附具对公众意见采纳或者不采纳的说明。

环保部门可以组织专家咨询委员会，由其对环境影响报告书中有关公众意见采纳情况的说明进行审议，判断其合理性并提出处理建议。环保部门在作出审批决定时，应当认真考虑专家咨询委员会的处理建议。

对环境可能造成重大影响、应当编制环境影响报告书、可能严重影响项目所在地居民生活环境质量，以及存在重大意见分歧的建设项目，环保部门可以举行听证会，并公开听证结果，说明对有关意见采纳或不采纳的理由，以取得公众的理解和支持。

(9)报告书审查中还需要特别关注以下问题：

①项目选址与项目总图布置和周边环境保护目标(环境敏感点)，合理确定卫生防护距离以及环境安全防护范围(包络线图)；

②主要产品、装置的规模及产品方案的选择和确定；

③排放废水、废气的区域环境容量及“十一五”总量控制要求，要通过自身污染削减或区域削减措施来体现“增产不增污”或“增产减污”原则；

④报告书审批登记表中台帐统计信息是否合理填写。

2. “十不批”项目不能承接

(1)国家明令淘汰、禁止建设的、不符合国家产业政策的项目；

(2)被列入国务院清理整顿范围，不符合国家政策规定的钢铁、电解铝、水泥、电石、铁合金、焦炭、平板玻璃、13.5万kW及以下火电机组等项目；

(3)位于饮用水源保护区、自然保护区、风景名胜区、重要生态功能区以及生态环境敏感区等区域，影响生态环境和污染环境的项目；

(4)不符合城市总体规划、环境保护规划的项目；

(5)位于自然保护区的核心区、缓冲区内的项目；

(6)占用自然保护区实验区，对当地生态环境造成破坏的，或者建设在自然保护区外围地带，但损坏自然保护区内的环境质量和生态功能的建设项目；

(7)原有设施污染物排放达不到国家和地方排放标准及总量控制要求，不能通过“以新带老”、“以大带小”的措施实现“增产不增污”的项目；

(8)环境污染严重，产品质量低劣，高耗能、高物耗、高水耗、污染物不能达标排放的项目；

(9)环境质量不能满足环境功能区要求，无法通过区域平衡等替代措施削减污染负荷的项目；

(10)被明令限期治理的企业，以及“两控区”污染防治规划、三峡库区及上游水污染防治规划污染治理项目中没有按期完成污染限期治理任务企业的新、扩、改项目。

3. “十五小”、“新五小”项目不能承接

国家明令禁止的重污染小企业，指1996年《国务院关于环境保护若干问题的决定》中明令取缔关停的十五种重污染小企业，以及国家经贸委限期淘汰和关闭的破坏资源、污染环境、产品质量低劣、技术装备落后、不符合安全生产条件的“新五小”企业。

(1)小造纸。年产5000 t以下生料造纸，年生产能力小于1万t的化学制浆造纸生产装置。

(2)小制革。年产折牛皮3万张以下。

(3)小染料。年产500 t以下。

(4)土炼焦。采用“坑式”、“萍乡式”、“天地罐”和“敞开式”等落后方式。

(5)土炼硫。土法，同炼焦。

(6)土炼砷。年产100 t以下土法。

(7)土炼汞。年产10 t以下土法。

(8)土炼铅锌。年产2000 t以下土法。

(9)土炼油。无国家审批(国务院审批)。

(10)土选金。溜槽、混汞、小堆浸等。

(11)小农药。无生产许可证、正规设计。

(12)小电镀。含氰电镀，无正规设计、工艺落后。

(13)土法石棉制品。土法。

(14)放射性制品。无审批手续。

(15)小漂染。年产1000万m以下。

(16)小水泥。直径1.83 m以下熟料粉磨站；窑径2.2 m以下、年产4.4万t以下机立窑。窑径2.5 m及以下干法中空窑。

(17)小火电。单机容量小于或等于5万kW的常规小火电机组。

(18)小炼油。100万t以下的原经审批的炼油厂。

(19)小煤矿。无安全设施、无四证(采矿证、生产证、矿长资格证、营业执照)小煤矿，单井井型低于年产9万t以下的煤矿。

(20)小钢铁。平炉、10 t以下(含)电炉、1.5 m^2 以下鼓风炉、100 m^3 以下(含)高炉、15 t以下(含)转炉。

4. “区域限批”地区、“企业集团限批”项目不能承接

所谓“区域限批”，是指如果一家企业或一个地区出现严重环保违规的事件，环保部门有权暂停这一企业或这一地区所有新建项目的审批，直至该企业或该地区完成整改。

“区域限批”是以解决区域严重环境问题为切入点，从根本上推进地区产业结构升级和布局优化，走出低水平发展道路，实现经济发展与环境保护的协调统一。

采用区域和行业限批政策，就是希望能更有效地督促地方政府和行业集团调整产业结构、转变增长方式，完成节能降耗指标。

对“区域限批”地区、“企业集团限批”的项目，不能承揽环境影响评价业务，必须解除限批禁令后方能承揽业务。

5. “7种原则性变化”要重新报批

(1)建设地点变更；

(2)产品类型发生变化；

(3)生产工艺出现重大调整(减少产生污染环节者除外)；

(4)生产规模有较大幅度增加(高于设计规模30%以上)；

(5)锅炉吨位、台数增加，所用燃料类型变化(从低污染向高污染变化)；

(6)污染防治设施未建或发生重大变化(通过采用先进生产工艺或能够保证污染物妥善处理者除外)；

(7)项目开工建设时间距离项目环境影响评价批复时间超过5年以上。

6. 具体问题灵活处理，发挥环境影响评价作用

当前，有相当多企业不符合国家产业政策，不满足行业准入条件。对于此类环境影响评价项目，要客观地如实评价，给企业指出办法，使其在规定的时间内符合产业政策以及行业准入条件，满足环境影响评价审批原则，为环境保护行政主管部门提供科学依据。如果该企业在规定时间内达不到国家、当地政府的要求，只能按政策办，该出局的势必被淘汰。

五、环境影响评价从业人员的要求

2008年7月24日，国家环境保护部发布的《关于加强环境影响评价机构及从业人员管理的通知》(环发［2008］69号文)。文中指出："在环境影响评价工作中仍然存在一些问题。如部分环境影响评价机构工作质量不高，内部管理松散，出借资质以及人员'挂靠'等，影响了环境影响评价法律制度的严肃性，干扰了环境影响评价市场秩序。"该文件主要是讲解加强环境影响评价机构及从业人员管理，促进环境影响评价队伍健康发展问题。环境影响评价机构及从业人员，应认真学习该文件精神，在环境影响评价业务实践中贯彻执行。

环境影响评价机构，从人员组成上，有管理人员、开发人员、技术人员。从根本上讲，应该加强这支队伍的修养与素质，提高整体水平，这样才能全面认真和负责地落实环境影响评价制度。

一家评价机构，少不了两个人：一个精明的管理人，一个技术带头人。主要管理人员，要为这个机构制定正确可行的管理制度、经营方针、经营策略，在几个地区、几个行业开展环境影响评价业务，不要遍地开花，不要追求业务范围多和广，否则迟早要吃亏和出现问题。技术带头人，既要有学术水平，又要有实践经验，带领环境影响评价机构的技术人员，出色地完成环境影响评价文件编制任务。

环境影响评价技术人员，应加强平时的修养和素质提高，只有具备高水平的人际沟通能力，具备高水平的业务能力，才算是一个真正的环境影响评价者。

思　考　题

1. 什么是环境影响评价？
2. 什么是环境标准？环境标准如何分类？

3. 环境标准和环境基准有何区别?
4. 简述环境影响评价的工作程序。
5. 什么是环境影响后评价?
6. 试述规划环境影响评价的特点。
7. 为什么要进行区域环境影响评价?
8. 试述区域环境影响评价的特点和原则。

第十章　建设项目环境影响评价报告书（表）的编写

第一节　法律依据

根据我国《环境影响评价法》第十六条，国家根据建设项目对环境的影响程度，对建设项目的环境影响评价实行分类管理。

建设单位应当按照下列规定组织编制环境影响报告书、环境影响报告表或者填报环境影响登记表（以下统称环境影响评价文件）：

(1)可能造成重大环境影响的，应当编制环境影响报告书，对产生的环境影响进行全面评价。

(2)可能造成轻度环境影响的，应当编制环境影响报告表，对产生的环境影响进行分析或者专项评价。

(3)对环境影响很小、不需要进行环境影响评价的，应当填报环境影响登记表。

第二节　环境影响报告书和环境影响报告表的界定

一、环境影响报告书的界定

建设项目对环境可能造成重大影响的，应当编制环境影响报告书，对建设项目产生的污染和对环境的影响进行全面、详细的评价。这些项目包括：

(1)原料、产品或生产过程中涉及的污染物种类多、数量大或毒性大、难以在环境中降解的建设项目；

(2)可能造成生态系统结构重大变化、重要生态功能改变或生物多样性明显减少的建设项目；

(3)可能对脆弱生态系统产生较大影响或可能引起和加剧自然灾害的建设项目；

(4)容易引起跨行政区环境影响纠纷的建设项目；

(5)所有流域开发、开发区建设、城市新区建设和旧区改建等区域性开发活动或建设项目。

二、环境影响报告表的界定

建设项目对环境可能造成轻度影响的，应当编制环境影响报告表，对建设项目产生的污染和对环境的影响进行分析或者专项评价。这些项目包括：

(1)污染因素单一，而且污染物种类少、产生量小或毒性较低的建设项目；

(2)对地形、地貌、水文、土壤、生物多样性等有一定影响，但不改变生态系统结构和功能的建设项目；

(3)基本不对环境敏感区造成影响的小型建设项目。

第三节 环境影响报告书(表)的格式和编写注意事项

一、环境影响评价大纲的格式

编制环境影响报告书之前，评价单位应编制环境影响评价大纲。评价大纲是环境影响报告书的整体设计。评价大纲由建设单位向负责审批的环境保护部门申报，并抄送行业主管部门。环境保护部门根据情况确定评审方式，提出审查意见。评价单位依据经过审批的大纲，开展环境影响评价工作。

评价大纲应当在开展评价工作之前编制，它是具体指导建设项目环境影响评价的技术文件，也是监察报告书内容和质量的主要依据，其内容应该尽量具体、详细。评价大纲一般应在充分研读有关文件、进行初步的工程分析和环境现状调查后编制。评价大纲一般应包括以下内容。

(1)评价大纲编制总则评价任务的由来、编制依据、控制污染和保护环境的目标、采用的评价标准、评价项目及其工作等级和重点等。

(2)建设项目概况。

(3)拟建地区的环境简况(附位置图)。

(4)建设项目工程分析的内容与方法。根据当地环境特点、评价项目的环境影响评价工作等级与重点的因素，说明工程分析的内容、方法和重点。

(5)建设项目周围地区的环境现状调查。包括一般自然环境与社会环境现状调查和环境中与评价项目关系较密切部分的现状调查。应根据已确定的各评价项目工作等级、环境特点和影响预测的需要，尽量详细地说明调查参数、调查范围及调查的方法、时间、地点、次数等。

(6)环境影响预测与评价建设项目的环境影响。根据各评价项目的工作等级、环境特点，尽量详细地说明预测方法、预测内容、预测范围、预测时段以及有关参数的估值方法等。

(7)评价工作成果清单、拟提出的结论和建议的内容。

(8)评价工作的组织、计划安排。

(9)评价工作的经费概算。

二、环境影响报告书的格式

环境影响报告书是环境影响评价工作成果的集中体现，是环境影响评价承担单位向其委托单位——工程建设单位或其主管单位提交的工作文件。经环境保护主管部门审查批准的环境影响报告书，是计划部门和建设项目主管部门审批建设项目可行性研究报告或设计任务书的重要依据，是领导部门对建设项目作出正确决策的主要依据的技术文件之一。它是设计单位进行环境保护设计的重要参考文件，具有一定的指导意义，并对建设单位在工程竣工后进行环境管理有重要的指导作用。因此，必须认真编写环境影响报告书。

环境影响报告书的编写要满足以下基本要求：

(1)环境影响报告书总体编排结构应符合《建设项目环境保护管理条例》(1998 年 11 月 29 日颁布)的要求，即《建设项目环境影响报告书内容提要》的要求。应内容全面，重点突出，实用性强。

(2)基础数据可靠。基础数据是评价的基础。基础数据有错误，特别是污染源排放量有错误，不管选用的计算模式多正确，计算得多么精确，其计算结果都是错误的。因此，基础数据必须可靠。当不同来源的同一参数数据出现不同时，应进行核实。

(3)预测模式及参数选择合理。环境影响评价预测模式都有一定的适用条件。参数也因污染物和环境条件的不同而不同。因此，预测模式和参数选择应因地制宜。应选择模式的推导(总结)条件和评价环境条件相近(相同)的模式。选择总结参数时的环境条件和评价环境条件相近(相同)的参数。

(4)结论观点明确，客观可信。结论中必须对建设项目的可行性、选址的合理性作出明确回答，不能模棱两可。结论必须以报告书中客观的论证为依据，不能带感情色彩。

(5)语句通顺、条理清楚、文字简练、篇幅不宜过长。凡带有综合性、结论性的图表应放到报告书的正文中，有参考价值的图表应放到报告书的附件中，以减少篇幅。

(6)环境影响报告书中应有评价资格证书、报告书的署名。报告书编制人员按行政总负责人、技术总负责人、技术审核人、项目总负责人，依次署名盖章，即报告编写人署名。

环境影响报告书编制要点。参见本节第四部分的内容。

三、环境影响报告表的格式

建设项目环境影响报告表和建设项目环境影响审批登记表由国家环境保护部制定并发布有效版本。环境影响评价技术人员，应按有效版本编制建设项目环境影响报告表，不得改变报告表格式。

环境影响报告表的封面应注明建设单位名称、项目名称和报告表填报时间，报告表的主要内容格式如下：

(1)评价单位名称和评价单位的环境影响评价资格证书的彩色原件1/3缩印件，并说明评价项目负责人和参加评价工作人员从事的专业、职称、上岗证书号，环境影响评价师登记证号和在评价工作中承担的职责。

(2)建设项目基本情况。

(3)建设项目所在地的自然环境和社会环境简况，叙述自然环境简况(包括地形、地貌、地质、气候、水文、植被、生物多样性等)和社会环境简况(包括社会经济结构、教育、文化、文物保护等)。

(4)环境质量状况，阐明建设项目所在地区域环境质量现状和主要环境问题(包括环境空气、地面水、地下水、声环境、生态环境等)，说明主要环境保护目标(列出名单及保护级别)。

(5)评价适合标准，包括环境质量标准、污染物排放标准和总量控制指标。

(6)建设项目的工程分析，简述工艺流程和主要污染工序。

(7)项目主要污染物产生及预计排放情况。

(8)环境影响分析，包括施工期环境影响简要分析和营运期环境影响分析。

(9)建设项目拟采取的防治措施及预期治理效果。

(10)评价结论与建议。

(11)附件及附图。附件主要是立项批准文件及其他与环境影响评价有关的文件，附图主要是项目地理位置图、周边环境示意图、项目平面布置图。如报告表不能说明项目产生的污染及对环境造成的影响，应进行专项评价。

(12)公众参与调查意见。

四、环境影响报告书简要本的基本格式要求

环境影响评价单位在提交报告书(报批稿)时应提交报告书简要本，同时提交简要本的电子版。简要本主要包括以下内容：

(1)项目概况。项目来源、立项情况、建设地点等，说明是新建、扩建、改建和技改项目，以及与老项目的关系。

(2)工程内容及污染因素分析。简要描述工程建设内容，包括主体工程、辅助工程、公用工程及与老项目的依托关系；工程规模、产品方案、生产工艺、主要原辅材料及设备清单，科研提供的环保措施；投资额、运行方式、职工人数、占地面积、需新征地面积，如是扩建、改建、技改项目，需说明老项目存在的主要环境问题及整改要求。说明污染物产生量、排放量、排放方式(包括有组织和无组织)，主要污染因子及环境影响因素，需要特别说明的环境敏感问题。

(3)选址周边环境及保护目标。说明周边环境质量现状及主要敏感点和保护目标，选址条件及配套基础设施(供热、供水、污水集中处理、管网建设、固废集中处置等)，区域规划情况。

(4) 环境影响预测主要结论。污染物浓度分布、对保护目标的影响程度和范围、卫生防护距离及控制、卫生防护距离内的敏感点分布情况及拆迁要求。

(5)对策措施。拟采取的环保措施及要求、治理技术的可行性分析、环境及排放可达性、预期环保绩效、环保投资。

(6)总量控制及公众参与。总量控制措施及解决方案、公众参与及公示情况。

(7)环境可行性及评价结论。根据环境影响评价审批6项基本原则逐项进行对照，分析项目建设的环境可行性。

(8)环评总结论。简要本对图件的基本要求有地理位置图、周边敏感点分布图、厂区平面布置图以及其他有特殊要求的图件。

第四节 国家和部分省市环境保护部门对环境影响报告书(表)的要求

本节强调重点是，承接某一地区的环境影响评价项目，应首先登陆有该地区审批权的环保局网站，认真学习该地区《环境影响评价文件要求》中的规定，了解该地区对环境影响评价文件的审批要求。下面介绍国家和部分省市地区对环境影响评价文件的不同要求。

一、《环境影响评价技术导则 总纲》(HJ 2.1—2011)要求

该文件的要求见其附录A的《建设项目环境影响报告书的编制要求》，为便于读者阅读，本书将其收录于此。同时为了与全书体例协协调一致，仅对其体例作了适当的修改(后文收录的其他文件，也作了如是修改)。

(一)专项设置内容

根据工程特点、环境特征、评价级别、国家和地方的环境保护要求，选择下列但不限于下列全部或部分专项评价。

污染影响为主的建设项目一般应包括工程分析，周围地区的环境现状调查与评价，环境 影响预测与评价，清洁生产分析，环境风险评价，环境保护措施及其经济、技术论证，污染物排放总量控制，环境影响经济损益分析，环境管理与监测计划，公众参与，评价结论和建 议等专题。生态影响为主的建设项目还应设置施工期、环境敏感区、珍稀动植物、社会等影响专题。

(二)编制内容

1. 前言

简要说明建设项目的特点、环境影响评价的工作过程、关注的主要环境问题及环境影响报告书的主要结论。

2. 总则

(1)编制依据。须包括建设项目应执行的相关法律法规、相关政策及规划、相关导则及技术规范、有关技术文件和工作文件，以及环境影响报告书编制中引用的资料等。

(2)评价因子与评价标准 。分列现状评价因子和预测评价因子，给出各评价因子所执行的环境质量标准、排放标准、其他有关标准及具体限值。

(3)评价工作等级和评价重点。说明各专项评价工作等级，明确重点评价内容。

(4)评价范围及环境敏感区。以图、表形式说明评价范围和各环境要素的环境功能类别或级别，各环境要素环境敏感区和功能及其与建设项目的相对位置关系等。

(5)相关规划及环境功能区划。附图列表说明建设项目所在城镇、区域或流域发展总体规划、环境保护规划、生态保护规划、环境功能区划或保护区规划等。

3. 建设项目概况与工程分析

采用图表及文字结合方式，概要说明建设项目的基本情况、组成、主要工艺路线、工程布置及与原有、在建工程的关系。

对建设项目的全部组成和施工期、运营期、服务期满后所有时段的全部行为过程的环境 影响因素及其影响特征、程度、方式等进行分析与说明，突出重点；并从保护周围环境、景观及环境保护目标要求出发，分析总图及规划布置方案的合理性。

4. 环境现状调查与评价

根据当地环境特征、建设项目特点和专项评价设置情况，从自然环境、社会环境、环境质量和区域污染源等方面选择相应内容进行现状调查与评价。

5. 环境影响预测与评价

给出预测时段、预测内容、预测范围、预测方法及预测结果，并根据环境质量标准或评价指标对建设项目的环境影响进行评价。

6. 社会环境影响评价

明确建设项目可能产生的社会环境影响，定量预测或定性描述社会环境影响评价因子的变化情况，提出降低影响的对策与措施。

7. 环境风险评价

根据建设项目环境风险识别、分析情况，给出环境风险评估后果、环境风险的可接受程度，从环境风险角度论证建设项目的可行性，提出具体可行的风险防范措施和应急预案。

8. 环境保护措施及其经济、技术论证

明确建设项目拟采取的具体环境保护措施。结合环境影响评价结果，论证建设项目拟采 取环境保护措施的可行性，并按技术先进、适用、有效的原则，进行多方案比选，推荐最佳方案。

按工程实施不同时段，分别列出其环境保护投资额，并分析其合理性。给出各项措施及投资估算一览表。

9. 清洁生产分析和循环经济

量化分析建设项目清洁生产水平，提高资源利用率、优化废物处置途径，提出节能、降耗、提高清洁生产水平的改进措施与建议。

10. 污染物排放总量控制

根据国家和地方总量控制要求、区域总量控制的实际情况及建设项目主要污染物排放指标分析情况，提出污染物排放总量控制指标建议和满足指标要求的环境保护措施。

11. 环境影响经济损益分析

根据建设项目环境影响所造成的经济损失与效益分析结果，提出补偿措施与建议。

12. 环境管理与环境监测

根据建设项目环境影响情况，提出设计、施工期、运营期的环境管理及监测计划要求，包括环境管理制度、机构、人员、监测点位、监测时间、监测频次、监测因子等。

13. 公众意见调查

给出采取的调查方式、调查对象、建设项目的环境影响信息、拟采取的环境保护措施、公众对环境保护的主要意见、公众意见的采纳情况等。

14. 方案比选

建设项目的选址、选线和规模，应从是否与规划相协调、是否符合法规要求、是否满足 环境功能区要求、是否影响环境敏感区或造成重大资源经济和社会文化损失等方面进行环境合理性论证。如要进行多个厂址或选线方案的优选时，应对各选址或选线方案的环境影响进行全面比较，从环境保护角度，提出选址、选线意见。

15. 环境影响评价结论

环境影响评价结论是全部评价工作的结论，应在概括全部评价工作的基础上，简洁、准 确、客观地总结建设项目实施过程各阶段的生产和生活活动与当地环境的关系，明确一般情 况下和特定情况下的环境影响，规定采取的环境保护措施，从环境保护角度分析，得出建设项目是否可行的结论。

环境影响评价的结论一般应包括建设项目的建设概况、环境现状与主要环境问题、环境 影响预测与评价结论、建设项目建设的环境可行性、结论与建议等内容，可有针对性地选择 其中的全部或部分内容进行编写。环境可行性结论应从与法规政策及相关规划一致性、清洁 生产和污染物排放水平、环境保护措施可靠性和合理性、达标排放稳定性、公众参与接受性等方面分析得出。

16. 附录和附件

将建设项目依据文件、评价标准和污染物排放总量批复文件、引用文献资料、原燃料品质等必要的有关文件、资料附在环境影响报告书后。

二、四川省环保厅对建设项目环境影响报告书(表)的要求

这里收录的是《四川省建设项目环境影响报告书(表)“五图四表”技术要求(试行)的通知》(川环函［2003］231号)。

1. 地理位置图应反映的内容

(1)标明拟建项目所在县(区)、市的相对位置，同时在图中右上角套该县(区)、市在省、市的相对地址图。

(2)该图应反映出行政区划、运路交通、水系、城镇。

(3)标明方位、图例、相对比例尺和风玫瑰图(方位指向、风玫瑰图可合并一起标注)。方位即指北向，一般标注在本图右上方，图例和相对比例尺一般标注在右下方。

(4)标明拟建项目与当地行政区域内城镇规划的关系，有当地行政区域内城镇规划图

的应附规划图。

(5)比例尺一般采用 1:50 000～1:100 000。对于大区域开发项目比例尺可适当大些。

2. 工程平面布置图应反映的内容

(1)该图中应标明图例及风玫瑰;

(2)比例尺用相对比例尺，比例尺大小自定;

(3)直接标明生产装置及车间名称(技改项目应有原车间标注，并标明哪些是拆除的，那些是保留的)，如文字太多可列表说明;

(4)用图例标明污水排放口的位置、污水处理设施位置、烟囱或主要排气筒位置、主要噪声源位置、临时渣场位置;

(5)本图有条件的单位用彩图为宜。

3. 工程外环境关系图应反应的内容

(1)应根据评价等级确定的评价范围标明主要保护目标环境敏感点;

(2)采用有等高位线的地形图，标明地理信息距离、方位，应标注准确，水系及地形情况应清晰;

(3)本图应有比例尺和风玫瑰以及方位(指北向)，比例尺根据具体情况而定;

(4)拟建项目与主要保护目标的距离用列表方法表示，表中应将保护目标名称、方位、距离、搬迁的户数和人数表示出来;

(5)此图必须包括全部评价范围。

4. 监测布点图应反映的内容

(1)本图应标注比例尺、图例、风玫瑰和方位(指北向)。

(2)大气监测布点图范围应是评价范围，并在此图上标出敏感点位;水断面设置标注出断面并编号，同时应标出水环境保护的敏感点，如饮用水取水点位等;噪声监测布点图范围为 200～1000 m 敏感点，铁路和机场振动要延伸到 1000 m 以上。

(3)本图应有等高线的地理位置图。

(4)监测布点图能按要素合并的，可在一张图上反应，不能合并的可单独作图。

5. 生产工艺流程及产污位置图应反映的内容

(1)本图用方框图表示工艺流程;多工艺的生产流程应增加一个工艺关联图。

(2)标明各种主要污染因子产生的位置，标注产污量。

(3)污染物的去向，包括污染物经什么污染治理措施处理及处理后的排放去向。

(4)主要原料的加入位置、产品和污染物的产出位置。注:

①非工业项目应增加土地利用现状图;

②五图中使用统一的图例，图例附后，超出本图例的由评价单位自行标注;

③五图四表中使用的文字符号统一按环境影响评价导则的要求执行;

④单独的房地产建筑可适当从简。

6. 五图四表中的“四表”如表 10-1～表 10-4 所示。

表 10-1 项目组成表

名称	建设内容及规模	可能产生的环境问题	
		施工期	营运期
主体工程			
辅助工程			
公用工程			
办公及生活设施			
仓储或其他			

表 10-2 主要原辅材料及能耗情况表

		名称	年耗量(单位)	来源	主要化学成分
主(辅)料					
能源	煤/t				
	电/kW				
	气/Nm^3				
水量	地表水				
	地下水				

注：气指天然气。

表 10-3 工程“三废”排放量统计表

种类	产污源点(产生的工序或车间	处理前产生量及浓度	处置方式	处理后排放量及浓度	处理效率及排放去向
废水					
废气					
固体废弃物					
噪声					

表 10-4 环保设施(措施)及投资估算一览表

项目	内容	投资/万元	备注
废气治理			
废水治理			
噪声治理			
固体废弃物处置			
厂区绿化			
环境管理及监测			
其他			
合计			

三、江苏省建设项目环境影响报告书主要内容标准化编制规定

按照《中华人民共和国环境影响评价法》、《建设项目环境保护管理条例》、《环境影响评价技术导则》，部分省对环境影响报告书编制内容制定了更详细的规定。在做不同省市的环境影响报告时，应当按照该省市的要求进行编写。下面以江苏省环保局规定为例，予以说明。

江苏省建设项目环境影响报告书主要内容标准化编制规定如下。

(一)建设项目周围地区环境概况及环境保护目标

1. 建设项目周围地区环境概况

准确描述项目拟建地所在行政区(含开发区，工业小区)、省、市、县、镇村。

详细描述评价区所属水系，说明水系水文特征及重要水工设施运行规律、排污及废水受纳水域环境功能区划分、饮用水水源保护区、取水口和水产养殖等水环境敏感保护目标。

简述当地气候特征，给出常年风向风速玫瑰图。说明厂址周边地区土地利用现状、主要居民点、学校、医院、自然生态保护区等敏感目标以及大气功能区类别。

2. 区域社会环境概况

(1)区域社会发展规划和环保规划。描述区域(城市、开发区、工业小区、镇区等)社会发展规划要点和环保规划要点：说明区域功能定位、产业结构、土地利用、布局、水域与岸线利用、生态保护、太湖水环境保护、南水北调和“引江济太”等清水通道环境保护等内容。说明集中供热、污水处理厂(含排水体制)、固废处置等环保基础设施建设概况和当地一只要求。规划如有明显缺陷或问题应予以阐述。建设项目在开发区(工业小区)内建设，需附当地环保主管部门对开发区(工业小区)环保规划的批复意见。

(2)环境功能区划和环境标准、排放标准。说明评价区域水、气、声环境功能类别划分，按环境功能分别列出相应环境质量标准和排放标准(浓度限值、排放速率、无组织排放厂界浓度限值、标准文号等)。若国内无标准应参照国外标准。

(3)环境保护敏感目标。描述评价区域内居民区、学校、医院、自然保护区、风景名胜区、文物古迹、饮用水源保护区、取水口等，按表10-5填写。

表10-5　主要环境保护目标

环境要素	环境保护对象名称	方位	距离/m	规模*	环境功能
空气环境					
水环境					
声环境					

*：如水厂取水口为t/d；居住区(点)为户数/人数；医院为床位数。

3. 附图及要求

(1)地理位置图。图示评价区范围、厂址、交通干线、主要河流、湖泊、水库、湿地、城镇、厂矿企业、自然人文景观、列出空气环境质量监测点位等主要环境敏感目标，附风玫瑰图、图例和比例尺(1∶50 000～1∶100 000)。

(2)水系图。图示主要河流、湖泊、水库、流向(主、次)、水工设施、厂址、污水排口位置(含污水处理厂)、饮用水源保护区范围、取水口、水产养殖区等敏感目标。附比例尺(1∶50 000～1∶100 000)和指北向。标出水环境现状监测断面。

(3)规划图。开发区、工业小区发展规划图、城镇总体规划图，图示土地利用规划(需要时应增加现状图)、项目位置、热电厂、污水处理厂等。附图例、比例尺(1∶50 000～1∶100 000)。

(二)工程分析

1. 拟建工程项目概况

(1)项目名称、建设性质(新建、技改扩建)、投资总额、环保投资。

(2)项目建设内容。根据项目特点，按主体工程、配套辅助公用工程分别按表 10-6、表 10-7 填写，技改扩工程应说明技改前后产品方案的变化。

表 10-6 主体工程及产品方案

序号	工程名称(车间或生产线)	产品名称及规格	设计能力			年运行时数
			技改前	技改后	增量	

注：新建项目技改前填“0”。

表 10-7 公用及辅助工程

	建设名称	设计能力	备注
贮运工程			
公用工程	给水、排水、供热、供汽、供电、供气、绿化等		
环保工程	废气处理		
	废水处理		
	…		

(3)厂区总平面布置图。图示主要生产装置，公用工程、化学品库等及污染源位置(排气筒、排污口、噪声源、固废贮存场地等)。技改项目标明已建、在建和拟建项目区。附图例、指北向及比例尺(1∶3 000～1∶5 000)。

(4)厂界周围状况图。图示厂界外不少于 500 m 的土地利用现状和主要环境敏感保护目标。图比例尺(1∶5 000～1∶10 000)。

2. 技改、扩建项目依托单位概况

简述依托单位已建、在建项目概况(含公用工程)，统计汇总主要污染源污染物排放现状，及现有污染治理设施运行状况，分析总结目前存在的主要环境问题。

3. 生产工艺流程及原辅料能源消耗

(1)化学反应方程式及生产工艺流程。列出主要化学反应方程式。绘制生产工艺流程框图，图示主要原辅料投加点、主要中间产物、副产品及产品产生点、污染物产生环节(按废水、废气、固废、噪声分别编号)、物料回收或循环环节。结合工艺流程框图作简要说明。

(2)物料能源消耗。主要原辅料能源消耗按表 10-8 填写。

表 10-8 主要原辅料及能源消耗

类别	名称	重要组份、规格、指标	单耗 /(t·t^{-1}产品)	年耗量 /(t·a^{-1})	来源及运输
原料					
辅料					
燃料					
新鲜水					
电					
汽					
气					

(3)主要原辅料理化性质、毒性毒理。按表 10-9 填写主要原辅料理化性质、毒性毒理。

表 10-9 主要原辅料、中间产品、产品理化性质、毒性毒理

名称、分子式	理化特性	燃烧爆炸性	毒性毒理

(4)主要生产设备、公用及贮运设备。按表 10-10 填写主要设备清单。技改扩项目应说明设备变化(淘汰、新增、扩容)情况。

表 10-10 主要设备清单

类型	名称	规模型号	数量(台或套)	产地
生产				
公用				
贮运				

4. 污染源分析(污染物产生量分析)

(1)物料平衡。根据项目特点和生产工艺流程图按表 10-11 填写物料平衡表，并绘制物料平衡图，对有毒有害化学品、重金属等特征物质须作单独平衡。

表 10-11　××装置物料平衡表

序号	入方		出方				
	物料名称	数量	产品	副产品	废气	废水	固废(液)
合计							

注：表中数据涉及单位用 kg(t、10^4 t)/a。

(2)水量平衡。绘制水量平衡图，图示各生产工段用排水、公用工程用排水和生活用排水、绿化用水、循环水量、套用回用水量、损耗水量、初期雨水(化工等项目)等。技扩改项目应分别绘制技改前后全厂水平衡图(需图示水回用路线)。叙述节水的具体措施并给出量化指标。

(3)污染源强分析。结合生产工艺流程图和物料平衡、水量平衡，污染物产生源强分别按表 10-12～表 10-16 填写。技改项目分别列出新增源强和扩建后源强。非正常和事故排放源强参照填写。

表 10-12　××装置(生产线)有组织废气产生源强

种类	编号	污染源		污染物产生量/($kg \cdot h^{-1}$)			排放源参数			拟采取的处理方式	排放方式及去向
		名称	废气量/($m^3 \cdot h^{-1}$)	SO_2	TSP	…	高度/m	直径/m	温度/℃		
废气	G1 G2 ⋮ G*n*										

表 10-13　无组织排放废气产生源强

序号	污染源位置	污染物产生量/($t \cdot a^{-1}$)	面源面积	面源高度
1 2 ⋮ *n*				

表 10-14　废水产生源强

废水来源	编号	废水量/($t \cdot d^{-1}$)	污染物产生量						拟采取的处理方式	排放方式及去向
			COD		氨氮		…			
			浓度/($mg \cdot L^{-1}$)	排放量/($kg \cdot d^{-1}$)	浓度/($mg \cdot L^{-1}$)	排放量/($kg \cdot d^{-1}$)	…	…		
生产废水	W_1									
	W_2									
	⋮									
	W_n									

续表

废水来源	编号	废水量/$(t \cdot d^{-1})$	污染物产生量						拟采取的处理方式	排放方式及去向
			COD		氨氮		…			
			浓度/$(mg \cdot L^{-1})$	排放量/$(kg \cdot d^{-1})$	浓度/$(mg \cdot L^{-1})$	排放量/$(kg \cdot d^{-1})$	…	…		
生活污水	…									
净下水（循环等排水）	…									
初期雨水	…									
⋮	…									

表 10-15　噪声设备

序号	设备名称	声级值/[dB(A)]	所在车间(工段)名称	距厂界位置/m
⋮				

表 10-16　固废产生源强

序号	名称	分类编号	性状	产生量/$(t \cdot a^{-1})$	含水率/%	拟采取的处理处置方式
⋮						

5. 污染物排放量

结合污染物产生及治理措施，按表 10-17～表 10-20，分别填写大气、水、固废污染物排放状况，并汇总污染物产生量、削减量和排放量三本帐。技扩改项目给出“以新带老”削减量。

表 10-17　水污染物排放状况

种类	编号	废水量/$(\times 10^4\ t \cdot a^{-1})$	污染物名称	污染物产生量		治理措施	污染物排放量		标准浓度限值/$(mg \cdot L^{-1})$	排放方式与去向
				浓度/$(mg \cdot L^{-1})$	产生量/$(t \cdot a^{-1})$		浓度/$(mg \cdot L^{-1})$	产生量/$(t \cdot a^{-1})$		
生产废水	W_1 W_2 ⋮ W_n									
生活污水										
清净排水										
⋮										

表 10-18 噪声

设备名称	等效声级	治理措施	降噪效果	预计厂界噪声值	标准限值
⋮					

表 10-19 固废

名称	分类编号	产生量/(t·a^{-1})	性状	含水率/%	综合利用方式及其数量/(t·a^{-1})	处理处置方式及其数量/(t·a^{-1})
⋮						

表 10-20 污染物排放量汇总 (单位：t/a)

<table>
<tr><th>种类</th><th>污染物名称</th><th>产生量</th><th>削减量</th><th>排放量</th><th>“以新带老”削减量</th><th>技改前后变化量</th></tr>
<tr><td rowspan="2">废水</td><td>COD</td><td></td><td></td><td></td><td></td><td></td></tr>
<tr><td>⋮</td><td></td><td></td><td></td><td></td><td></td></tr>
<tr><td rowspan="2">废气</td><td>SO_2</td><td></td><td></td><td></td><td></td><td></td></tr>
<tr><td>⋮</td><td></td><td></td><td></td><td></td><td></td></tr>
<tr><td rowspan="3">固废</td><td>工业固废</td><td></td><td rowspan="3">按利用量、贮存量、处置量分类</td><td></td><td></td><td></td></tr>
<tr><td>危险固废</td><td></td><td></td><td></td><td></td></tr>
<tr><td>生活垃圾</td><td></td><td></td><td></td><td></td></tr>
</table>

(三)污染防治措施评述

对拟采取的污染防治对策措施从技术和经济双重角度进行评述，提出改进、完善措施或替代方案。措施应具有针对性，对环境工程设计具有指导作用，为环境管理提供依据。

1. 废气防治措施评述

分别详述生产工艺废气、燃料燃烧废气、贮运系统等废气采取的治理设施名称、处理规模、处理工艺、污染物去除率等，说明废气收集系统、回收系统等。

2. 废水防治措施评述

详述厂区排水体制、污水处理能力、处理工艺(附污水处理工艺流程图)、各处理工段污染物去除率。

3. 噪声治理措施评述

详述各高噪声设备采取的具体除噪措施和除噪效果。

4. 固废(废液)治理措施评述

详述各类固废厂内收集、贮存方式、综合利用途径、贮存处置方案及是否达到国家固废法及相关标准的要求，危险废物处置应说明处置单位名称、处置资质、处置能力、处置工艺及效果，附相应协议书及资质证书。

5. 电磁辐射、放射性污染防治措施

详述拟采取的辐射防护、放射性污染治理具体措施及其效果。

6. “以新带老”防治措施评述

技改扩建项目应结合目前存在的主要问题，明确“以新带老”的整改方案及其效果。

7. 达标排放分析要求

从废水、废气治理设施处理能力、处理工艺、处理效果等方面，评述其长期稳定达标技术可行性和经济合理性。对废气、废水、固废、噪声、电磁辐射、放射性等污染源按各排气筒、污水排口(一类污染物车间排口)、厂界噪声等采用相应评价标准进行达标分析。说明拟采取的污染防治措施国内成功运行实例。污水进区域集中污水处理厂者应详述污水处理厂处理能力、服务范围、处理工艺、污水处理厂进、出水质要求等，论述厂区污水由污水处理厂集中处理的可行性。

8. 补充对策和替代方案

针对不能稳定达标排放或治理措施不具先进性、技术可行性和经济合理性者提出改进、补充对策措施，必要时提出替代方案。

9. 绿化

明确绿化率指标，化工等项目应细化绿化方案(厂界绿化防护林带宽度、长度、树种等)。

10. 环保措施投资

建设项目污染治理措施“三同时”及“以新带老”措施、效果及投资概算按表10-21填写。

表10-21 环保措施投资清单

污染源	环保设施名称	环保投资/万元	效果	进度
废水				
废气				
固废				
噪声				
绿化				
监测仪器				
排污口整治等				
清污分流管网建设				

(四)清洁生产分析

1. 产业政策相符性

简述建设项目国家相关产业政策概要，说明属于鼓励、限制或禁止类别。

2. 清洁生产全过程污染控制分析

从原辅料清洁性和产品质量、工艺路线和设备的先进性、控制污染、节能降耗、节水等方面进行分析。与同类企业先进水平比较其物耗、能耗、新鲜水耗、污染物产生和排放水平。如有明显差距，应提出进一步实施清洁生产具体途径。明确水重复利用率指标，提出具体节水措施。指标比较按表10-22填写。

表10-22　主要物料、能耗及排污比较

类别	名称	产品/[kg(t、m^3)·t^{-1}]	本项目	技改前	同类企业先进水平
物耗					
能耗	煤、电、气、新鲜水等				
污染物	SO_2 烟尘 COD				

(五)区域污染源调查分析

1. 废气污染源调查分析

污染源资料要求翔实可靠。

按表10-23、表10-24填写大气污染源排放状况，按表10-25、表10-26填写水污染源排放状况。

表10-23　评价区域内大气污染源排放状况

序号	污染源名称	废气排放量/($\times 10^4$ m^3·a^{-1})	污染物排放量/(t·a^{-1})			
			烟尘	SO_2	粉尘	特征污染物

表10-24　评价区域内大气污染源等标污染负荷及等标污染负荷比

污染源名称	$P_{烟尘}$	$P_{粉尘}$	P_{SO_2}	$P_{特征因子}$	$\sum Pn$	Kn/%	排序
⋮							

表10-25　评价区域内废水污染源排放状况

序号	污染源名称	废水量/($\times 10^4$ t·a^{-1})	COD/(t·a^{-1})	氨氮/(t·a^{-1})	…	排放去向
⋮						

表 10-26 评价区域内废水污染源等标污染负荷

序号	污染源名称	P_{COD}	$P_{氨氮}$	…	$\sum Pn$	$Kn/\%$	排序
⋮							

2. 区域污染源分析

描述区域主要污染源污染物达标状况，分析区域内削减污染物排放量的可行性和企业间废物互相利用的途径，即用循环经济理念来分析，突出与本项目污染物排放相同的企业，说明废水排放去向。图示主要污染源位置。

(六)环境质量现状评价

1. 环境质量现状监测

环境现状监测资料应翔实、并要求具代表性、有效性、合法性。监测因子结合项目特点，一般是监测主要常规因子和特征因子。

空气环境监测点按表 10-27 填写，监测结果按表 10-28～表 10-30 填写。水环境监测断面按表 10-31 填写，监测结果按表 10-32 填写。噪声结果按表 10-33 填写。

分别绘制空气环境、水环境、声环境监测布点(断面)图。空气环境监测布点图应图示评价范围、主要空气环境保护目标，附风玫瑰图和比例尺。水质监测断面拟在水系图上标明。厂界噪声监测布点图上应标明主要噪声源、声环境保护目标。水、气、声监测点编号图表一致。监测时间频次按规定要求。

表 10-27 空气环境现状监测点位

监测点编号	名称	方位	距离	监测项目	所在环境功能
G_1					
⋮					

表 10-28 SO_2(NO_2，…)监测结果汇总

监测点编号	名称	小时浓度			日均浓度		
		范围/($mg\cdot m^{-3}$)	超标率/%	最大超标倍数	范围/($mg\cdot m^{-3}$)	超标率/%	最大超标倍数

表 10-29 TSP(PM_{10})监测结果汇总

监测点号	名称	日均浓度范围/($mg\cdot m^{-3}$)	超标率/%	最大超标倍数

表 10-30 NH_3(无组织排放污染物)监测结果汇总

监测点号	名称	厂界最大浓度/($mg\cdot m^{-3}$)	超标率/%	最大超标倍数

表 10-31 水质监测断面

河流名称	监测断面	距排口距离	离岸边距离	监测项目
⋮	W_1 W_2 ⋮			

表 10-32 水质监测结果汇总(pH 除外) (单位：mg/L)

测点号及断面名称	项目	pH	COD	氨氮	…	特征因子
W_1 ⋮	最大值 最小值 平均值					
⋮						

表 10-33 厂界噪声监测结果汇总

监测点号	环境功能	昼间/[dB(A)]	达标状况	夜间/[dB(A)]	达标状况
N_1 ⋮					

2. 现状评价

根据监测结果，采用单因子指数法评价区域环境质量，如存在超标现象必须分析超标原因。

(七)环境影响预测评价

1. 影响预测

列出排放源参数。分析气象特征、水文特征，明确本次预测计算所采用的模型参数及具体预测内容(方案)。大气预测应计算典型日气象条件主要空气环境保护目标日均浓度。典型日气象条件按表 10-34 填写。水质预测按不同流向、流速、闸开启关闭、涨落潮及不同运行工况进行预测。

表 10-34 典型日气象条件

时间	02		05		08		11		14		17		20		23	
典型日	1#	2#	1#	2#	1#	2#	1#	2#	1#	2#	1#	2#	1#	2#	1#	2#
风向																
风速																
气温																
稳定度																

2. 影响评价

新建项目预测结果应叠加本底浓度，并考虑区域内在建、拟建项目同类污染物排放的叠加影响，明确影响范围和程度。技改扩项目若增产不增污(减污)，环境影响预测可简化，必要时只预测事故状态对保护目标的影响。

无组织排放废气源还应估算其卫生防护距离，说明源与厂界位置及与保护目标相对位置。对卫生防护距离内土地利用提出合理建设。

(八)总量控制分析

1. 新建项目污染物排放兑量及技改扩项目情况

新建项目污染物排放总量按表 10-35 填写，技改扩项目按表 10-36 填写。

2. 总量平衡方案

明确新建项目污染物排放总量指标来源，说明由当地环保部门认可的污染物总量指标调拨单位名称、污染物原排放指标量、削减方案(关、停、污染治理措施)、实施后可让出的指标量和调拨计划。

表 10-35 新建项目污染物排放总量指标 （单位：t/a）

污染物名称		产生量	削减量	预测排放量 *	建议申请量	区域平衡替代削减量
废气	SO_2					
	烟尘					
	粉尘					
	特征因子					
废水	COD					
	氨氮					
	石油类					
	总磷					
	特征因子					
固废						

*：预测排放量=废气(水)单位时间排放量×一年内排放的单位时间累计数×污染物排放浓度限值［标准限值或设计(预测)限值］。要对预测排放量的计算过程予以说明。

表 10-36 技扩改项目污染物排放总量指标 （单位：t/a）

污染物名称		技改前（已建+在建）		技改工程			技改后（已建+在建+拟建）			技改前后减量
		实际排放量	核定排放量	产生量	削减量	排放量*	以新带老削减量	预测排放总量	建议排放总量	
废气	SO_2									
	烟尘									
	粉尘									
	特征污染物									

污染物名称		技改前（已建+在建）		技改工程			技改后（已建+在建+拟建）			技改前后减量
		实际排放量	核定排放量	产生量	削减量	排放量*	以新带老削减量	预测排放总量	建议排放总量	
废水	COD									
	氨氮									
	石油类									
	总磷									
	特征污染物									
固废										

技扩改项目原则上应增产不增污或减污，如不能实现，则要结合当地污染控制要求(说明所在区域是否属于“两控区”)和环境质量，新增污染物排放总量平衡方案的实施必须保证当地环境功能不降低。在环境功能现状不能满足要求的区域内建设项目，且污染物有所增加，须通过区域内污染源削减腾出容量，并促进区域环境质量改善，区域综合整治削减量必须显著大于项目新增污染物量。平衡方案须明确、具体、可行。

若污水接入区域污水处理厂，应列出水污染物接管考核量。清下水中污染物(COD、SS)量单列。

(九)环境风险评估

根据建设项目特点(一般为化工项目)设环境风险评价专章。界定建设项目风险识别范围和进行风险类型确定。调查同类项目事故资料。确定事故源强及发生概率，预测事故排放状况下污染物转移及危害形式，提出事故防范对策措施和应急预案，说明采取防范应急措施前后的影响范围和程度。

(十)公众参与

说明公众参与调查方式，被调查公众应具代表性、广泛性，要分析被调查人员与项目的关系，特别是区位关系。在调查时应如实告诉被调查人有关建设项目的概况、拟采取的污染防治措施及影响预测情况，然后再由被调查人反馈意见。汇总公众的意见与建议。对持反对项目建设的意见应分析其原因，并提出处理意见。调查结论应客观公正。

(十一)结论

建设项目与国家政策法规的相符性；厂址与区域总体规划和环保规划的相符性、与区域总量控制要求的相符性；污染物排放达标可行性；项目投产后地区环境质量与环境功能的相符性；清洁生产水平；公众参与情况等方面阐述项目建设的环境可行性，并简述相应依据。结论务必明确、客观、公正。

注意，报告书每页文字拟 28 行×32 字，图幅不小于 160 mm×200 mm。

思 考 题

1. 如何界定环境影响报告书?

2. 环境影响报告表的主要内容格式包含哪些?

3. 四川省环保厅要求建设项目环境影响报告书（表）中监测布点图应反映哪些内容?

4. 四川省建设项目环境影响报告书中的“五图四表”是指什么?

5. 江苏省环保厅要求建设项目环境影响报告书（表）中工程分析包含哪些内容?

第十一章　环境影响评价上岗证的获得

从事环境影响评价职业，必须经过上岗培训及上岗培训考试，取得环境影响评价岗位证书，方有资格编写环境影响评价文件。本章重点介绍如何取得环境影响评价岗位证书。

第一节　环境影响评价持证上岗培训与考试大纲

随着国家环境保护法律法规和技术标准的更新，环境影响评价持证上岗培训教材也在不断更新。本节内容为2003年6月24日，国家环保总局给出的环境影响评价持证上岗培训考试大纲，可供参加培训班的人员学习参考。本大纲对环境影响评价相关知识由低到高提出了解、熟悉、掌握三个层次的要求，它们分别为：

了解，指经过培训有初步的认识；

熟悉，指经过培训能够理解并简单应用；

掌握，指经过培训能够理解、记住并在实际工作中运用。

考试大纲如下。

一、环境影响评价与管理概论

(1)了解有关环境的基本概念；

(2)熟悉我国环境保护的法律体系和主要的法律制度；

(3)掌握建设项目环境影响评价制度的特点；

(4)了解规划环境影响评价。

二、环境影响评价的技术要求

1. 环境影响评价遵循的基本技术原则

(1)了解环境影响评价要解决的基本问题；

(2)了解环境影响评价遵循的基本技术原则。

2. 环境影响评价的基本内容和工作程序

(1)熟悉环境影响评价的工作程序；

(2)掌握建设项目环境影响评价的主要内容和基本要求；

(3)了解规划环境影响评价和开发区环境影响评价的主要内容和基本要求。

3. 环境影响评价技术文件的编制要求

(1)了解规划环境影响评价技术文件编制的要求;

(2)熟悉建设项目环境影响报告书和环境影响评价大纲编制的技术要求。

三、污染源调查与工程分析

1. 污染源调查

(1)了解污染源与污染物分类及其调查方法;

(2)了解不同类型污染源调查的主要内容;

(3)掌握污染物排放量(源强)确定的方法。

2. 工程分析

(1)了解工程分析的作用;

(2)熟悉工程分析的技术原则;

(3)掌握工程分析的方法、内容和要点;

(4)掌握总量控制建议指标提出的基本要求;

(5)掌握项目建设外环境调查的基本要求;

(6)熟悉典型行业建设项目环境问题分析要点。

四、清洁生产评价

1. 清洁生产概述

(1)掌握清洁生产的定义,审核的基本思路;

(2)了解清洁生产促进法的主要内容;

(3)掌握分析废弃物产生的原因和产生方案的 8 个方面。

2. 清洁生产评价指标体系

掌握清洁生产指标选取原则及评价指标的含义。

3. 清洁生产评价方法

掌握评价方法、评价程序和评价等级。

4. 清洁生产标准介绍

了解典型行业清洁生产标准。

五、大气环境影响评价

1. 概述

(1)熟悉大气污染的有关概念;

(2)了解大气环境影响评价的任务、特点及工作程序。

2. 评价等级

(1)掌握大气环境影响评价等级划分的判别方法;

(2)熟悉各等级大气环境影响评价基本的工作内容。

3. 大气环境质量现状调查与评价

(1)掌握大气环境质量现状监测的布点原则、方法及监测制度；

(2)熟悉大气环境质量现状评价方法。

4. 污染气象

(1)熟悉风场的有关概念及污染特征；

(2)熟悉大气稳定度、逆温的含义，掌握P-T大气稳定度判别方法；

(3)掌握大气扩散参数的含义及其经验公式；

(4)熟悉大气边界层内风速随高度变化的统计分析方法；

(5)了解常见的不利气象条件及其特点；

(6)了解污染气象调查的基本内容。

5. 大气环境影响预测

(1)了解大气环境影响预测的目的、方法、工作内容；

(2)熟悉有风点源高斯烟羽扩散模式适用条件及特点，掌握地面轴线及最大落地浓度计算；

(3)了解静小风、颗粒物、面源及长期浓度计算模式，卫生防护距离的估算方法。

六、地表水环境影响评价

1. 概述

(1)掌握水质污染因子的分类；

(2)熟悉水环境保护目标及水环境影响评价的主要任务和基本思路。

2. 地面水环境影响评价等级

(1)掌握地面水环境影响评价等级划分的依据及判定方法；

(2)了解各等级地面水环境影响评价主要工作内容的不同要求。

3. 地面水环境现状调查与评价

(1)了解地面水环境现状调查的主要内容和方法，范围与时间选择的原则，评价的原则及评价依据；

(2)掌握水质采样点位布设的原则，熟悉地面水质环境现状调查与评价因子的选择；

(3)了解环境水文条件调查分析的内容和常用环境水文特征值获取的基本方法；

(4)掌握水质监测成果数据处理与地面水环境质量现状评价的基本方法。

4. 地面水环境影响预测

(1)熟悉地面水环境影响预测的方法类别，基本原理及水体自净的机理与分类；

(2)熟悉水质均匀混合的定义与水质混合过程段的划分；

(3)了解地面水环境影响预测条件的确定。

5. 水质模型的应用

(1)掌握河流完全混合模式、点源一维水质模式，熟悉相应的适用条件；

(2)了解二维稳态混合模式；

(3)熟悉常用水质模型衰减系数的率定方法。

6. 地面水环境污染的控制与管理

了解地面水环境污染的主要控制管理要求及控制的主要途径。

七、声环境影响评价

1. 概述

(1)熟悉噪声、环境噪声的基本概念、主要特征、来源和分类；

(2)熟悉噪声对人的主要影响，噪声允许范围标准和了解相关评价标准。

2. 环境噪声的评价量

(1)熟悉声压、基准声压(听阈)和痛阈的含义，声压级物理含义、单位和换算公式；

(2)掌握噪声级相加计算方法及其应用；

(3)掌握点声源随距离衰减公式含义及其应用，了解线声源随距离衰减公式含义；

(4)掌握环境噪声评价量名称；

(5)熟悉等效连续 A 声级的概念和应用，计权有效连续感觉噪声级的含义和用途；

(6)了解昼夜等效声级、统计噪声级的含义。

3. 声环境影响评价工作

(1)熟悉声环境影响评价的基本任务、总原则、工作等级的划分依据；

(2)了解声环境影响评价各等级工作内容要求。

4. 典型工程

(1)了解各典型工程声环境影响评价的主要技术原则和方法；

(2)了解环境噪声现状监测布点及防治噪声污染的基本原则。

八、生态环境影响评价

1. 基本概念

(1)熟悉种群、群落、生态系统基本概念；

(2)熟悉生态系统的主要类型和基本特征；

(3)了解群落演替和生态环境功能；

(4)熟悉生物多样性意义；

(5)了解生态环境影响概念。

2. 生态环境评价一般技术要求

(1)了解生态环境影响评价技术要求，范围、等级及标准；

(2)熟悉工程分析技术要点和生态环境影响评价识别技术要点；

(3)了解水利、水电项目工程分析内容。

3. 生态环境现状调查与评价

(1)了解生态环境现状调查与评价的含义、评价要求；

(2)熟悉生态环境调查的基本内容、生态学植被调查方法；

(3)掌握生态环境敏感保护目标的识辩；
(4)了解重要生态环境功能区。

4. 生态环境影响预测与评价

了解生态环境影响预测与评价的基本含义，评价的指标与基本方法。

5. 生态环境保护措施

(1)熟悉生态环境影响评价措施基本要求；
(2)了解减缓生态环境影响评价的工程措施；
(3)了解生态环境监理内容，环境监测的基本概念；
(4)熟悉绿化方案编制技术要点。

6. 相关问题

(1)了解水土保持方案基本要求；
(2)熟悉景观影响评价主要内容。

九、固体废物的环境影响评价

1. 基本概念

(1)了解固体废物来源及对环境的影响；
(2)熟悉固体废物的管理理念和管理制度；
(3)掌握固体废物的分类、危险废物的特性及鉴别方法。

2. 固体废物处理与处置技术

(1)了解生活垃圾焚烧、填埋处理技术；
(2)熟悉垃圾填埋场的主要环境影响；
(3)了解危险废物和医疗废物处置基本方法；
(4)掌握危险废物焚烧中预处理工艺和控制二噁英的生成；
(5)掌握《危险废物焚烧的污染控制标准》的主要内容。

3. 固体废物环境影响评价

(1)了解固体废物包括危险废物、医疗废物环境影响评价的特点；
(2)熟悉固体废物(包括危险废物、医疗废物)处置设施厂(场)址选择的基本要求；
(3)掌握垃圾填埋场的环境影响评价内容；
(4)掌握一般工程的固体废物和危险废物的环境影响评价内容；
(5)掌握危险废物与医疗废物处置设施环评“技术原则”的基本内容及要点。

十、环境监测

1. 监测计划的制定依据

(1)掌握环境标准体系与选用原则；

(2)了解评价项目的分析与监测因子筛选、原材料、辅料、工艺流程、产品和副产品。

2. 环境监测方案的制定

(1)了解监测方案的基本构成、实施与委托监测;

(2)掌握环境空气、地表水和土壤监测点位布设原则。

3. 了解几个基本要素的环境监测方案

(1)空气和废气;

(2)水和废水，并掌握一类污染物、二类污染物及监测、布点原则;

(3)土壤;

(4)环境噪声。

4. 监测数据的合理性判断与选用

(1)掌握检测限、灵敏度、定量下限、最佳测定范围、校准曲线、监测数据的五性、总氮、氨氮、PM_{10}、TSP、NOx 的基本概念;

(2)了解磷酸盐与总磷的概念;

(3)掌握“三氧”的概念及其相关性;

(4)了解以往环评与监测中不合理数据的实例分析。

十一、环境影响的经济损益分析

1. 概论

(1)掌握环境影响经济损益分析的基本内容;

(2)了解“环境影响经济损益分析”与“社会经济环境影响评价”“环境保护措施的技术经济分析”以及环境影响评价其他部分之间的关系。

2. 环境影响经济损益分析的步骤，及其中涉及的基本概念、理论和方法

(1)掌握环境影响经济损益分析的一般步骤;

(2)了解在损益分析中筛选环境影响的原则;

(3)熟悉环境价值的构成、主要的环境价值评估技术(方法);

(4)了解计量环境价值的理论、经济现金流量表、贴现率;

(5)熟悉经济净现值、经济内部收益率的计算公式以及如何用这两个指标判定项目的可行性;

(6)了解损益分析中的敏感性分析。

关于环境影响评价岗位培训教材，以当年每期国家环境保护部评估中心办培训班所用环境影响评价岗位培训教材为准。

第二节 考试必备知识点

环境影响评价上岗培训制度，已有十多年历史。上岗培训材料不断更新变化。编者认为，2001 年版上岗培训教材知识考点，是环境影响评价上岗人员和工程师必须掌握的基本知识。现将知识考点作了适当修改补充，供做环境影响评价项目时参考。

一、环境影响评价与管理概论

1. 环境概念 1

环境是以人为主体，围绕着人群的空间以及其中可以直接、间接影响人类生活和发展的各种自然因素和社会因素的总称。

2. 环境概念 2

根据《环境保护法》，环境指影响人类生存和发展的各种天然的和经过人工改造的自然因素的总体，包括大气、水、海洋、土地、矿藏、森林、草原、野生生物、自然遗迹、人文遗迹、自然保护区、风景名胜区、城市和乡村等。

3. 环境要素

环境要素也称作环境基质，是构成人类环境整体的各个独立的、性质不同的而又服从整体演化规律的基本物质组分。环境要素分为自然环境要素和社会环境要素。

4. 环境的基本特征

环境的基本特征包括整体性与区域性、变动性与稳定性、资源性与价值性。

5. 环境质量

环境质量是指环境优劣的程度，指一个具体的环境中，环境总体或某些要素对人群健康、生存和繁衍以及社会经济发展适宜度的量化表达。

6. 环境容量

环境容量是对一个地区的一定的环境要素，根据其自然净化能力，在特定的污染源强布局结构条件下，为达环境目标值，所允许污染物最大排放量。

7. 环境影响

环境影响指人类活动(经济活动和社会活动)对环境的作用和导致的环境变化以及由此引起的对人类社会和经济的效应。

8. 环境影响评价(法)

环境影响评价(法)指对规划和建设项目实施后所造成的环境影响进行分析、预测和评估，提出预防或减轻不良环境影响的对策和措施，进行跟踪监测的方法与制度。

9. 环境影响评价的类别

按时间顺序：环境质量评价、环境影响预测与评估、环境影响后评估。

按评价对象：规划、区域、建设项目环境影响评价。

按评价目的要求：单要素、多要素环境影响评价。

按环境要素：大气、水、声、生态和固体废物。

10. 环境影响后评价(法)

环境影响后评价(法)就是对建设项目实施后的环境影响以及防范措施的有效性进行跟踪监测和验证性评价，并提出补救方案或措施，实现项目建设与环境相协调的方法与制度。

11. 环境影响评价制度的由来

美国是世界上第一个把环境影响评价用法律要求固定下来并建立环境影响评价制度

的国家。

12. 环境影响评价的作用

(1)可明确开发建设者的环境责任及规定应采取的行动；

(2)可为建设项目的工程设计提出环保要求和建议；

(3)可为环境管理者提供对建设项目实施有效管理的科学依据。

13. 环境影响评价的重要性

(1)保证建设项目选址和布局的合理性；

(2)指导环境保护设计，强化环境管理；

(3)为区域的社会经济发展提供导向；

(4)促进相关环境科学技术的发展。

14. 环境影响评价的基本原则

(1)符合国家的产业政策、环保政策和法规；

(2)符合流域、区域功能规划、生态保护规划和城市发展总体规划，布局合理；

(3)符合清洁生产的原则；

(4)符合国家有关生物化学、生物多样性等生态的法规和政策；

(5)符合国家资源综合利用的政策；

(6)符合国家土地利用的政策；

(7)符合国家和地方规定的总量控制要求；

(8)符合污染物达标排放和区域环境质量的要求。

15. 环境影响评价的基本功能

(1)判断功能；

(2)预测功能；

(3)选择功能；

(4)导向功能。

16. 环境影响评价的技术基础

环境影响评价的技术基础包括环境监测技术、污染物扩散规律、环境质量对人体健康影响、自然界自净能力。

17. 我国环境影响评价制度的含义

(1)这项制度是通过环境影响评价分析，预测人为活动造成环境质量变化的一种科学方法和技术手段；

(2)将这些科学方法和技术手段法律化、程序化。

18. 我国环境影响评价制度的法律体系

(1)宪法关于环保的规定；

(2)环境保护基本法——环境保护法、环境影响评价法；

(3)环境保护单行法；

(4)环保行政法规；

(5)环保部门规章；

(6)环保地方性法规和规章；

(7)环境标准；

(8)环境保护国际条约。

19. 我国环境影响评价制度的特点

(1)法律强制性；

(2)除建设项目外，规划也应进行环境影响评价；

(3)纳入基本建设程序；

(4)分类管理，分级审批；

(5)环境影响评价资格审查制度；

(6)专家评审。

20. 分类管理

(1)国家根据建设项目对环境的影响程度，按照下列规定对建设项目实行环境保护分类管理：

①建设项目对环境可能造成重大影响的，应当编制环境影响报告书，对建设项目产生的污染和对环境的影响进行全面、详细的评价。

A、原料、产品或生产过程中涉及的污染物种类多、数量大或毒性大、难以在环境中降解的建设项目；

B、可能造成生态系统结构重大变化、重要生态功能改变、或生物多样性明显减少的建设项目；

C、可能对脆弱生态系统产生较大影响或可能引发和加剧自然灾害的建设项目；

D、容易引起跨行政区环境影响纠纷的建设项目；

E、所有流域开发、开发区建设、城市新区建设和旧区改建等区域性开发活动或建设项目。

②建设项目对环境可能造成轻度影响的，应当编制环境影响报告表，对建设项目产生的污染和对环境的影响进行分析或者专项评价。

A、污染因素单一，而且污染物种类少、产生量小或毒性较低的建设项目；

B、对地形、地貌、水文、土壤、生物多样性等有一定影响，但不改变生态系统结构和功能的建设项目；

C、基本不对环境敏感区造成影响的小型建设项目。

③建设项目对环境影响很小，不需要进行环境影响评价的，应当填报环境影响登记表。

A、基本不产生废水、废气、废渣、粉尘、恶臭、噪声、震动、热污染、放射性、电磁波等不利环境影响的建设项目；

B、基本不改变地形、地貌、水文、土壤、生物多样性等，不改变生态系统结构和功能的建设项目；

C、不对环境敏感区造成影响的小型建设项目。

(2)未列入本名录的建设项目，由省级环境保护行政主管部门根据上述原则，确定其环境保护管理类别，并报送国家环境保护总局备案。

21. 环境敏感区

(1)需特殊保护地区：饮用水水源保护区、自然保护区、风景名胜区、生态功能保护区、基本农田保护区、水土流失重点防治区、森林公园、地质公园、世界遗产地、国家重点文物保护单位、历史文化保护地等。

(2)生态敏感与脆弱区：沙尘暴源区、荒漠中的绿洲、严重缺水地区、珍稀动植物栖息地或特殊生态系统、天然林、热带雨林、红树林、珊瑚礁、鱼虾产卵场、重要湿地和天然渔场等。

(3)社会关注区：人口密集区、文教区、党政机关集中的办公地点、疗养地、医院等。

22. 环境影响评价资格审查制度

评价资格证书分为甲、乙两个等级，由国务院环境保护主管部门颁发环境影响评价资格证书。证书有效期 5 年，目前有 18 个行业类别。

23. 必须做环境影响评价的项目

必须做环境影响评价的项目包括新建、改建、扩建、技术改造项目。

24. 环境标准

环境标准是为了防止环境污染，维护生态平衡，保护人群健康，对环境保护工作中需要统一的各项技术规范和技术要求所作的规定。环境标准分为国家环境标准和地方环境标准。

25. 环境标准的地位和作用

环境标准是国家环境保护法规的重要组成部分；是环境保护规划的体现；是环境保护行政主管部门依法行政的依据；是推动环境保护科技进步的一个动力；是进行环境影响评价的准绳；具有投资导向作用。

26. 标准体系

1)国家环境保护标准

(1)国家环境质量标准：是为保障人群健康、维护生态环境和保障社会物质财富，并考虑技术、经济条件，对环境中有害物质和因素所作的限制性规定。国家环境质量标准是一定时期内衡量环境优劣程度的标准，从某种意义上讲是环境质量的目标标准。

(2)国家污染物排放标准(或控制标准)：是根据国家环境质量标准，以及适用的污染控制技术，并考虑经济承受能力，对排入环境的有害物质和产生污染的各种因素所作的限制性规定，是对污染源控制的标准。

(3)国家环境监测方法标准：为监测环境质量和污染物排放，规范采样、分析测试、数据处理等所作的统一规定(是指对分析方法、测定方法、采样方法、试验方法、检验方法、生产方法、操作方法等所作的统一规定。环境中最常见的是分析方法、测定方法、采样方法)。

(4)国家环境标准样品标准：为保证环境监测数据的准确、可靠，对用于量值传递或质量控制的材料、实物样品制定的标准。标准样品在环境管理中起着特别的作用，可用来评价分析仪器以及鉴别其灵敏度，也可以评价分析者的技术，使操作技术规范化。

(5)国家环境基础标准：对环境标准工作中，需要统一的技术术语、符号、代号(代码)、图形、指南、导则、量纲单位及信息编码等所作的统一规定。

环境影响评价技术导则一般可分为各环境要素的环境影响评价导则、各专项或专题的环境影响评价导则、规划和建设项目的环境影响评价导则等。

2)地方环境保护标准

地方环境标准是对国家环境标准的补充和完善，由省、自治区、自辖市人民政府制定。近年来为控制环境质量的恶化趋势，一些地方已将总量控制指标纳入地方环境标准。

(1)地方环境质量标准：国家环境质量标准中未作规定的项目，可以制定地方环境质量标准。

(2)地方污染物排放(控制)标准：国家污染物排放标准中未作规定的项目可以制定地方污染物排放标准；国家污染物排放标准已规定的项目，可以制定严于国家污染物排放标准的地方污染物排放标准；省、自治区、直辖市人民政府制定机动车船大气污染物地方排放标准严于国家排放标准的，须报经国务院批准。

(3)国家环境保护部标准(国家环境保护行业标准，有的也将其列为国家标准)。

除上述标准外，在环境保护工作中还需要对统一的技术要求所制定的标准(包括：执行各项环境管理制度、监测技术、环境区划、规划的技术要求、规范、导则等)。

27. 标准之间的关系

(1)环境质量标准是评价环境是否受到污染和制定污染物排放标准的依据；污染物排放标准是确认某排污行为是否合法的依据和实现环境质量标准的手段和控制规定。4 类环境标准之间的关系如何?

①环境质量标准是环境质量的目标，是制订污染物排放标准的主要依据之一；

②污染物排放标准是实现环境质量标准的主要手段、措施；

③环境基础标准是为制订环境质量标准、污染物排放标准、环境方法标准确定的总的原则、程序和方法；

④环境方法标准是制订、执行环境质量标准、污染物排放标准的主要技术依据之一。

(2)执行顺序：地方标准优先国家标准执行。另外，跨行业综合性排放标准与行业性排放标准不交叉执行，即：有行业排放标准的执行行业排放标准，没有行业排放标准的执行跨行业综合排放标准。

28.《中华人民共和国环境影响评价法》立法目的

《中华人民共和国环境影响评价法》立法目的是为了实施可持续发展战略，预防因规划和建设项目实施后对环境造成不良影响，促进经济、社会和环境的协调发展。

29. 环境影响评价工程师职业资格制度

为了加强环境影响评价管理，提高环境影响评价专业技术人员素质，确保环境影响评价质量，2004 年 2 月，人事部、国家环保总局决定在全国环境影响评价行业实行环境影响评价工程师职业资格制度。环境影响评价工程师职业资格制度实行定期登记制度，有效期为 3 年。

30. 评价机构的管理与考核

(1)国家环境保护部负责组织对评价单位的评价工作进行考核。考核分定期考核和日常检查，定期考核每两年进行一次，日常检查不定期进行。考核结果分合格和不合格两种。国家环境保护部可以委托省级环境保护局对行政区域内各级评价单位进行日常检查。接受委托的省级环保局应当将检查结果报送至国家环境保护部。

(2)评价单位每年必须按规定填写《环境影响评价单位工作业绩记录表》，报送国家环境保护部，抄报所在地省级环境保护局，有行业主管部门的同时抄送本行业主管部门。评价单位在机构或人员发生调整或变化时，必须及时向国家环境保护部报告。

(3)国家环境保护部根据考核结果，对甲级评价证书可以分别予以确认、降级或吊销；对乙级评价证书可以分别予以确认或吊销。

31. 资格审查

资格审查的法律依据是《中华人民共和国环境影响评价法》第十九条、第二十条、第三十三条，内容如下。

第十九条：接受委托为建设项目环境影响评价提供技术服务的机构，应当经国务院环境保护行政主管部门考核审查合格后，颁发资质证书，按照资质证书规定的等级和评价范围，从事环境影响评价服务，并对评价结论负责。为建设项目环境影响评价提供技术服务的机构的资质条件和管理办法，由国务院环境保护行政主管部门制定。

第二十条：环境影响评价文件中的环境影响报告书或者环境影响报告表，应当由具有相应环境影响评价资质的机构编制。任何单位和个人不得为建设单位指定对其建设项目进行环境影响评价的机构。

第三十三条：接受委托为建设项目环境影响评价提供技术服务的机构在环境影响评价工作中不负责任或者弄虚作假，致使环境影响评价文件失实的，由授予环境影响评价资质的环境保护行政主管部门降低其资质等级或者吊销其资质证书，并处所收费用一倍以上三倍以下的罚款；构成犯罪的，依法追究刑事责任。

32. 建设项目中的三同时

《中华人民共和国环境保护法》第二十六条中指出：建设项目中防治污染的设施，必须与主体工程同时设计、同时施工、同时投产使用。防治污染的设施必须经原审批环境影响报告书的环境保护行政主管部门验收合格后，该建设项目方可投入生产或者使用。

33. 环境影响评价的技术原则

环境影响评价的技术原则包括：科学、客观、公正的原则；早期介入的原则；整体性原则；公众参与原则；一致性原则以及可操作性原则。

34. 环境影响评价的类别及范围

规划环境影响评价分为综合性指导性规划和专项规划两类。综合性指导性规划是指国务院有关部门、设区的市级以上地方人民政府及其有关部门，对其组织编制的土地利用的有关规划，区域、流域、海域的建设、开发利用的规划；专项规划，指国务院有关部门、设区的市级以上地方人民政府及其有关部门，对其组织编制的工业、农业、畜牧业、林业、能源、水利、交通、城市建设、旅游、自然资源开发的有关专项规划。

35. 综合性指导性规划和专项规划环境影响评价的要求

综合性指导性规划应进行环境影响评价，编写有关环境影响的篇章或者说明；对规划实施后可能造成的环境影响作出分析、预测和评估，并提出预防或者减轻不良环境影响的对策和措施。专项规划，应进行环境影响评价，并需编制环境影响报告书；对规划实施后对环境可能造成的影响的分析、预测和评价；采取对策和措施来预防或者减轻不良环境影响；环境影响评价的结论。

36. 项目环境影响报告书的内容

(1)建设项目概况；

(2)建设项目周围的环境现状；

(3)建设项目对环境可能造成影响的分析、预测和评估；

(4)建设项目环境保护措施及其技术经济论证；

(5)建设项目对环境影响的经济损益分析；

(6)对建设项目实施环境监测的建议；

(7)环境影响评价的结论；

(8)涉及水土保持的建设项目还必须有经水行政主管部门审查同意的水土保持方案。

37. 建设项目环境影响报告表的内容

建设项目环境影响报告表的内容包括：环境影响评价资格证书，评价单位公章，项目负责人，评价人员情况，建设项目基本情况，建设项目所在地的自然环境、社会环境简况，环境质量，建设项目工程分析，项目主要污染物产生及预计排放情况，环境影响分析，建设项目拟采取的防治措施及预期治理效果，结论建议，附件及附图。附件主要是立项批准文件及其他与环境影响评价有关的文件，附图重要是项目地理位置图、项目平面布置图。如报告表不能说明项目产生的污染及对环境造成的影响，应进行专项评价。

38. 报批时限

(1)一般建设项目在可行性研究阶段报批报告书；

(2)铁道、交通等经有审批权的环境保护主管部门同意，可在初步设计完成前报批；

(3)不进行科研的项目在开工前审批；

(4)其中需要办理营业执照的在办理营业执照前报批。

39. 建设项目环境影响评价文件的重新报批

建设项目的性质、规模、地点、采用的生产工艺或者防治污染、防止生态破坏的措施发生重大变动的，建设单位应当重新报批建设项目的环境影响评价文件。

40. 审批时限

(1)审批部门自收到环境影响报告书之日起 60 日内，环境影响报告表 30 日内，环境影响登记表 15 日内，分别作出审批决定并书面通知建设单位。

(2)建设项目的环境影响评价文件自批准之日起超过 5 年方决定该项目开工建设的，其环境影响评价文件应当报原审批部门重新审核；原审批部门应当自收到建设项目环境影响评价文件之日起 10 日内，专项规划的环境影响报告书 30 日内，将审核意见书面通知建设单位。

41. 分级审批

国务院环境保护行政主管部门负责审批下列建设项目的环境影响评价文件：

(1)核设施、绝密工程等特殊性质的建设项目；

(2)跨省、自治区、直辖市行政区域的建设项目；

(3)由国务院审批的或者由国务院授权有关部门审批的建设项目。

以上规定以外的建设项目的环境影响评价文件的审批权限，由省、自治区、直辖市人民政府规定。

建设项目可能造成跨行政区域的不良环境影响，有关环境保护行政主管部门对该项目的环境影响评价结论有争议的，其环境影响评价文件由共同的上一级环境保护行政主管部门审批。

42. 跟踪评价和后评价的规定

《中华人民共和国环境影响评价法》第十五条：对环境有重大影响的规划实施后，编制机关应当及时组织环境影响的跟踪评价，并将评价结果报告审批机关；发现有明显不良环境影响的，应当及时提出改进措施。

第二十七条：在项目建设、运行过程中产生不符合经审批的环境影响评价文件的情形的，建设单位应当组织环境影响的后评价，采取改进措施，并报原环境影响评价文件审批部门和建设项目审批部门备案；原环境影响评价文件审批部门也可以责成建设单位进行环境影响的后评价，采取改进措施。

43. 风险评价定义

风险评价广义是指对人类的各种开发行为所引发的或面临的对人体健康、社会经济、生态系统等所造成的风险及可能带来的损失进行评估，并据此进行管理和决策的过程。狭义是指，对有毒有害化学物质危害人体健康的影响程度进行概率估计，并提出减少环境风险的对策和措施。

44. 环保体系规定的制度

环保体系规定的制度包括：环境影响评价制度、“三同时”制度、排污收费制度。

45. 大纲作用

环境影响报告书的总体设计和行动指南；指导环境影响报告书编写的技术文件；判断环境影响报告书编写质量的依据。

46. 环境影响报告书技术内容

环境影响报告书的技术内容包括：工程分析、环境现状调查与评价、环境影响预测与评价、清洁生产、环境保护措施及其经济技术论证、风险评价、污染物排放总量控制、环境影响经济损益分析、环境管理与监测计划、公众参与。

47. 公众参与

《中华人民共和国环境影响评价法》第五条、第十一条、第二十一条对公众参与的相关内容作了规定，内容如下。

第五条：鼓励有关单位、专家和公众以适当方式参与环境影响评价。

第十一条：专项规划的编制机关对可能造成不良环境影响并直接涉及公众环境权益的规划，应当在该规划草案报送审批前，举行论证会、听证会，或者采取其他形式，征求有关单位、专家和公众对环境影响报告书草案的意见。但是，国家规定需要保密的情形除外。

编制机关应当认真考虑有关单位、专家和公众对环境影响报告书草案的意见，并应当在报送审查的环境影响报告书中附具对意见采纳或者不采纳的说明。

第二十一条：除国家规定需要保密的情形外，对环境可能造成重大影响、应当编制环境影响报告书的建设项目，建设单位应当在报批建设项目环境影响报告书前，举行论证会、听证会，或者采取其他形式，征求有关单位、专家和公众的意见。

建设单位报批的环境影响报告书应当附有对有关单位、专家和公众的意见采纳或者不采纳的说明。

公众参与的主体：对规划，公众参与的主体为专项规划的编制机关；对建设项目，公众参与的主体为建设单位，建设单位和编制机关可以委托承担该建设项目或者规划环境影响评价工作的环境影响评价单位或者其他组织和机构。公众参与的形式包括：公众意见调查、专家咨询、座谈会、论证会、听证会等。公众参与的时间：公众参与应当在报告书报送审查前进行，审批环境影响评价文件的环境保护主管部门举行听证会，并应附对公众意见采纳或不采纳的说明。国家规定需要保密的情形除外。

何种文件需说明是否采纳公众参与意见。

(1)《中华人民共和国环境影响评价法》第十一条规定范围内可能造成不良环境影响并直接涉及公众环境权益的专项规划环境影响评价的活动；

(2)《中华人民共和国环境影响评价法》第二十一条规定范围内应当编制环境影响报告书的建设项目环境影响评价的活动；

(3)《建设项目环境保护分类管理名录》规定的在环境敏感区建设的应当编制环境影响报告表的建设项目环境影响评价的活动；

(4)环境保护主管部门审批环境影响报告书或者环境影响报告表(以下统称环境影响评价文件)时，征求有关单位、专家和公众意见的活动。

48. 建设项目竣工环境保护验收管理办法

原国家环境保护总局13号令第三条、第四条、第十条、第十一条对建设项目竣工环境保护验收作了相应规定，内容如下。

第三条：建设项目竣工环境保护验收是指建设项目竣工后，环境保护行政主管部门根据本办法规定，依据环境保护验收监测或调查结果，并通过现场检查等手段，考核该建设项目是否达到环境保护要求的活动。

第四条：建设项目竣工环境保护验收范围包括以下内容。

(1)与建设项目有关的各项环境保护设施，包括为防治污染和保护环境所建成或配备的工程、设备、装置和监测手段，各项生态保护设施；

(2)环境影响报告书(表)或者环境影响登记表和有关项目设计文件规定应采取的其他各项环境保护措施。

第十条：进行试生产的建设项目，建设单位应当自试生产之日起3个月内，向有审批权的环境保护行政主管部门申请该建设项目竣工环境保护验收。对试生产3个月确不具备环境保护验收条件的建设项目，建设单位应当在试生产的3个月内，向有审批权的环境保护行政主管部门提出该建设项目环境保护延期验收申请，说明延期验收的理由及拟进行验收的时间。经批准后建设单位方可继续进行试生产。试生产的期限最长不超过一年。核设施建设项目试生产的期限最长不超过二年。

第十一条：根据国家建设项目环境保护分类管理的规定，对建设项目竣工环境保护验收实施分类管理。建设单位申请建设项目竣工环境保护验收，应当向有审批权的环境保护行政主管部门提交以下验收材料：

(1)对编制环境影响报告书的建设项目，为建设项目竣工环境保护验收申请报告，并附环境保护验收监测报告或调查报告；

(2)对编制环境影响报告表的建设项目，为建设项目竣工环境保护验收申请表，并附环境保护验收监测表或调查表；

(3)对填报环境影响登记表的建设项目，为建设项目竣工环境保护验收登记卡。

二、环境影响评价的技术要求

1. 建设项目环境影响后评价的主要内容

建设项目环境影响后评价的主要内容包括：环境影响报告书及环保措施竣工验收回顾；工程分析的后评价；环境现状、区域污染源及评价区域环境质量后评价；环境影响报告书选择的环境要素后评价；环境影响预测的后评价；污染防治措施有效性的后评价；公众意见调查；环境管理与监测后评价；后评价结论。

2. 开发区区域环境影响识别方法

开发区区域环境影响识别方法有矩阵法、网络法、GIS叠加图法。

3. 区域污染源分析的主要因子

区域污染源分析的主要因子包括：国家和地方政府规定的重点控制污染物；开发区规划中确定的主导行业或重点行业的特征污染物；当地环境介质最为敏感的污染因子。

4. 污染源估算方法

污染源估算方法有类比法、典型行业排污系数法等。

5. 环境影响评价文件

环境影响报告书、环境影响报告表、环境影响登记表，都是环境主管部门对拟建项目进行环境可行性决策的技术支持文件，是建设项目可行性研究、设计、施工和运营中的环保工作的技术依据之一。

6. 规划环境影响评价的基本任务

规划环境影响评价的基本任务包括：确定与社会经济发展协调的环境目标；识别、评价相应规划层次的环境影响；筛选、识别或寻找符合社会经济发展目标和环境目标的可行的规划方案；规避不利的环境影响或使环境影响最小化；征求公众的观点与意见。

7. 建设项目环境影响评价的基本任务

建设项目环境影响评价的基本任务包括：识别、评价项目实施过程中可能产生的环境影响；选址(选线)、工程规模的环境合理性；对生产工艺的环境合理性和可行性论证；环境保护措施是否充分有效；环境目标得到有效保护，不利环境影响是否最小化；征求公众的观点与意见。

8. 环境影响评价遵循的基本技术工作原则

环境影响评价遵循的基本技术工作原则包括：与拟议的规划或拟建项目的特点相结合；与可能影响的区域环境相结合；遵循有关法规、标准、技术政策、各类规划；正确地识别可能的环境影响；适当地预测评价技术方法；促进清洁生产；环境目标得到有效保护，不利影响最小化；替代方案和减缓措施环境技术经济可行。

9. 环境影响评价的工作程序

(1)准备阶段：研究有关文件资料，进行初步的工程分析和现状调查，识别环境影响因素，筛选评价因子，明确重点评价项目(专题)，确定各单项评价范围和工作等级，编制大纲。

(2)正式工作阶段：进一步工程分析和环境现状调查与评价，开展清洁生产分析，预测和评价环境影响，分析环保措施的经济、技术可行性。

(3)报告书编制阶段：汇总分析第二阶段所得的各种资料、数据，给出评价结论，完成环境影响报告书的编制。

10. 评价工作等级划分依据

(1)建设项目的工程特点；

(2)项目所在地环境状况；

(3)国家、地方颁布的有关法规。

11. 工作等级确定的原则

工作等级确定的原则包括：同一性、最高性和决定性原则。

12. 环境影响因素识别

环境影响因素识别是在判别规划实施或项目建设和投入生产过程中的主要环境影响作用行为、影响作用对象、影响作用因素、影响作用效应的基础上，选择出重要环境影响因素和受影响环境要素。

13. 建设项目环境影响识别方法

建设项目环境影响识别方法包括：矩阵法、清单法、图形叠置法、网络法、GIS 系统分析法。

14. 建设项目环境现状调查一般原则

(1)首先应搜集现有的资料；

(2)根据项目所在地的环境特点、各单项工作等级，确定各要素现状调查的范围，筛选出应调查的有关参数，调查范围应大于评价范围，界外区如有重要的污染源，应适当放大。

15. 现状调查的方法

(1)搜集资料法：应用范围广，收效大，节省人力、物力、时间，只能获得第二手资料，往往不完全，需补充。

(2)现场调查法：直接获得第一手资料，弥补收集资料法的不足，工作量大，耗费人力、物力、时间，受季节和仪器设备条件的限制。

(3)遥感法：从整体上了解环境特点，精度不高，不宜用于微观环境状况调查，受资料判读和分析技术的制约。

16. 现状调查的内容

现状调查的内容包括：地理位置、地形、地貌、土壤、水系分布和水文情况；气候与气象、矿藏、森林、草原、水产和野生动植物；农产品和动物产品等；水、气、声、渣环境质量现状；环境功能及重要政治文化设施；社会经济状况；人群健康状况及地方病情况；其他环境污染和破坏的资料。

17. 环境影响预测的原则

环境影响预测的原则根据评价工作等级、工程与环境的特性，以及当地的环境要求而定。

18. 环境影响预测的方法

环境影响预测的方法有数学模型法、物理模型法、类比调查法和专业判断法。

19. 环境影响的预测阶段

三个阶段：建设阶段、运营阶段、服务期满后或退役期。两个时段：冬、夏或丰、枯。

20. 环境影响评价的方法

环境影响评价的方法有列表清单法、矩阵法、网络法、指数法、模型预测法。

21. 环境保护措施经济和技术论证

建设项目的污染控制以预防为主，清洁生产与末端治理相结合，建设项目污染控制与区域污染控制相结合，按技术先进、效果可靠、目标可达、经济合理的原则，进行多方案比选，推荐最佳方案。改扩建、技改项目，须针对与该项目有关的原有环境污染问题，提出“以新带老”环境保护措施。

22. 环境影响评价工作的基本过程

环境影响评价工作的基本过程包括：分类确定工作目标；确定评价范围；基础数据调查；建立预测模型开展评价；评价环境影响；制定减缓影响的措施，提出替代方案；对环境影响的管理、跟踪监测行动计划；评价结论；制作环境影响报告书。

23. “十五”期间国家实施污染物排放总量控制的因子

SO_2、烟尘、工业粉尘、COD、氨氮、工业固体废物。太湖、巢湖、滇池和渤海还需控制总磷排放量。

三、污染源调查与工程分析

1. 污染源

污染源指对环境产生污染影响的污染物的来源。

2. 污染物

污染物是指在开发建设和生产过程中，凡以不适当的浓度、数量、形态进入环境系统而产生污染或降低环境质量的物质和能量。

3. 污染源分类

污染源分类如图 11-1 所示。

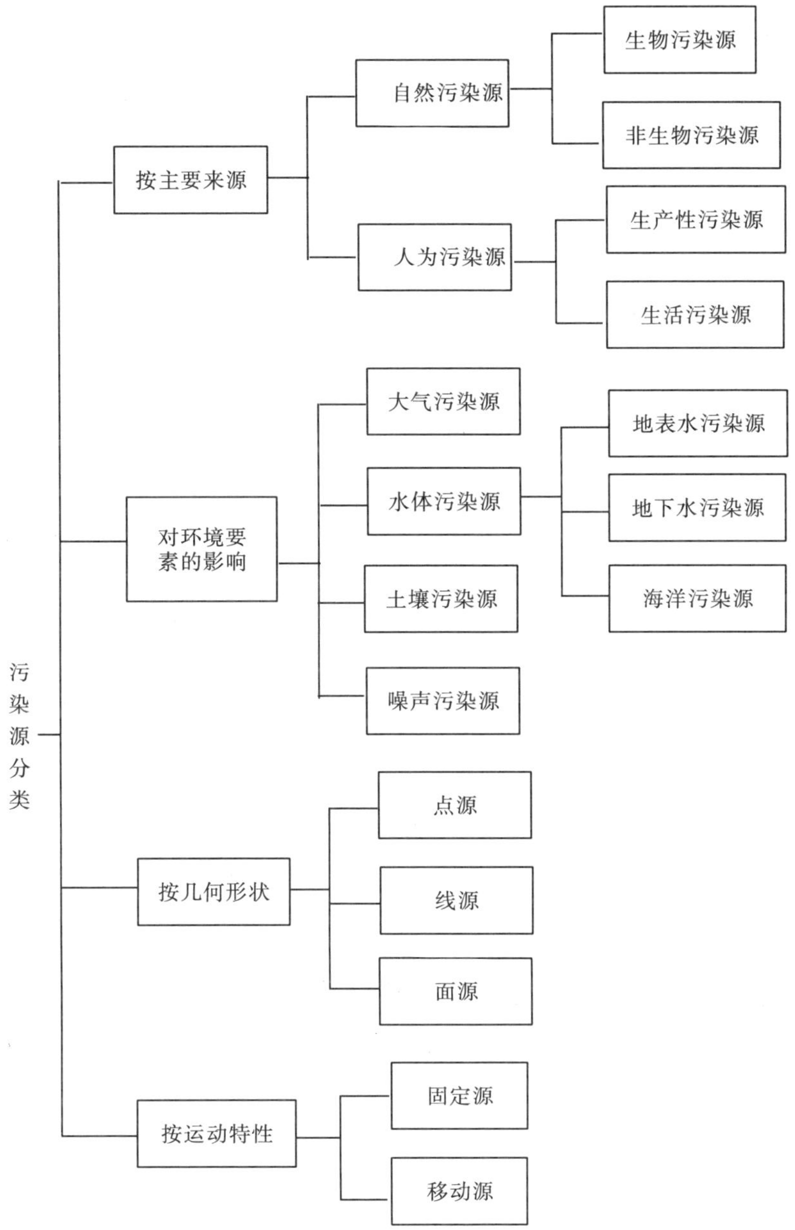

图 11-1　污染源分类

4. 污染物分类

1)按理化和生物特性

(1)物理：声、光、电、热、放。

(2)化学：无机、有机、石油类或重金属。

(3)生物：病菌、病毒、霉菌、寄生虫卵。

(4)综合污染物：烟尘、废渣、致病有机体。

2)按环境要素

(1)水。

感官：乙醛、油类。

毒理：汞、磷、DDT、六六六。

卫生：酸、碱、硫化物、锌。

综合：COD、pH、SS。

(2)气。

感官：氰化物、CCl_4、CS_2、C_6H_6。

毒理：NO_X、SO_X、HF、Cl。

综合：烟尘、粉尘、水雾、酸雾。

(3)土壤。

3)污染物的转化

污染物的转化如图 11-2 所示。

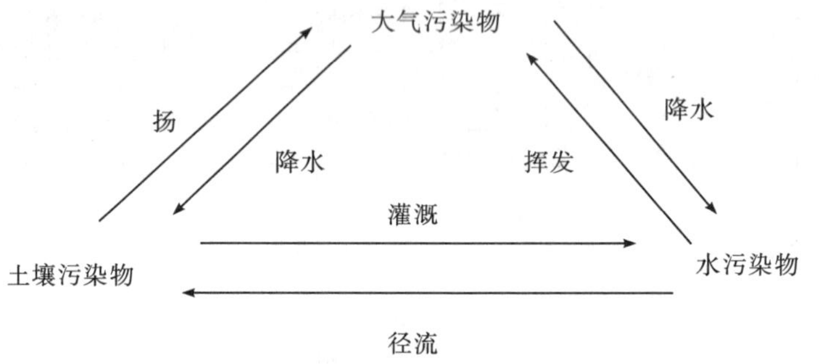

图 11-2　污染物的转化

5. 污染源调查的原则

(1)根据建设项目的特点和当地环境状况，确定污染源调查的主要对象；

(2)根据各专项环境影响评价导则确定工作等级及污染源调查范围；

(3)选择排放量大、污染严重的因子作为主要污染因子。

6. 污染源调查内容

污染源调查内容包括工业、生活、农业污染源调查。

7. 工业污染源调查内容

工业污染源调查包括：企业和项目概况调查，工艺调查，能源、水源、原辅材料情况调查，生产布局调查，管理调查，污染物治理调查，污染物排放情况调查，污染危害调查，发展规划调查。

8. 生活污染源调查内容

生活污染源调查包括：城市居民人口调查、城市居民用水和排水调查、民用燃料调查、城市垃圾及处置方法调查。

9. 农业污染源调查内容

农业污染源调查包括：农药使用情况调查、化肥使用情况调查、农业废弃物调查、农业机械使用情况调查。

10. 污染源调查的三个阶段

污染源调查的三个阶段包括：准备、调查、总结。

(1)准备阶段：明确调查目的，制订调查计划，做好调查准备，资料收集，分析，工具准备，搞好调查试点。

(2)调查阶段：生产管理、污染物治理、污染物排放、污染物危害、生产发展调查。

(3)总结阶段：数据处理、建议档案、评价、文字报告、污染源分布图。

11. 污染源调查的一般方法

污染源调查可采用点面结合的方法，分为详查和普查。重点污染源调查称为详查；对区域内所有污染源进行全面调查称为普查。

12. 污染物排放量确定方法

污染物排放量的确定方法有物料衡算法、经验计算法、实测法。

13. 工程分析的作用

工程分析的作用有：为项目决策提供依据；为各专题预测评价提供基础数据；为环保设计提供优化建议；为项目的环境管理提供建议指标和科学数据。

14. 工程分析的技术原则

工程分析的技术原则有：体现政策性；具有针对性；应为各专题评价提供定量而准确的基础资料；应从环保角度为项目选址，工程设计提出优化建议。

15. 工程分析的重点与阶段划分

工程分析应以工艺过程为重点，并不可忽略污染物的不正常排放。可将建设项目分为建设期、生产运营期、服务期满后三个阶段进行工程分析。

16. 工程分析的方法

(1)类比分析法。是利用与拟建项目类型相同的现有项目的设计资料或实测数据进行工程分析，包括一般特征相似性、环境特征的相似性、污染物排放特征相似性。

(2)物料衡算法。当投入的物料在生产过程中发生化学反应时，用总量法或定额法。

(3)查阅资料参考分析法。

17. 工程分析主要工作内容

工程分析主要内容包括：工程基本数据分析、污染因素分析、污染物排放量统计、非正常工况分析、资源能源产品废物等的储运分析、交通运输分析、土地的开发利用分析、环保措施方案分析、总土布置方案分析、补充措施与建议。

18. 新建项目两本帐

新建项目的两本帐是指：工程工艺过程中污染物产生量、按治理规划和评价规定措施实施后能够实现的污染物削减量。两本帐之差是评价需要的污染物最终排放量。

19. 改扩建、技术改造项目三本帐

改扩建、技术改造项目三本帐是指：技改扩建前企业污染物排放量、技改扩建项目污染物排放量、技改扩建完成后污染物排放量(包括“以新代老”削减量)。其相互关系为：技改前企业污染物排放量－以新代老企业污染物削减量＋技改扩建项目污染物排放量＝技改项目完成后企业污染物排放量。

20. 风险排污的源强估计

风险排污包括事故排放和非正常工况排放。其中非正常工况排污为工艺设备或环保设施达不到设计规定指标的超额排污。

21. 工程总量控制建议指标要求

工程总量控制建议指标的要求包括：满足达标排放的标准；符合相关环保要求；技术上可行。

22. 总图布置方案分析

总图布置方案分析的内容包括：分析卫生防护距离和安全防护距离的保证性；分析工厂和车间布置的合理性；分析村镇居民拆迁的必要性。

23. 环保措施方案分析

(1)分析建设项目可研阶段环保措施方案并提出改进意见；

(2)分析污染物处理工艺有关技术经济参数的合理性；

(3)分析环保设施投资构成及其在总投资中占有的比例。

24. 补充措施建议

补充措施建议包括：关于合理的产品结构与生产规模的建议、优化总图布置的建议、节约用地的建议、可燃气体平衡和回收利用措施建议、用水平衡及节水措施建议、废渣综合利用建议、污染物排放方式及改进建议、环保设备选型和实用参数建议、替代方案、其他建议。

25. 工程分析的要点

(1)建设项目在拟建厂址的合理生产规模与产品结构；

(2)最佳总图布置方案；

(3)筛选确定的主要污染源与污染因子；

(4)主要污染因子的削减与治理措施；

(5)可能产生的事故特征与防范措施；

(6)必须确保的环保措施项目和投资；

(7)其他。

26. 工程分析中工艺技术分析内容

略。

27. 工程分析中污染因素分析内容

略。

四、清洁生产

1. 清洁生产定义(联合国)

联合国定义的清洁生产指将整体预防的环境战略持续应用于生产过程、产品和服务中，以期增加生态效率并减少对人类和环境的风险。

(1)对生产过程，要求节约原材料，淘汰有毒原材料，减降所有废弃物的数量和毒性；

(2)对产品，减少从原材料提炼到产品的最终处置的全生命周期的不利影响；

(3)对服务，将环境因素纳入设计和所提供的服务中。

2. 清洁生产定义[《清洁生产促进法》(2003 年 1 月 1 日起施行)]

我国《清洁生产促进法》中定义的清洁生产是指不断采取改进设计、使用清洁的能源和原料、采用先进的工艺技术与设备、改善管理、综合利用等措施，从源头削减污染，提高资源利用效率，减少或者避免生产、服务和产品使用过程中污染物的产生和排放，以减轻或者消除对人类健康和环境的危害。

3. 企业在进行技术改造时应采取的清洁生产措施

企业在进行技术改造过程中，应当采取以下清洁生产措施：

(1)采用无毒、无害或者低毒、低害的原料，替代毒性大、危害严重的原料；

(2)采用资源利用率高、污染物产生量少的工艺和设备，替代资源利用率低、污染物产生量多的工艺和设备；

(3)对生产过程中产生的废物、废水和余热等进行综合利用或者循环使用；

(4)采用能够达到国家或者地方规定的污染物排放标准和污染物排放总量控制指标的污染防治技术。

4. 清洁生产的内容

清洁生产的内容包括清洁的原料，符合清洁生产的高效设备，能耗、物耗低，三废排放量少，清洁的产品及储运以及包装。

5. 清洁生产的重点

清洁生产最主要的是源削减。

6. 清洁生产引入环境影响评价的好处

清洁生产引入环境影响评价的好处有：减轻末端治理负担，提高环境可靠性，提高项目市场竞争力，降低项目的环境责任风险。

7. 清洁生产和环境影响评价的结合界面

清洁生产可进一步拓展和深化环境影响评价中的工程分析，环保措施可按清洁生产的要求进一步延伸。

8. 清洁生产的目的

清洁生产的目的是节能、降耗、减污和增效。

9. 清洁生产审核的基本思路

(1)废弃物在哪里产生——污染源清单；

(2)为什么会产生废弃物——原因分析；

(3)如何消除和消减——方案产生和实施。

10. 污染物产生原因分析和方案产生的8个方面

这8个方面包括原料和能源、工艺、设备、过程控制、管理、员工、产品、废弃物。

11. 清洁生产指标的选取原则

清洁生产指标的选取原则是：选取技术要求中的指标；从产品生命周期全过程考虑；体现污染预防思想；容易量化；数据易得。

12. 环境影响评价中清洁生产评价指标

(1)生产工艺与装备要求，规模、工艺、技术、装备。

(2)资源能源利用指标，单位产品取水量、能耗、物耗，原辅材料的选取(毒性、生态影响、可再生性、能源强度、可回收利用性)。

(3)产品指标，质量、包装、销售、使用、寿命优化、报废。

(4)污染物产生指标：

①废水，单位产品废水产生量、单位产品主要水污染物产生量；

②废气，单位产品废气产生量、单位产品主要大气污染物产生量；

③固体废物，单位产品主要固体废物产生量。

(5)废物回收利用指标。

(6)环境管理要求、环境法律法规标准、环境审计、废物处理处置、生产过程环境管理、相关方环境管理。

13. 清洁生产的定量指标

清洁生产的定量指标有：资源能源利用指标、污染物产生指标。

14. 清洁生产评价方法

清洁生产的评价方法是指标评价法。

15. 清洁生产评价程序

(1)收集相关行业清洁生产评价标准；

(2)预测环境影响评价项目的指标值；

(3)将预测值与清洁生产标准二级值进行对比；

(4)得出清洁生产评价结论；

(5)提出清洁生产方案和建议。

16. 清洁生产评价等级

清洁生产评价等级分为三级，其中一级代表国际清洁生产先进水平；二级代表国内清洁生产先进水平；三级代表国内清洁生产基本水平。

17. 清洁生产评价内容

(1)生产工艺与装备要求：应评价是否采用资源能源利用率高、原辅材料转化率高以及污染物产生量少的工艺和设备。

(2)资源能源利用指标：应评价是否采用了无毒、无害或者低毒、低害的原辅材料，是否采用了清洁能源或燃料。资源能源利用指标可以由单位产品的取水量、单位产品的能耗和单位产品的物耗来表达。

(3)产品和包装指标：应当考虑产品在生命周期中对人类健康和环境的影响，评价是否优先选择无毒、无害、易于降解或者便于回收利用的方案。

(4)污染物产生指标：废水、废气、固废产生指标。

(5)废物回收利用指标：生产企业应尽可能地回收和利用废物，而且应该是高等级的利用，逐步降级使用，然后再考虑末端治理。

(6)环境管理要求。

18. 清洁生产评价结论

(1)当一个建设项目的全部指标达到一级标准，说明该项目在六类指标等方面做得非常好，达到国际先进水平，从清洁生产角度讲，该项目是一个很好的项目，可以接受；

(2)当一个建设项目的全部指标达到二级标准，说明该项目在六类指标等方面做得好，达到国内先进水平，从清洁生产角度讲，该项目是一个好的项目，可以接受；

(3)当一个建设项目的全部指标达到三级标准，说明该项目在六类指标等方面做得一般，作为新建项目，需要在设计等方面作较大的调整和改进，使之能达到国内先进水平；

(4)当一个建设项目的全部指标未达到三级标准，从清洁生产角度讲，该项目不可以接受。

19. 实际工作中，一般仅使用二级指标评价

(1)全部达到二级标准，说明该项目在清洁生产方面，达到国内清洁生产先进水平，该项目在清洁生产方面是可行的；

(2)全部或部分未达到二级，说明该项目在清洁生产方面做得不够，需要改进这种情况，必须提出清洁生产方案和建议。

20. 环境影响报告书中清洁生产分析的编写原则

(1)从清洁生产角度对整个环境影响评价过程有关的内容加以补充和完善；

(2)大型项目单列“清洁生产”一章，中小型且污染较轻的项目可在工程分析中增加一列；

(3)指标的选取要有充足的依据；

(4)必须给出关于清洁生产方面的结论及方案建议。

21. 环境影响报告书中清洁生产评价的编写要求

(1)收集相关行业清洁生产标准或选取和确定清洁生产指标和二级指标数值；

(2)预测环境影响评价项目清洁生产指标数值；

(3)进行清洁生产指标评价；

(4)给出清洁生产评价结论；

(5)提出清洁生产方案建议。

22. 生命周期评价

生命周期评价是指对一个产品系统的生命周期中输入、输出及其潜在的环境影响进行汇编和评价。

23. 推行清洁生产的三个层次

第一个层次，已建成且效益欠佳、污染严重企业的清洁生产。对于这类企业，要大力推行清洁生产审计，重点是培养企业清洁生产意识，帮助企业发现和实施无费或低费方案。在发现和实施无费或低费方案的过程中，削减污染物，产生经济效益，为这类企业在加强管理、积累资金、提高资源利用率、减少污染物排放等方面的进一步发展奠定基础。

第二个层次，新建、改建、扩建和效益较好企业的清洁生产。我国的环境污染相当一部分为结构性污染，此类企业的工作重点是大力推行清洁生产技术，在严格环境标准的同时，结合现行的环境管理制度，采用中、高费清洁生产审计方案，鼓励企业开展清洁生产。具体实施过程中，从污染物源削减角度推动企业的产业升级，以及产品和技术科技含量的提升工作。

第三个层次，区域的清洁生产。重点是积极推动生态工业园区的建设，根据区域性环境污染综合治理的需要，把园区结构性污染和产业结构调整结合起来；把治理粗放型发展模式产生的大量污染和帮助企业采用高新技术结合起来；把控制小规模企业产生的大量污染和推动企业资产重组结合起来。

五、大气环境影响评价

1. 大气污染

大气污染是指大气因某种物质的介入而导致化学、物理、生物或者放射性等方面的特性改变，从而影响大气的有效利用，危害人体健康或者破坏生态，造成大气质量恶化的现象。即由于人类活动而使空气环境质量变坏的现象。

2. 大气污染源

大气污染源是指能够释放污染物到大气中的装置。

按来源分：自然和人为污染源，人为污染源又分为工业、交通、农业和生活污染源。

按污染源的几何形状分：点、线、面、体源。

按污染物排放时间分：连续、瞬时、间歇源。

按排放形式分：有组织排放，无组织排放。

按几何高度分：高架源、地面源。

无组织排放：凡不通过排气筒或通过 15 m 以下的排气筒的排放。

连续点源源强：以单位时间内排放的物质或体积表示。

瞬时源源强：以排放的总质量或总体积表示。

3. 大气污染物

大气污染物是指污染源排放到大气中的有害物质。

根据其形成过程：可将其分为一次、二次污染物。

根据存在形态：可分为颗粒污染物和气态污染物。

按污染物的种类：分为粉尘类、有害气体类、湿雾类、放射性污染、酸雨。

按烟雾：分为伦敦烟雾、光化学烟雾。

按颗粒物粒径分：TSP$\leqslant$100 μm ，$PM_{10}\leqslant$10 μm，降尘$>$10 μm，粉尘$>$0.5 μm。

4. 污染物排和标准执行顺序

综合性排放标准和行业性排放标准不交叉执行，按先行业，后地方，最后国家的顺序执行。

5. 发布空气质量预报的因子

空气质量预报项目包括 SO_2、TSP、PM_{10}。

6. 一次污染物

一次污染物指直接从各种排放源进入大气，在大气中保持其原有的化学性质的污染物，如 TSP、NO_X、SO_2。

7. 二次污染物

二次污染物指在一次污染物之间或大气中非污染物之间发生化学反应而产生的污染物，如光化学烟雾、酸性沉积物、O_3。

8. 环境空气质量功能区分类

环境空气质量按功能区划分可分为三类：一类区为自然保护区、风景名胜区和其他需要特殊保护的地区；二类区为城镇规划中确定的居住区、商业交通居民混合区、文化区、一般工业区和农村地区；三类区为特定工业区。

9. 大气污染物排放限值

《大气污染物综合排放标准》规定了 33 种大气污染物排放限值，其指标体系为最高允许排放浓度、最高允许排放速率和无组织监控浓度限值。

10. 大气环境影响评价

大气环境影响评价是指对项目实施的大气环境影响的程度、范围和几率进行分析、预测和评估，提出大气污染防治措施和对项目实施环境监测的建议。

11. 大气环境影响评价的任务

大气环境影响评价的任务是从保护环境的目的出发，通过调查、预测等手段，分析、判断项目在建设施工期和建成后运营期所排放的大气污染物对大气环境质量影响的程度和范围，为建设项目的厂址选择、污染源设置、制定大气污染防治措施以及其他有关的工程设计提供科学依据或指导性意见。

12. 大气环境影响评价特点

(1)进行污染气象分析和监测，以充分利用大气自净能力，减轻大气污染；

(2)为了调查或探测大气的运动规律，必将增加评价工作的难度和周期。

13. 大气环境影响评价的工作程序

第一为准备阶段，研究有关文件，进行初步的工程分析和环境现状调查，确定评价工作等级和编制评价方案；第二为正式工作阶段，调查、预测和评价；第三为报告书编制阶段，给出结论，完成环境影响报告书大气部分的编写。

14. 大气环境影响评价等级划分依据

大气环境影响评价等级划分依据有等标排放量、地形条件、当地执行的大气环境质量标准。

15. 等标排放量的计算

等标排放量的计算式如下：

$$P_i=(Q_i/C_{0i})\times 10^9 \tag{11-1}$$

式中，P_i为等标排放量，m^3/h；Q_i为单位时间排放量，t/h，应符合国家或地方大气污染物排放标准；C_{0i}为大气环境质量标准，mg/m^3。一般选用《环境空气质量标准》(GB 3095)中二级标准(和“修改单”)的一次采样浓度允许值(即按 GB 3095 中二级标准和“修改单”中各污染物一小时平均取值时间的二级标准限值计算)，对该标准中未包含的项目，可以按照 TJ 36—37 中的相应值选用，如已有地方标准，应选用地方标准中的相应值，对某些上述标准中都未包含的项目，可参照国外有关标准选用，但应作出说明，报环保部门批准后执行。

评价工作等级按表 11-1 的分级依据进行划分。

表 11-1　评价工作级别(一、二、三级)

$P_i/(m^3\cdot h^{-1})$ / 地形	$P_i\geqslant 2.5\times 10^9$	$2.5\times 10^8\leqslant P_i<2.5\times 10^9$	$P_i<2.5\times 10^8$
复杂地形	一	二	三
平原	二	三	三

16. 复杂地形

复杂地形包括丘陵、山区、沿海、大中城市的城区。

17. 级别调整

可以根据项目的性质、总投资和产值、周围地形的复杂程度和环境敏感区的分布情况，以及当地大气污染程度，对评价工作的级别作适当调整，但调整幅度上下不应超过一级。对于三级评价项目，如果 $P_i<2.5\times10^7$，其评价内容可按下述有关规定进一步从简。调整或从简结果应征得环保主管部门同意。

18. 大气环境影响评价范围的确定

建设项目的大气环境影响评价范围，主要根据项目的级别确定，此外还应考虑评价区内和评价区边界外有关区域(以下简称界外区域)的地形、地理特征及该区域内是否包括大中城区、自然保护区、风景名胜区等环境保护敏感区。一般可取项目的主要污染为中心、主导风向为主轴的方形或矩形。如无明显主导风向，可取东西或南北向为主轴。

(1)对于一、二、三级评价项目，大气环境影响评价范围的边长，一般分别不应小于16～20 km、10～14 km、4～6 km。平原取上限，复杂地形取下限，对于少数等标排放量较大的一、二级项目，评价范围应适当扩大。

(2)考虑到界外区域对评价区的影响，对于地形、地理特征和排放高度、排放量较大的点源的调查，还应扩大到界外区域，各方位的界外区域的边长大致为评价区域边长的0.5倍。

(3)如果界外区域包含有环境保护敏感区，则应将评价区扩大到界外区域。如果评价区包含有荒山、沙漠等非环境保护敏感区，则可适当缩小评价区的范围。

空气质量预测范围，可根据烟囱高度对计算范围作适当调整(最大落地浓度距离一般为有效源高的10～15倍)。

19. 大气污染源调查因子的筛选方法

大气污染源的调查因子，首先应选择该项目等标排放量 P_i 较大的污染物为主要污染因子，其次还应考虑在评价区内已造成严重污染的污染物，最后考虑国家总量控制的因子，如 SO_2、烟尘、工业粉尘。调查因子不宜多于5个。

20. 计算源强的方法

计算源强的方法有物料衡算、实测、资料复用和类比调查。

21. 大气污染源调查的对象

大气污染源调查过程中，对于一、二级评价项目，应包括拟建项目污染源(对改扩建工程应包括新、老污染源)及评价区的工业和民用污染源；对于三级评价项目可只调查拟建项目工业污染源。

22. 大气污染源一级评价项目调查的内容

(1)按生产工艺流程或按分厂、车间分别绘制污染流程图。

(2)按分厂或车间逐一统计各有组织排放源和无组织排放源的主要污染物排放量。

(3)对改扩建项目的主要污染物排放量应给出现有工程排放量、新扩建工程排放量以及预计现有工程改造后污染物的削减量，并计算出最终排放量。

(4)除了调查统计主要污染物的正常生产的排放量外，对于毒性较大的物质还应估计其非正常排放量。

(5)将污染源按点源和面源进行统计。

(6)点源调查统计内容包括：

①排气筒底部中心坐标(一般按国家坐标系)及分布平面图；

②排气筒高度(m)及出口内径(m)；

③排气筒出口烟气温度(K)；

④烟气出口速度(m/s)；

⑤各主要污染物正常排放量(t/a、t/h 或 kg/h)；

⑥毒性较大物质的非正常排放量(kg/h)；

⑦排放工况，如连续排放或间断排放，间断排放应注明具体排放时间、时数和可能出现的频率。

(7)面源调查统计内容包括：将评价区域在选定的坐标系内网格化。可以评价区的左下角为原点，分别以东和北为正 x 和正 y 轴。网格单元，一般可取 1 km×1 km，评价区面积较小时，可取 500 m×500 m，建设项目所占面积小于网格单元，可取其为网格单元面积，然后按网格统计面源的下述参数：

①主要污染物排放量 [$t/(h \cdot km^2)$]；

②面源排放高度(m)，如网格内排放高度不等时，可按排放量加权平均取平均排放高度；

③面源分类，如果源分布较密且排放量较大，当其高度差较大时，可酌情按照不同平均高度将面源分为 2～3 类。

(8)对于颗粒物污染源，还应调查其颗粒物的密度及粒径分布。

(9)原料、固体废弃物等堆放场所产生的扬尘可按面源处理。

23. 大气环境质量现状监测的布点原则

大气环境质量现状监测的布点应遵循代表性、实用性原则。

24. 大气监测布点方法

大气监测布点应以环境功能区为主兼顾均布性，以主导风为主结合均匀性。较特殊的项目还有网格、同心圆多方位、扇形、配对、功能区布点法。在主导风下风向的保护目标一般要布点。

25. 大气现状监测因子筛选原则

大气现状监测因子的筛选应考虑等标排放量大小、特征污染物的大气环境质量影响。

26. 大气监测制度

(1)按评价等级确定的监测工作内容和要求进行监测；

(2)按照监测技术规范进行监测和质量保证；

(3)取样时间必须满足《环境空气质量标准》统计数据有效性的规定；

(4)进行同步气象观测。

27. 大气环境现状监测结果统计分析的基本要点

大气环境现状监测结果统计分析的基本要点为各点各期各主要污染物浓度范围，一次最高值，日均浓度波动范围，季日均浓度值，一次值及日均值超标率，不同功能区浓度变化特点及平均超标率，浓度日变化及季节变化规律，浓度与地面风向、风速的相关特点等。

大气环境监测要点及级别见表 11-2。

表 11-2 大气环境监测要点及级别

级别	一级	二级	三级
监测点位数	10	6	1～3
监测季节	二期(冬、夏)	一期不利季节，必要时两期	必要时一期
天数	7	5	5
每天小时数	6	4	4
小时	02，07，10，14，16，19	02，07，14，19	02，07，14，19

28. 大气污染物的浓度

大气污染物的浓度是由污染物排放量及污染气象共同决定的。

29. 大气环境调查内容

大气环境调查内容有污染源、污染气象、环境质量。

30. 大气环境影响评价现状评价方法

大气环境影响评价现状评价方法为单项质量指数法。$I_i = C_i / C_{0i}$，$I_i \leqslant 1$ 为清洁，$I_i > 1$ 为污染。

31. 大气自净能力

大气自净能力是指由于大气自身的运动而使大气污染物输送、稀释扩散，从而起到大气的净化作用，包括平流输送和湍流扩散和清除等机制。

32. 大气边界层

由于受下垫面影响而湍流化的低层大气称为大气边界层，通常为距地面 1～2 km 以下高度的大气层。

33. 有关风的知识

风：空气的水平运动。

风速：空气在单位时间内移动的水平距离，单位是 m/s，取小数点后一位。

风向：风的来向，用 16 个方位表示。

风频：某一风向的次数占总的观测统计次数的百分比。表示下风向受污染的几率。

主导风向：风频最大的风向。

风向玫瑰图：用 16 方位风频连接而成的图。

污染系数=风向频率/该风向风速。

局地风场：是指在局部地区由于地形影响而形成的空间和时间尺度都比较小的所谓地方性风，主要由海陆风、山谷风、过山气流、城市热岛环流等。

34. 风速随高度变化(风廓线)

风速随高度变化的计算公式为

$$U_2 = U_1 (Z_2 / Z_1)^P \tag{11-2}$$

一般给出的风速为距地面 10 m 处，则

$$U = U_{10}(Z/10)^{P} \tag{11-3}$$

以上两式中，p 为风速高度指数，与大气稳定度和地形条件有关，一般用双经纬仪测风的方法测量，用双对数法求取。

35. 大气湍流

湍流是一种不规则运动，其流场的各个特征量是时间和空间的随机变量，它的统计平均值是有规律的。其形成和发展取决于两种因素：机械湍流、热力湍流。其强弱是两种因素综合的结果，强递减的情况下热力因子为主要因素；中性层结情况下动力因子为主要因素。

36. 湍流扩散

污流扩散是空气污染局地扩散的主要过程，是污染物浓度降低的主要原因，根据不同时间各种湍流尺度的作用，将扩散分为连续点源扩散、相对扩散。描述湍流的理论：统计理论(正态分布)、梯度输送理论、相似理论。

37. 烟云边缘

烟云边缘指浓度降为中心浓度 1/10 处，在 y、z 方向上烟云边缘宽度分别为 $4.3\sigma y$、$4.3\sigma z$(σ 为扩散系数)。

38. 大气扩散能力的动力因子

风和湍流是大气扩散的动力因子。而热力学因子为大气的温度层结和大气稳定度。

39. 大气扩散参数

定性分析可知，污染物的扩散和大气扩散参数与下风距离、大气稳定度和取样时间有关。确定和测量大气扩散参数的方法有示踪剂法、平衡球法、放烟照相法、固定点脉动风俗仪或风温仪、其他遥感方法、环境风洞模拟试验。示踪剂法和平移球法主要适用于水平扩散参数的测量。平面照相法可作为前两种方法的补充，用以测量垂直扩散参数。

40. 扩散参数

扩散参数包括浓度分布的标准差或方差。方差表示数据离散程度。方差值越大，扩散能力越强。它具体表征大气湍流的强弱，是大气扩散能力的标志。

41. 大气稳定度

大气稳定度是指整层空气的稳定程度，是大气对在其中作垂直运动的气团是加速、遏制还是不影响其运动的一种热力学性质，午后最不稳，黎明前最稳定。

42. 确定大气稳定度的方法

确定大气稳定度一般用 P－T 法，即用太阳高度角、云量(总低云量)查出太阳辐射等级数，再用太阳辐射等级数和地面风速查。稳定度分强不稳定(A)、不稳定(B)、弱不稳定(C)、中性(D)、较稳定(E)、稳定(F)。

43. 逆温

逆温指气温随高度增加的现象。研究逆温，应研究逆温的强度、底顶高度、厚度、频率、生消规律、种类。

44. 大气混合层

如果下层空气湍流强，上部空气湍流弱，中间存在着一个湍流特征不连续界面，湍流特征不连续界面以下的大气称为混合层，混合层高度即从地面算起至第一稳定层底的高度。混合层厚度表征污染物在垂直方向被热力湍流稀释的范围，与大气稳定度有密切的关系，早晨较低，午后最大。

45. 大气混合层高度的确定方法

大气混合层高度的确定方法有干绝热法、罗氏法、查西哥马 Z 法、国标法。

46. 联合频率

联合频率是指由风向、风速、大气稳定度构成的组合频率。风向取 17 个方位，风速分 5 类，分别为<1.5 m/s，1.5~3 m/s，3.1~5 m/s，5.1~7 m/s，>7 m/s。稳定度分 A、B、C、D、E、F。

47. 不利气象条件

不利气象条件有熏烟、静小风、大风、海陆风、山谷风、背风涡流、热岛效应。

48. 薰烟

晴朗夜间，由于下垫面的辐射冷却形成贴地逆温层，日出后，地面受太阳照射增温，逆温层自下而上逐渐消失，转变成中性或不稳定层结，原滞留在逆温层内的污染物向下蔓延，在地面形成高浓度，也就是常说的薰烟污染。

49. 典型气象条件

典型气象条件是指对环境敏感区或关心点易造成严重污染的风向、风速、稳定度和混合层高度等的组合条件。

50. 污染气象调查与分析内容

(1)气候区域划分及其主要气候参数；

(2)地面常规气象资料的统计分析、风场特征、风玫瑰、大气稳定度频率分布、联合频率；

(3)大气扩散参数；

(4)大气边界层风场和温场特征。重点是逆温、风速随高度的变化。

51. 露点温度

当空气中水汽含量不变，气压一定时，气温下降到使空气达到饱和时的温度，简称露点。

52. 大气环境影响预测

大气环境影响预测是指推断各种条件下的污染物浓度及其随时间的变化，常采用模式预测法。

53. 大气扩散模式

大气扩散模式是以大气扩散理论和实验研究结果为基础，将各种污染源气象条件和下垫面条件模式化，从而描述污染物在大气中输送、扩散、转化的数学模式。

54. 大气环境影响预测内容

(1)短期最大落地浓度及距源距离、非正常排放时的污染程度及范围；

(2)不利气象条件下对保护目标或敏感点的影响以及浓度分布图；

(3)对评价区域环境空气质量的影响及变化；

(4)对没有配给总量控制指标的项目，提出总量控制建议指标；

(5)必要时对有害气体的无组织排放，计算卫生防护距离。

55. 大气环境影响预测的目的

大气环境影响预测的目的是为评价提供可靠和定量的基础数据。

(1)了解建设项目建成后对大气环境质量影响的程度和范围；

(2)比较各种建设方案对大气环境质量的影响；

(3)计算出各类或各个污染源对评价区域污染物浓度的贡献；

(4)规化城市或区域的污染源布局以及对其实行总量控制。

56. 高斯模式基本假设

高斯模式基本假设是污染物的浓度在 y、z 方向的分布是正态的，有风，为同一稳定度，连续性排放，污染物浓度不随时间变化，适合于平稳均匀流场。

57. 有效源高在静小风时的烟团模式

有效源高在静小风时的烟团模式是近距污染，各向同性，同心圆分布。

58. 封闭性扩散

封闭性扩散是上部逆温层存在的扩散，上稳下不稳，分为三个区，既正态区、过滤区、均匀区。

59. 熏烟型扩散

清晨，伴随着辐射，逆温自下而上消退，当逆温消退到烟流顶部时的污染称熏烟型扩散。

60. 颗粒物扩散模式

颗粒物扩散模式主要有源损耗模式、部分反射模式、倾斜烟羽模式。

61. 倾斜烟羽模式

当粒径大于 15 mm 时，其地面浓度按倾斜烟羽模式计算。

62. 山区大气扩散模式

山区大气扩散模式有峡谷模式、箱模式、艾根扩散模式。

63. 面源扩散模式

面源扩散模式有后退点源模式、窄烟云模式、箱模式。面源面积 $S \leqslant 1\ km^2$ 时，面源扩散模式可按点源扩散模式计算。

64. 大气日平均浓度计算方法

大气日平均浓度计算方法有保证率法、典型日法、换算法。

65. 长期平均浓度计算方法

长期平均浓度计算方法通常采用联合频率法。

66. 卫生防护距离

无组织排放的有害气体进入呼吸带大气层时，其浓度如超过标准浓度限值，则无组织排放源所在的生产单元与居住区之间应设置卫生防护距离。

67. 大气环境容量

大气环境容量指在给定的区域内，达到环境保护目标而允许排放的大气污染物总量。

68. 大气环境容量的计算方法

大气环境容量的计算方法有修正的 A－P 值法、模拟法、线性优化法。

69. 修正的A－P值法和模拟法适用对象

修正的A－P值法适用于粗略地估算指定区域的大气环境容量；模拟法适用于规模较大、具有复杂环境功能的新建开发区或将进行污染治理与技术改造的现有开发区。

70. 大气环境容量的影响因素

大气环境容量的影响因素有涉及的区域范围与下垫面复杂程度；空气环境功能区划及空气环境质量保护目标；区域内污染源及其污染物排放强度的时空分布；区域大气扩散、稀释能力；特定污染物在大气中的转化、沉积、清除机理。

71. 大气环境容量与污染物总量控制的主要内容

(1)选择总量控制指标：烟尘、粉尘、SO_2；

(2)对所涉及的区域进行环境功能区划，确定各功能区环境空气质量目标；

(3)根据环境质量现状，分析不同功能区环境质量达标情况；

(4)结合当地地形和气象条件，选择适当方法，确定开发区大气环境容量；

(5)结合开发区规划分析和污染控制措施，提出区域环境容量利用方案和近期污染物排放总量控制指标。

72. 总量控制因子

总量控制因子有SO_2、烟尘、工业粉尘。方法：平权削减法、反演法、逐级削减法。判据：源强、边长、标准、行业类别、五年平均风速。

73. 评价大气的环境影响

大气的环境影响评价内容包括确定环境目标值；确定评价指数和污染分担率；评价厂址和总图布置；评价污染源；分析超标时的气象条件；评价大气环境质量影响；确定分担率；确定环保对策。

74. 环境保护对策建议

(1)改变原燃料结构；

(2)改进生产工艺；

(3)对重点污染源加强环保治理(应提出具体治理方案)；

(4)加强能源、资源的综合利用；

(5)重点污染源的合理烟囱高度选择；

(6)无组织排放的控制途径；

(7)区域污染物排放的总量控制；

(8)土地的合理利用或调整；

(9)评价区的绿化，必要时刻提出防护林带的设置方案；

(10)监测大纲的建议，包括监测项目、监测布点方案、监测制度的确定、监测资料的统计分析要点等；

(11)管理制度的建议。

75. 大气环境影响评价小结

大气环境影响评价小结包括大气环境现状概要、工程分析与大气环境有关的部分、预测和评价、环境保护措施的评述和建议。

76. 如何写结论

(1)满足大气环境保护的要求：

①建设项目在实施的不同阶段，除了很小范围外，大气环境质量功能均能满足预定要求；

②在建设项目实施过程的某个阶段，非主要的个别大气污染物参数在很大范围内不能达到预定的水质要求，但采取一定的环保措施后可以满足要求。

(2)不能满足大气环境保护的要求：

①大气环境质量现状已经超标。

②污染削减量大以至于削减措施重在技术改进、经济上明显不合理。

(3)不宜作出明确的结论，如建设项目恶化了大气环境的某些方面，又改善了其他某些方面，说明建设项目对大气环境的正、负影响及其范围、程度和评价者的意见。

77. 有效源高的计算

有效源高的计算公式如下：

$$He = \Delta H + H \tag{11-4}$$

式中，He 为有效源高，m；H 为排气筒所在地平面与排气筒出口处的距离，m；ΔH 为排气筒出口处至烟云变平轴线的几何高度，m。造成烟云抬高的原因主要有动力抬升、热力抬升。烟云抬升过程分为喷出、浮升、瓦解、变平 4 个阶段。

影响烟云抬高的因子如下：

(1)烟气本身的性质。烟气的出口速度越大，烟温越高，抬升越高。

(2)周围大气的性质。风速越大，湍流越强，抬升越低。

(3)下垫面及粗糙度的影响。

六、地表水环境影响评价

1. 地表水

地表水是指存在于陆地表面各种河流、湖泊、水库及有关海湾。

2. 地表水环境质量影响因素

地表水质量由水质、底部沉积物和水生生物三部分决定。

3. 水污染源

水污染源是对水环境质量可以造成影响的物质和能量输入的来源的统称，输入的物质和能量，称为污染物或污染因子。水污染源的分类：按产生和进入环境的方式分为点源和面源(也称非点源)；按污染性质分为持久性污染物、非持久性污染物、酸碱污染物、废热。

4. 水环境保护目标

(1)保护环境的目标(一般由环境质量标准衡量和控制)；

(2)控制污染的目标(由污染排放标准衡量和总量指标控制)。

5. 水域环境功能

水域环境功能可分为五大类。Ⅰ类：源头水、国家自然保护区；Ⅱ类：集中式生活饮用水地表水源地一级保护区、珍稀水生动物栖息地等；Ⅲ类：集中式生活饮用水地表水源地二级保护区、鱼虾类越冬场、回游通道等；Ⅳ类：一般工业区及人体非直接接触娱乐用水区；Ⅴ类：农业用水区及一般景观要求用水。

6.《污水综合排放标准》适用范围

《污水综合排放标准》适用于现有单位水污染物的排放管理，以及建设项目的环境影响评价、环保设施设计、竣工验收及其投产后的排放管理。

7. 水环境质量标准与水污染源排放控制标准

水环境质量标准与水污染源排放控制标准如表 11-3 所示。

表 11-3　水环境质量标准与水污染源排放控制标准

GB 8978	GB 3838(水域)	GB 3097(海域)
一级排放标准	Ⅲ类	二类
二级排放标准	Ⅳ、Ⅴ类	三类
三级排放标准	排入设置二级污水处理厂的排水系统	

排入未设置二级污水处理厂的，按最终受纳水域的功能要求执行相应标准。GB 3838 中的Ⅰ、Ⅱ类水域和Ⅲ类水域划定的保护区，GB 3097 中一类海域，禁止新建排污口，现有排污口按水体功能要求，实行总量控制。

8. 地表水环境影响评价的基本思路

地表水环境影响评价的基本思路是明确环境目标；界定污染源强；进行水环境影响预测评价；优化污染源控制方案；得出项目建设的环境可行性结论。

9. 地表水环境影响评价的主要任务

地表水环境影响评价的主要任务是明确工程项目性质；划分评价等级；地表水环境现状调查和评价；建设项目工程分析；项目建设的水环境影响预测与评价；提出控制水污染的方案和保护生态环境的措施。

10. 环境影响评价工作的主线

环境影响评价工作的主线是环境—源强—影响—措施。

11. 环境影响评价成果必须正面回答的 6 个方面的问题

环境影响评价成果必须正面回答的 6 个问题是产业政策、符合规划、清洁生产、总量控制、达标排放、保护环境。

12. 地表水环境影响评价等级划分判据确定的原则

(1)能反映项目所在地的水环境特征；

(2)能体现项目水污染源的排放特征；

(3)容易获取，形式简单。

13. 地表水环境影响评价等级的划分依据

1)建设项目的污水排放量

分 5 个档次：

①≥20 000 m^3/d；

②10 000～20 000 m^3/d；

③5 000～10 000 m^3/d；

④1 000～5 000 m^3/d；

⑤200～1 000 m^3/d。

2)污水水质的复杂程度

(1)复杂：污染物类型数≥3，或者只有两类污染物，但需预测其浓度的水质数目≥10。

(2)中等：污染物类型数＝2，或者只有一类污染物，但需预测其浓度的水质数目≥7。

(3)简单：污染物类型数＝1，需预测其浓度的水质数目<7。

3)地表水域规模

河流：环评要求以枯水期平均流量划分。导则以多年平均流量，如无，以平水期平均流量作为划分依据。大河为≥150 m^3/s；中河为 15～150 m^3/s；小河为≤15 m^3/s。

湖库：以平均水深和水域面积划分。当平均水深≥10 m 时，大湖库≥25 km^2；中湖库为 2.5～25 km^2；小湖库<2.5 km^2。当平均水深<10 m 时，大湖库≥50 km^2；中湖库为 5～50 km^2；小湖库<5 km^2。

4)水环境质量要求

14. 地表水评价等级划分原则

(1)污水排放量越大，水质越复杂，评价等级越高；

(2)地表水域规模越小，水质要求越严，评价等级越高。

15. 地表水评价各等级的主要工作内容及要求

(1)地表水环境质量现状调查监测的主要工作内容及要求，见表 11-4。

表 11-4　地表水环境质量现状调查监测的主要工作内容及要求

工作等级 / 水域	一级	二级	三级
河流、河口 湖泊、水库	一般情况为一个水文年的丰、平、枯水期，若评价时间不够，至少应调查平、枯水期。	一般情况可只调查平、枯水期若评价时间不够，至少应调查枯水期	一般情况，可只在枯水期调查
水样采集	单点样	垂线混合样	断面混合样

当调查范围面源污染严重，丰水期水质劣于枯水期时，一、二级的各类水域应调查丰水期，若时间允许，三级评价也应调查丰水期。

冰封期较长的水域，且作为生活饮用水、食品加工用水的水源或渔业用水时，应调查冰封期的水质、水文情况。

(2)地表水环境影响预测的要求，见表 11-5。

表 11-5　地下水环境影响预测的要求

工作内容 工作等级	预测时期	预测方法	成果要求
一级	原则上应预测丰、平、枯水期	主要采用数学模式或物理模型法	对整个评价范围的水质影响时、空分布进行定量预测
二级	原则上应预测平、枯水期	主要采用数学模式法	定量预测水质影响的范围和程度，重点超标水域界定和控制断面的水质影响预测
三级	可只预测枯水期	可采用数学模式法或类比分析法	超标水域界定和控制断面的水质影响预测

16. 地表水环境现状调查的对象

地表水环境现状调查的对象有环境水文条件、水污染源和水环境质量。

17. 地表水环境现状调查的方法

地表水环境现状调查的方法有搜集资料法、现场实测法、遥感遥测法。

18. 地表水环境现状调查的范围

(1)应包括项目排污可能达标的范围并考虑评价级别要求；

(2)排污口下游一定范围内有敏感区时，调查范围应适当扩大至敏感区上游。

19. 河流水文条件调查的内容

(1)丰、平、枯的划分；

(2)平直与弯曲；

(3)横断面、纵断面、水位、水深、河宽、流量、流速及其分布、水温、糙率及泥沙含量；

(4)丰水期有无漫滩，枯水期有无浅滩、沙洲和断流；

(5)北方河流的结冰、封冻、解冻现象。

20. 湖库水文条件调查的内容

湖库水文条件调查的内容有面积、形状，应附平面图；丰、平、枯的划分；流入、流出的水量；停留时间；水量的调度和贮量；水深；水温分层及水流状况。

21. 水文特征的调查参数和方法

参数：河宽 B、水深 H、流速 u、流量 Q、坡度 J 和弯曲系数。弯曲系数>1.3时，可视为弯曲河流。方法：现场实测法、水文站资料收集利用法、判图法。

水文测点的位置应等于或小于水质调查的取样断面。

22. 点源调查的原则和方法

(1)以现有资料为主；

(2)点源调查的繁简程度可根据评价等级及其与建设项目的关系而略有不同。

23. 点污染源调查的内容

点污染源调查的内容有点源的排放，排放数据，用排水状况，厂矿企业、事业单位的废、污水处理状况。

24. 面源(非点源)调查的原则和方法

面源调查以收集资料为主。

25. 面源(非点源)调查的内容

面源调查对象包括工业类、其他类。

26. 水质调查的原则

水质调查应尽量利用现有资料，在资料不足时需进行必要水质采样监测。

27. 水质参数(因子)分类

(1)常规水质因子；

(2)特殊水质因子，根据项目特点、水域类别及评价等级选定；

(3)其他方面的因子，当受纳水域的环境保护要求较高，且评价等级为一、二级时，应考虑调查水生生物和底质。

28. 水质监测布点原则

(1)取样断面的布设原则：调查范围的两端；调查范围内重点保护水域、重点保护对象附近的水域；水文特征突然变化处、水质急剧变化处、重点水工构筑物附近、水文站附近应布设取样断面。一般布置三类断面：对照、控制、消减断面，在建设项目拟建排污口上游 500 m 处应设置一个对照断面。

(2)取样断面上取样垂线的布设(根据河宽)如下。

小河：在取样断面的主流线上设一条取样垂线。

大、中河：河宽小于 50 m，各距岸边 1/3 处，设两条。

河宽大于 50 m，主流线上和各距岸边 0.5 m 处，设三条。

(3)取样垂线取样点的布设(水深)：

水深大于 5 m，水面下 0.5 m、距河底 0.5 m，设两点。

水深 1～5 m，水面下 0.5 m 设一点。

水深不足 1 m，距水面不小于 0.3 m，距河底不小于 0.3 m。

对于三级项目，不论深浅，只在一条垂线上一个点取一个样。

(4)水质取样方式：

①一级评价，单点样分析；

②二级评价，垂线混合样；

③三级评价，断面混合样。

29. 水现状评价工作原则

水现状评价以文字分析描述，辅以数学模式计算方法表达。

30. 水现状评价依据

水现状评价依据地面水环境质量标准和有关法规及当地的环保要求。

31. 地表水环境现状评价因子

地表水环境现状评价因子包括工程废水排放的主要特征污染物、对纳污水体污染影响危害大的水质因子、国家和地方水质管理要求严格控制的水污染因子。

32. 地表水水质评价方法

地表水水质评价主要采用单项水质参数评价法。

33. 水质监测数据处理

(1)极值法，某水质因子监测数据量少，水质浓度变幅大；

(2)均值法，某水质因子监测数据量多，水质浓度变幅较小；

(3)内梅罗法，某水质因子监测有一定数据量，水质浓度变幅较大。

34. 水预测的基本原理

水预测的基本原理是水体的自净特性。

35. 水体自净的概念及机理

水体中的污染物在没有人工净化措施的情况下，它的浓度随时间和空间的推移而逐渐降低的特性称为水体的自净特征。水体自净分为三类机制：物理自净、化学自净、生物自净，它们在水体中同时发生，又相互影响。

1)物理自净

(1)混合稀释：依靠污染物的扩散作用，扩散能力的大小用“扩散系数”描述，稀释扩散只能造成浓度的降低，总量不会改变，由紊动扩散作用、移流作用、离散作用所致。

(2)自然沉淀：依靠污染物自身重力作用，沉淀能力的大小用“沉降系数”描述，沉淀作用只能造成污染物的转移，由水中转移到底泥中。

2)化学自净

(1)氧化还原作用：水中的氧将某些金属离子氧化成金属氧化物。

(2)吸附沉淀作用：天然水体中含有各种各样的胶体，如硅、铝、铁等的氢氧化物、黏土胶粒和腐殖质等，具有很强的吸附作用。

(3)生物自净：天然水体中含有大量的微生物，如好氧菌、厌氧菌、硝化菌等等，以含碳或含氮的有机物当做食饵，把有机物分解为无机物(如 CO_2)或把大分子的有机物降解为小分子的有机物(如甲烷等)。

36. 地表水环境影响预测方法

地表水环境影响预测方法有数学模式法、物理模型法、类比调查法、专业判断法。

37. 预测条件的确定

(1)筛选拟预测的水质因子，可依据下式筛选：

$$ISE = C_E \times Q_E/(C_S - C_P) \times Q_P \tag{11-5}$$

式中，ISE 为负值或越大，说明工程废水排放的该种污染物对纳污水体的污染影响就越大。

(2)预测阶段的划分：所有工程均应预测生产运行阶段的对地面水的影响，并按正常排放和不正常排放预测。同时具备以下三个条件的大型建设项目，应预测建设阶段的环境影响：地面水水质要求较高，在Ⅲ类以上；可能进入地面水环境的堆积物较多或土方量较大；建设时间较长，如超过一年。核电站、矿山应预测服务期满后对地面水环境的影响。

(3)预测范围和确定预测点位：预测范围应等于或略小现状调查范围。

(4)确定预测时段：自净能力最大、一般、最小。

38. 地面水环境和污染源的简化

河流可简化为矩形平直河流、矩形弯曲河流和非矩形河流。

(1)小河可简化为矩形平直河流；

(2)河流断面的宽深比≥20 时，可简化为矩形河流；

(3)大中河流弯曲系数>1.3时，可视为弯曲河流。

污染源简化分为排放形式(点、面源)、排放规律(连续恒定排放和非连续恒定排放)。

39. 河流水质的混合过程

河流水质的混合过程为上游河段—排污口—混合过程段—充分混合段。

40. 均匀完全混合断面定义

某污染物在断面上任意一点的浓度与断面平均浓度之差小于平均浓度的5%时，可认为该污染物在断面上均匀分布。

41. 零维水质模型应用条件

零维水质模型应用条件是河流充分混合段、持久性污染物、河流为恒定流动、废水连续稳定排放。

42. 点源一维水质模型应用条件

点源一维水质模型应用条件是评价河段受纳水体的水质与水量较稳定；工程外排废水的水质与水量较稳定；易降解污染物在小河流评价河段或大、中河流均匀混合断面以下河段的水质预测；S-P模式仅限于BOD、DO水质影响预测。

43. S-P模型的定义

S-P模型是反映河流水体中的DO、BOD变化关系及影响因素间关系的数学表达式。

44. 混合区

混合区是指工程排污口至下游均匀混合断面之间的水域。它的影响预测主要是污染带分布的问题，常用混合过程段长度和超标水域范围两项指标反映。

45. 大、中河流水质预测重点

大、中河流水质预测的重点是超标水域的界定问题。

46. 超标水域

在排放口下游指定一个限定区域，使污染物进行初始稀释，在此区域内可以超过水质标准，这个区域称为超标水域。应记录其位置、大小、形状。

47. 模型参数的率定

模型参数的率定包括K1、K2及温度校正。

48. 建设项目的面源

建设项目的面源主要有水土流失面源、堆积物面源和降尘面源。

49. 评价建设项目的地面水环境的影响评价的原则

(1)评价的基本资料：水域功能。

(2)评价方法：单项水质参数评价方法，自净利用指数法(何时用)，标准指数法(现状超标时)。

(3)小结：地面水环境现状概要、工程分析与地面水环境有关的部分、预测和评价、水环境保护措施的评述和建议。

50. 如何写结论

(1)满足地面水环境保护的要求：

①建设项目在实施的不同阶段，除排污口附近很小范围外，水域的功能均能达到预

定要求。

②在建设项目实施过程的某个阶段，个别水质参数在很大范围内不能达到预定的水质要求，但采取一定的环保措施后可以满足要求。

(2)不能满足地面水环境保护的要求：

①地面水现状水质已经超标。

②污染削减量大以至于削减措施在技术、经济上明显不合理。

(3)不宜作出明确的结论，如建设项目恶化了水环境的某些方面，又改善了其他某些方面，说明建设项目对地面水环境的正、负影响及其范围、程度和评价者的意见。

51. 确定建设项目水污染物排放总量控制目标应进行的工作

应进行的工作有确定总量控制因子；计算建设项目不同排污方案的允许排污量；分配建设项目总量控制目标。

52. 水污染控制管理措施

水污染控制管理措施有削减污染负荷，进行污水处理，选择替代方案。

53. 水环境容量

水环境容量是指水体在环境功能不受损害的前提下所能接纳的污染物的最大允许排放量。

54. 水环境容量估算方法

(1)对于拟接纳开发区污水的水体应估算其环境容量；

(2)污染因子应包括重点污染物和受纳水体敏感的污染物；

(3)明确受纳水体不同界面的水质标准要求，分析其现状和达标程度；

(4)建立污染物排放和受纳水体水质之间的输入响应关系；

(5)确定合理混合区，估算相关污染物的环境容量。

55. 水环境容量与水污染物排放总量控制主要内容

(1)选择总量控制指标因子：COD、氨氮、总氰化物、石油类等因子及受纳水体最为敏感的特征因子；

(2)分析基于环境容量约束的允许排放总量和基于技术经济条件约束的允许排放总量；

(3)分析确定水环境容量；

(4)确定开发区水污染排放总量；

(5)如预测的各项总量值均低于上述基于技术水平约束下的总量控制和基于水环境的总量控制指标，可选择最小的指标提出总量控制方案；如大于其中某一类指标，则需调整规划，降低污染物总量。

56. 水环境保护措施

环保措施包括污染消减措施建议和环境管理措施建议：

(1)消减措施建议应尽量做到具体、可行，以便对建设项目的环境工程设计起指导作用；

(2)环境管理措施建议包括环境监测的建议、水土保持措施建议、防止泄漏等事故发生的措施建议、环境管理机构设置的建议等。

在对项目进行排污控制方案计算比较之后，可以选择以下管理措施实现环境目标：

(1)削减污染负荷。改革工艺，减少排污；节约水资源和提高水的循环使用率。

(2)进行污水处理。

(3)选择替代方案。耗水量大的产品或生产工艺，在水资源紧张的地区兴建，应有替代方案；靠近特殊保护水域的项目，通过其他措施难以克服其影响时，需设计替代方案。

七、声环境影响评价

1. 噪声

噪声，物理学上指不规则、间歇的或随机的声振动；环保角度就是指人们不需要的声音。

2. 环境噪声

环境噪声指包括干扰人群正常活动的连同自然噪声在内的一切声音，有工业生产、建筑施工、交通运输和社会生活中所产生的干扰周围生活环境的声音。

3. 环境噪声污染

环境噪声污染是指所产生的环境噪声超过国家规定的环境噪声排放标准，并干扰他人正常生活、工作和学习的现象。

4. 环境噪声的主要特征

环境噪声的主要特征有是感觉性公害；具有局限性和分散性；具有暂时性。

5. 声音的三要素

声音的三要素是声源、介质、接受器。

6. 声源

辐射声能的振动体称为声源。

声源的分类：按产生机理分，机械声源、空气动力性声源、电磁噪声源；按时间变化分，稳态噪声和非稳态噪声(瞬时、周期、脉冲和无规则)；按来源分，工业噪声、建筑施工噪声、交通运输噪声、社会生活噪声。按辐射特性及其传播距离分，点、线、面声源。

7. 噪声的影响

噪声的影响有听力损伤、睡眠干扰、对交谈工作思考的干扰、引起的心理影响(引起人烦恼激动失智)。

8. 噪声的限制标准

噪声的限制标准有噪声允许范围，基础标准，见表 11-6。

表 11-6　各种条件下的噪声允许范围　　[单位：dB(A)]

适用条件	最高值	理想值
体力劳动(听力保护)	90	70
脑力劳动(语言清晰度)	60	40
睡眠	50	30

9. 城市5类区环境噪声标准

城市5类区环境噪怕标准如表11-7所示。

表11-7 环境噪声限值 [单位：dB(A)]

类别		昼间	夜间
0		50	40
1		55	45
2		60	50
3		65	55
4	4a	70	55
	4b	70	60

0类声环境功能区：指康复疗养区等特别需要安静的区域。

1类声环境功能区：指以居民住宅、医疗卫生、文化教育、科研设计、行政办公为主要功能，需要保持安静的区域。

2类声环境功能区：指以商业金融、集市贸易为主要功能，或者居住、商业、工业混杂，需要维护住宅安静的区域。

3类声环境功能区：指以工业生产、仓储物流为主要功能，需要防止工业噪声对周围环境产生严重影响的区域。

4类声环境功能区：指交通干线两侧一定距离之内，需要防止交通噪声对周围环境产生严重影响的区域，包括4a类和4b类两种类型。4a类为高速公路、一级公路、二级公路、城市快速路、城市主干路、城市次干路、城市轨道交通(地面段)、内河航道两侧区域；4b类为铁路干线两侧区域。

各类声环境功能区夜间突发噪声，其最大声级超过环境噪声限值的幅度不得高于15 dB(A)。

10. 环境噪声排放标准

(1)工业企业厂界噪声标准。夜间频发噪声，其峰值不准超过标准值的10 dB(A)；夜间偶发噪声，其峰值不准超过标准值的15 dB(A)。

(2)建筑施工场界噪声限值：如有几个施工阶段同时进行，以高噪声阶段的限值为准。

(3)《铁路边界噪声限值及测量方法》：均为70 dB(A)，铁路边界指铁路外侧轨道中心线30 m处。

11. 机场周围飞机噪声环境标准

采用一昼夜的计权等效连续感觉噪声级作为评价量，标准见表11-8。

表11-8 机场周围飞机噪声环境标准

适用区域	标准值/dB
一类区域(特殊住宅区、居住、文教区)	≤70
二类区域(除一类区以外的生活区)	≤75

12. 声波

物体振动引起周围媒质的质点位移，媒质密度产生疏密变化，这种变化的传播就是声波。

13. 声速

声速是指声波在弹性媒质中的传播速度，用 C 表示，它取决于媒质的弹性和密度，与声源无关。

14. 波长

声波相临的两个压缩层之间的距离称为，用 λ 表示。

15. 周期

波形经过一个波长的距离所需要的时间为周期，用 T 表示。频率(f)＝$1/T$，单位为赫兹(Hz)。

$$C=\lambda/T \tag{11-6}$$

16. 人耳听到的声音频率

人耳能听到的声音频率为20～20 000 Hz。小于20 Hz的叫次声，高于20 000 Hz的叫超声。

17. 声压

声波通过媒质时引起媒质压强的变化，变化的压强称为声压。

声压分类如下。

(1)瞬时声压：指瞬时媒质中内部压强受到声波作用后的改变量，即单位面积的压力变化，单位Pa。

(2)有效声压：瞬时声压的均方根。

18. 听阈

人耳能听到的最小声压为听阈，声压值为 2×10^{-5} Pa。

19. 痛阈

使人耳产生疼痛感觉的声压为痛阈，声压值为20 Pa。

20. 声压级

人耳从听阈到痛阈声压绝对值非常大，用声压绝对值表示不方便，人对声音的响度与声音强度的对数成比例，单位为分贝(dB)。

$$L=20\lg(P/P_0) \tag{11-7}$$

21. 噪声级的相加

噪声级按能量相加，相加公式为

$$L_{1+2}=10\lg[10^{L_1/10}+10^{L_2/10}] \tag{11-8}$$

式中，L_{1+2}为1声源和2声源的声压级合成后的声压级；L_1 为1声源声压级；L_2 为2声源声压级。

22. 噪声级的平均

噪声级的平均用下式计算：

$$\bar{L}=10\lg\left[\frac{1}{n}\sum_{i}^{n}10^{\frac{L_i}{10}}\right] \tag{11-9}$$

23. 环境噪声的评价量

环境噪声的评价量包括：A 声级(L_A)、等效连续 A 声级(L_{eq})、昼夜等效声级(L_{dn})、统计噪声级(L_n)、计权等效连续感觉噪声级(L_{WECPNL})。

人耳对声音的感觉和声压级大小和频率的高低有关，声压级相同，高频声音比低频声音响。

24. A 声级

A 声级为通过 A 计权网络测得的噪声值，单位为 dB(A)。

25. 等效连续 A 声级

等效连续 A 声级即将某一段时间内连续暴露的不同 A 声级变化，用能量平均的方法以 A 声级表示该段时间内的噪声大小。

26. 昼夜等效声级

考虑到噪声在夜间对人影响更为严重，考虑夜间时间并将夜间噪声增加 10 dB 加权处理后，用能量平均的方法得出的 24 h A 声级的平均值。

27. 统计噪声级

L_{10}表示在取样时间内 10%的时间超过的噪声级，相当于噪声平均峰值；

L_{50}表示在取样时间内 50%的时间超过的噪声级，相当于噪声平均中值；

L_{90}表示在取样时间内 90%的时间超过的噪声级，相当于噪声平均底值。

28. 计权等效连续感觉噪声级

其特点在于既考虑了 24 h 内飞机通过某一固定点所产生的总噪声级，同时又考虑了不同时间内的飞机对周围环境所造成的影响。

29. 噪声环境影响评价范围

点声源，评价范围外 200 m；线声源，两侧各 200 m，若建设项目周围较空旷而较远处有敏感区域，评价范围应放大到敏感区域。机场的环境影响评价范围为跑道两端 15 km，侧向 2 km 范围。

30. 噪声的衰减

点声源遵循球面分布规律。

点声源：

$$\Delta L = 10\lg(1/4\pi r^2) \tag{11-10}$$

$$\Delta L = 20\lg(r_1/r_2) \tag{11-11}$$

当 $r_2=2r_1$时，$\Delta L=-6$ dB。

线声源：

$$\Delta L = 10\lg(1/2\pi rl) \tag{11-12}$$

$$\Delta L = 10\lg(r_1/r_2) \tag{11-13}$$

当 $r_2=2r_1$时，$\Delta L=-3$ dB。

31. 声环境影响评价的基本任务

声环境影响评价的基本任务是评价建设项目引起的声环境变化；提出各种防治对策，把噪声污染降低到现行标准允许的水平；为建设项目优化选址、合理布局以及城市规划提供科学依据。

32. 声环境影响评价原则

声环境影响评价的总原则是以人为本。另外，排放标准应服从环境质量标准；应明确环境保护目标，按环境敏感点评价；应规定防治噪声污染的具体措施。

33. 声环境影响评价工作的划分依据

声环境影响评价工作的划分依据有投资额划分建设项目规模；噪声源种类及数量；项目建设前后噪声级的变化程度；建设项目噪声影响范围内的环境保护目标、环境噪声标准和人口分布。

34. 声环境影响评价工作等级划分基本原则

声环境影响评价工作等级划分基本原则见表 11-9。

表 11-9　声环境影响评价工作等级划分基本原则

	项目规模	区域	噪声级变化	人口
一级	大、中型，属于规划区内的	有 0 类及以上的区域及对噪声有限制的保护区	显著增高 5～10 dB(A)	显著增多
二级	新、改、扩大、中型	1、2 类区	较明显增高 3～5 dB(A)	增加较多
三级	大、中型		增加很小，3 dB(A)以内	变化不大
	中型	3 类标准及以上区域		
	小型	1、2 类区		

对小型建设项目，在非环境敏感区，只填写环境影响报告表的部分内容。

35. 声环境影响一级评价工作基本要求

声环境影响一级评价工作基本要求包括环境噪声现状应全部实测；噪声预测要覆盖全部敏感目标，绘出等声级线图并给出预测噪声级的误差范围；给出项目建成后受影响人口分布、噪声超标范围和程度；对噪声级变化的几个阶段应分别给出其噪声级；对可能引起的非项目本身的环境噪声增高给予分析；对不同建设方案引起的声环境变化应进行定量分析；提出防治措施，给出最终降噪效果。

36. 环境噪声现状调查的内容

环境噪声现状调查的内容包括评价范围内现有噪声源种类、数量及相应噪声级；敏感目标、噪声功能区划；各噪声功能区的环境噪声现状、超标情况及受噪声影响的人口分布。

37. 环境噪声现状调查的方法

环境噪声现状调查的方法有收集资料法、现场调查和测量法。

38. 环境噪声现状测量点布设原则

环境噪声现状测量点布设原则为布置在现有噪声源对敏感区有影响的点上；接近声源处测点密度应该较高；对于线状声源，应布置若干噪声测量断面；无明显噪声源且声级较低的新建项目，可大幅减少或不设检测点；对于改扩建工程，可采用网格法绘制声级图。

39. 环境噪声现状评价的主要内容

环境噪声现状评价的主要内容包括现有噪声敏感区、保护目标的分布情况，以及噪声功能区的划分情况等；环境噪声现状的调查和测量方法；评价范围内现有的噪声源种类、数量及噪声特性，以及主要声源分析；环境噪声现状；受噪声影响的人口分布。

40. 声环境影响预测点布置原则

(1)所有环境噪声现状测量点都应作为预测点；

(2)可用网格法确定预测点，绘制等声级图；

(3)需要特别考虑的预测点。

41. 声环境影响评价的基本内容

(1)分析项目建设前环境噪声现状；

(2)分析建设项目在施工、运行阶段噪声的影响程度，以及影响范围和超标情况；

(3)分析受噪声影响的人口分布；

(4)分析引起超标的主要噪声源或主要原因 ；

(5)分析建设项目的选址、设备布置和设备选型的合理性；

(6)分析建设项目设计中已有的噪声防治对策，并分析其经济、技术的可行性；

(7)提出针对该建设项目的有关噪声污染管理、噪声监测和城市规划方面的建议。

42. 噪声防治对策

(1)从声源上降低噪声，包括选用低噪声设备和材料，改革工艺和操作方法，建设项目避让或线路摆动；

(2)从传播途径上降低噪声，包括采用合理布局、动静分开的设计原则，采用吸声、隔声、消声等控制措施；

(3)从受声敏感目标自身降低噪声，包括安装隔声门窗，改变敏感点使用功能，敏感目标搬迁远离建设项目。

43. 工矿企业声环境预测点的布置

厂界预测点应能预测到厂界噪声最大值，预测点应包括评价范围内的主要敏感点和现状测量点。

44. 厂界噪声

厂界噪声即现有工程和拟建工程声源噪声对厂界的贡献值。

45. 工矿企业声环境预测内容

工矿企业声环境预测内容包括厂界噪声和环境敏感点噪声。

46. 工业噪声防治对策

可从工程选址、总图布置、设备选型、造作工艺变更等方面防治噪声，如主要声源采用消声、吸声、隔声、隔振和阻挡措施，声屏障、敏感建筑物采取噪声防护等措施降低和减轻噪声对周围环境和居民的影响。

47. 公路、道路交通噪声防治对策

可通过线路比选、道路和敏感建筑物之间距离的调整、道路路面结构、路面材料改变、道路和敏感建筑物之间的土地利用规划、道路车辆的行驶规定、临街建筑物使用功能的变更、声屏障和敏感建筑物本身防护或拆迁安置减轻公路、道路交通噪声。

48. 机场噪声防治对策

可通过机场位置选择，跑道方位和位置的调整，飞行程序的变更，机型选择、昼间、晚上、夜间飞行架次比例的变化，起降程序的优化，噪声影响范围内土地利用规划或土地使用功能的变更等措施降低飞机噪声对周围环境的影响。

49. 吸声的机制

吸声的机制为通过介质的黏滞性、热传导和分子弛豫吸收而把入射声能最终转变为热能。

八、生态环境影响评价

1. 生态学

生态学是研究生物生存与其环境关系的学科。

2. 生态系统的结构层次

生态系统的结构层次为细胞⟶个体⟶种群⟶群落⟶生态系统。

3. 种群

种群为某一地区同种个体的集合群体。

4. 群落

群落为生活在某一地区的所有种群的集合体，可分为植物群落、动物群落和微生物群落。

5. 群落演替

群落演替即在一定地段群落由一个类型转变为另一个类型的有顺序的演变过程。

6. 生态系统

生态系统指生命系统与非生命(环境)系统在特定空间组成的具有一定结构与功能的系统，它是生态影响评价的基本对象。

7. 生态系统的类型

生态系统按形成和性质分为自然系统人工系统半自然系统。

8. 生态系统的特点

生态系统具有物质循环、能量流动的特点，具有整体性、开放性、区域分异性、动态性。

9. 生态系统运行过程

生态系统运行过程包括物质循环、能量流动、信息传递、调节反馈。

10. 生态环境功能

生态环境的功能有防风固沙、涵养水源、调节气候、净化空气。

11. 生物多样性

生物多样性包括遗传多样性、物种多样性、生态系统多样性三个层次。生物多样性是世界环境保护的核心问题。

12. 生物多样性的保护对策

(1)应包括全球的、国家的、地区的和地方的一系列不同层次；

(2)建立自然保护区与国家公园；

(3)采用迁地保护措施；

(4)建立种子库和基因资源库；

(5)退化生态系统的恢复；
(6)生物多样性监测；
(7)制定环境和野生动植物保护法律。

13. 保护生物多样性的方法

(1)保护生态系统的完整性；
(2)避免物种濒危和灭绝；
(3)保护野生动植物生境的多样性；
(4)保护自然保护区；
(5)管理导致生物多样性减少的行为。

14. 生态环境影响

生态环境影响是指外力作用于生态系统，导致其发生机构和功能变化的过程。

15. 生态环境影响的特点

生态环境影响具有累计性、区域性或流域性、高度相关和综合性。

16. 生态环境影响评价

生态环境影响评价是指通过定量揭示和预测人类活动对生态的影响及其对人类健康和经济发展的作用的分析确定一个地区的生态是否符合环境容量。

17. 生态环境影响评价指导思想与原则要求

生态环境影响评价应贯彻可持续发展思想与战略；贯彻执行政策和法规的要求；遵循生态科学原理；强调针对性。

18. 生态环境影响评价的工作内容

生态环境影响评价的工作内容有进行规划或建设项目的工程分析；进行生态现状的调查与评价；进行环境影响识别与评价因子筛选；进行选址选线的环境合理性分析；确定评价等级和范围；进行建设项目全过程的影响评价和动态管理；进行敏感保护目标的影响评价，研究保护措施；研究消除和减缓影响的对策措施；得出结论。

19. 生态环境影响评价工程分析技术要点

(1)工程组成完善：完善主体、辅助、配套、公用、环保工程。

(2)重点工程明确：明确名称、位置、规模、建设方案、施工方案、营运方式等。

(3)全过程分析：对选址选线期、设计方案、建设期、营运期、营运后期均进行分析。

(4)污染源分析：分析污染物类型、源强、排放方式、纳污环境等。

(5)其他分析：包括施工方式、营运方式不同，对环境影响不同；风险分析等。

20. 生态环境影响评价工作等级划分的原则和依据

根据项目对生态影响的程度和影响的范围，可将生态环境影响评价工作分为一、二、三级。

21. 生态环境影响评价范围的确定方法

确定方法有根据技术导则和评价规范的硬性规定，根据评价对象特点和工作需求与资料获取可能确定评价范围，以及动态地确定评价范围。

22. 生态环境影响评价范围的确定的原则和依据

生态因子之间互相影响和相互依存的关系是划定评价范围的原则和依据。非污染生态影响评价的范围主要根据评价区域与周边环境的生态完整性以及敏感生态目标的保护需要确定。以重要评价因子受影响的方向为扩展距离，一级为 8～30 km；二级为2～8 km；三级为 1～2 km。

23. 生态环境影响识别要点

(1)影响因素的识别。作用主体即开发建设活动，其要点如下：内容全面，全过程识别，识别全部作用方式。

(2)影响对象识别。影响受体即生态环境，其要点如下：区域敏感环境保护目标，生态系统及其主导因子，主要自然资源。

(3)影响效应。影响的性质、程度，以及影响的可能性。

24. 生态环境影响评价因子筛选要点

(1)明确生态系统类型；

(2)分辨生态层次；

(3)所选因子应具有代表性和可操作性；

(4)内容全面(敏感保护目标、区域生态环境问题、资源的量与质问题)。

25. 生态状况调查内容

自然环境的调查内容包括：自然环境基本特征调查，生态系统调查，区域敏感保护目标调查，区域可持续发展规划、环境规划的调查，区域生态历史变迁情况、主要生态问题及自然灾害等。

社会经济状况的调查内容包括：社会结构情况调查、经济结构与经济增长方式调查、移民问题调查、自然资源量调查。

26. 敏感保护目标

敏感保护目标包括自然保护区、重要物种及其生境、重要生态系统和特殊生境、重要生态功能区、风景名胜区、重要自然与人文遗迹、规划的生态保护地及生态示范区、生态脆弱区、自然灾害易发区、重要资源。

27. 重要生态功能区

重要生态功能区包括江河源头区、重要水源涵养区、水土保持的重点预防保护区和重点监督区、江河洪水调蓄区、防风固沙区和重要渔业水域等

28. 生态现状调查要求

生态现状调查要求包括在现状调查的基础上进行人为的分析与判断；按不同评价等级进行图件编制和生态现状描述；根据目的和重点选取评价因子和方法。

29. 生态现状调查方法

生态现状调查方法有收集现有资料；收集各级政府有关自然资源、自然保护区、珍稀和濒危物种保护的规划或规定；收集环境保护规划及国内、国际确认的有特殊意义的栖息地和珍稀、濒危物种等资料；收集国际有关规定等资料；现场调查；收集遥感资料；访问专家。

30. 植被样地调查

首先需确定样地大小，样地大小依据植株大小和密度确定，一般草本样地在 1 m^2 以上，灌木样地在 10 m^2 以上，乔木样地在 100 m^2 以上；其次需确定样地树木，样地的面

积须包括群落的大部分物种，一般可用物种与面积的关系曲线确定样地数目。样地排列有系统排列和随即排列两种。

计算公式：

密度＝个体数目／样地面积

相对密度＝一个种的密度／所有种密度×100％

优势度＝底面积／样地面积

相对优势度＝一个种优势度／所有种优势度×100％

频度＝包含该种样地数／样地总数

相对频度＝一个种的频度／所有种的频度×100％

重要值＝相对密度＋相对优势度＋相对频度

31. 生态环境现状评价的内容

生态环境现状评价的内容包括生态系统因子层次上的状况评价，对生态系统的植被、生物成分、非生物成分的评价，生态系统整体结构与环境功能的评价，区域生态环境问题以及自然资源的评价。

32. 生态环境现状评价的要求

生态环境现状评价应包括以下内容：

(1)生态系统的类型、基本结构和特点，评价区内优势生态系统及其环境功能；

(2)区域内自然资源赋存和优势资源及其利用状况；

(3)区域内不同生态系统间的相关关系及连通情况，各生态因子间的相关关系；

(4)区域内生态系统主要约束条件以及所研究的生态系统的特殊性；

(5)敏感或主要的保护目标；

(6)生态系统目前所受的压力、威胁和存在的主要问题。

33. 生态现状评价方法

生态现状评价要有大量数据支持评价结果，也可以应用定性与定量相结合的方法进行。常用的方法有图形叠置法、系统分析法、生态机理分析法、质量指标法、景观生态学法、数学评价方法等。

34. 生态环境影响预测含义

生态环境影预测指科学地推算生态环境演变的特点与结果。

35. 生态环境影响预测内容

包括三个方面的内容：工程影响因素的分析、生态环境受体分析、生态影响效应分析。具体包括生态系统整体性影响、敏感保护目标影响、主要自然资源影响、区域生态环境问题，以及是否带来新的生态变化、是否使某些生态影响严重化、是否使生态问题发生时间与空间上的变化、是否使某些原来存在的生态问题向有利的方向发展。

36. 生态预测方法

生态预测方法包括类比分析、生态机理分析、利用景观生态学的方法进行文字分析与定性描述，以及数学模拟。

37. 生态环境影响评价目的

(1)评价影响的性质、程度、显著性；

(2)评价生态影响的程度、重要性；

(3)评价资源和社会价值的得失。

38. 生态环境影响评价指标

生态环境影响评价指标包括生态学评估指标与基准，可持续发展评估指标与基准，政策与战略评估指标与基准，环境、资源保护法规，经济价值损益和得失评估指标，社会文化。

39. 生态保护措施的基本要求

要求包括体现法规的严肃性；体现可持续发展思想与战略；满足多方面的目的要求；遵循生态环境保护科学原理；全过程评价与管理；体现产业政策方向与要求；突出针对性与可行性。

40. 减少生态影响的工程措施

(1)方案优化：选点选线避让环境敏感目标，选择减少资源消耗的方案，采用环境友好方案，建设环保工程。

(2)施工方案合理化：规范化操作，改变传统落后施工组织。

(3)加强工程的环境保护管理：加强施工期环境工程监理与队伍管理，加强运营期环境监测与目标管理。

41. 绿化方案编制的技术要点

原则：乡土树种、生态绿化、因土种植、因地制宜。

目标指标：面积、覆盖率、预计生物量。

实施方法：立地条件、植物类型、绿化结构、实施时间。

保障措施：投资估算、投资效益、技术培训。

管理措施(质控、制度、机构)。

42. 生态监测概念

生态监测包括施工期生态监测和长期跟踪的生态监测。

43. 生态监测方案的内容

内容包括明确监测目的；确定监测对象；确定监测点位、频次，明确方案的具体内容；规定监测方法和数据统计规范；确立保障措施。

44. 生态监理内容

生态监理是指针对建设项目在建设期发生的生态环境影响，受业主委托，由第三方承担，依据合同和有关法律对工程建设承包商的环保工作进行监督、管理、监察的工作。

45. 水土保持方案基本要求

(1)三类地区做水保方案(山区、丘陵区、风沙区)；

(2)水保方案要纳入报告书；

(3)纳入报告书之后要进行环境合理性分析。

46. 水土保持方案编制程序与内容

程序及内容包括应包括建设项目概况调查和环境概况调查、水土流失预测、水土流失防治措施编制、水土保持投资估算及效益分析、水土保持方案审批与实施等。

47. 水土流失预防方针

水土流失防治方针为预防为主、全面规划、综合防治、因地制宜、加强管理、注重效益。

48. 水土流失治理措施

水土流失治理措施包括工程治理措施和生物治理措施(绿化工程)。

49. 水土保持4个认识

水土保持是生态保护的重要内容；水土流失属重大的生态环境问题；水土流失实质是土壤侵蚀；水土保持是环境影响评价的内容之一。

50. 景观、景观阈值

景观指视觉意义上的景物、景色、景象和印象。景观阈值指景观体对外界干扰的耐受能力、同化能力和恢复能力。

51. 景观美学

景观美学是人对环境的审美感知和审美需求。景观可分为自然景观和人为景观两类。

52. 自然景观美学评价

其内容包括自然景观实体的客观美学评价和评价者的主管观感。

53. 须做景观影响评价的项目

须做景观影响评价的项目有城市建设项目、公路、铁路、矿业开发、旅游业。

54. 景观影响评价主要内容

景观影响评价主要内容有确定视点；景观敏感度评价；进行景观阈值评价、美学评价、资源性评价；景观美学影响评价；景观保护措施研究和相应的美学效果与技术经济评价。

55. 水电项目工程分析

1)工程组成

主体工程：库坝、发电厂房。

配套工程：引水涵洞、输水渠道等。

辅助工程：对外交通道路、施工道路网络、各种作业场地(取土场、采石场、弃土弃渣场等)。

公用工程：生活区、水电供应设施、通信设施等。

环保工程：污水和工业废水控制设施、绿化工程等。

工程分析重点：施工期、营运期。

2)施工期直接影响

影响范围：水库上游汇水区—下游河口、近海的广大地区。

直接影响：占用土地、破坏植被、水土流失。弃土弃渣可能发生泥石流；施工现场噪声、扬尘及废物的污染，可能对原有自然景观和历史遗迹造成破坏；施工队伍进驻可能造成野生生物物种减少或丧失(人类干扰和栖息地丧失)。

3)营运期环境影响

(1)淹没土地，丧失农、林、牧和湿地资源。

(2)某些有历史、文化、美学价值的文物资源被破坏。

(3)野生动植物物种迁移或丧失。

(4)阻隔使回游生物灭绝。

(5)淹没土地上的残存有机物会逐渐分解而丰富水库营养。其有利一面为有利于水库养鱼和其他生物生长。其不利一面为过于茂盛的水生植物可能堵塞水坝出口及排水线路，妨碍河道航行；过多有机物分解耗竭水中DO，影响水生生物正常生长。

(6)造成河道淤积、冲刷，塌岸塌堤。

(7)回水和上游地区的洪水泛滥。

(8)由于河流流量、水质、水温变化，使鱼类失去产卵环境和回游通道，导致物种减少和渔业产量下降，水温和盐度的变化使在河口繁殖的水生种群改变原来的结构和繁殖模式，甚至不能生长。

(9)防洪构筑物破坏了洪水的天然模式，洪水长期泛滥形成肥沃而湿润的泛滥平原，它们的截流作用会使下游地区土地退化，土壤肥力下降，使农业和天然植被失去其原有的生产力，野生动物数量下降(失去适合的生存环境)。

(10)社会问题，如移民。

(11)功能协调问题：供水与养殖、旅游、水上娱乐的协调问题。供水必须有效控制上游污染源。

(12)间接影响：淹没道路，输电、通信设施复建，道路上山；建设过程中大量人群拥入，形成新的城镇，改变区域生态结构。

56. 公路建设项目环境影响评价要点

点段结合，以点为主(工程重点、环境敏感区)；做好工程分析，包括全部工程分析；评价全过程影响；注重敏感目标；与规划的协调；关注间接影响；景观影响评价；措施按点段落实。

公路建设项目环境影响评价要点见表11-10。

表11-10　公路建设项目环境影响评价要点

工程分析	施工期	营运期
主体工程：路基工程(挖填段) 桥梁 隧道 路面工程 配套工程：服务区 边坡工程 辅助工程：施工辅道 作业场地 沙石料场 取土场 采石场 弃渣场 公用工程：生活区 环保工程：绿色通道	地貌、景观 植被清除 碾压、埋压 生物干扰 栖息地破坏 水土流失(挖、填、弃) 敏感目标 污染：尾气、扬尘 沥青烟气 废水垃圾 偷伐盗猎 建筑迁建	敏感目标 景观影响 生物阻隔

九、固体废物环境影响评价

1. 固体废物

固体废物指在生产、生活和其他活动中产生的丧失原有价值或者利用价值而被抛弃或放弃的固体、半固体和置于容器中的气态的物品、物质以及法律、行政法规规定纳入固体废物管理的物品、物质。

2. 固体废物来源

固体废物来源有居民生活、商业机关、医疗保健机构、矿业等。

3. 固体废物分类

固体废物按来源分为城市生活垃圾、工业固体废物、农业固体废物。按特性分为一般废物、危险废物。

城市固体废物：指居民生活、商业活动、市政建设与维护、机关办公等过程产生的固体废物。包括生活垃圾、城建渣土、商业固体废物、粪便。

生活垃圾：是指在日常生活中或者为日常生活提供服务的活动产生的固体废物以及法律、行政法规规定视为生活垃圾的固体废物。

工业固体废物：是指在工业生产活动中产生的固体废物。包括冶金、能源、石化、矿业、轻工业、其他固体废物。

危险废物：是指列入国家危险废物名录或者根据国家规定的危险废物鉴别标准和鉴别方法认定的具有危险特性的固体废物。医疗废物也属于危险废物。

医疗废物：医疗卫生机构在医疗、预防、保健以及其他相关活动中产生的具有直接或间接传染性、毒性以及其他危害性的废物。

4. 固体废物防治法规

固体废物防治法规为《中华人民共和国固体废物污染环境防治法》，于 2005 年 04 月 01 日实施。

5. 固体废物特点

固体废物是富集多种污染成分的终态，是污染环境的源头，其危害具有潜在性、长期性和灾难性。

6. 固体废物环境问题特点

(1)产生量与日俱增，资源浪费严重；

(2)占用大量土地资源；

(3)对人体健康和生态环境有多种危害；

(4)危险废物对人体健康和生态环境危害严重。

7. 固体废物对环境的污染影响

(1)对大气环境的污染：堆放产生细微颗粒、粉尘飞扬；堆存、填埋、堆肥、焚烧中释放污染物；

(2)对水环境的污染：直接倾倒于水体，将缩减江河湖面有效面积，降低排洪和灌溉能力，使水质直接受到污染；堆放在地表的或简单填埋的固体废物，以固态或液态(渗滤液)的形式对地表水造成污染；

(3)对土壤环境的污染：有害工业固体废物改变土壤性质和土壤结构，土壤的污染可导致有害物质在种植物中的富集，并进入食物链。

8. 固体废物环境影响评价要点

(1)做好废物源调查分析，了解废物的组成、危害性，以及物理化学和环境污染特性。

(2)了解固体废物的处理过程，做好工程分析。

(3)确定污染途径。

(4)确定污染因子和污染物释放速率。

9. 危险废物的特点

危险废物可能具有腐蚀性、急性毒性、浸出毒性、反应性、传染性、放射性。

10. 危险废物的鉴别方法

《危险废物鉴别标准——腐蚀性鉴别》适用于任何生产过程及生活所产生的固态的危险废物的腐蚀性鉴别。当 pH≥12.5 或 pH≤2 时，该废物是具有腐蚀性的危险废物。

《危险废物鉴别标准——急性毒性初筛》适用于任何生产过程及生活所产生的固态的危险废物的急性毒性初筛鉴别。

《危险废物鉴别标准——浸出毒性鉴别》适用于任何生产过程及生活所产生的固态的危险废物的浸出毒性鉴别，用来比较浸出液任何一种危害成分的浓度是否超过限值。

固态的危险废物遇水浸沥，其中有害的物质迁移转化，污染环境，浸出的有毒物质的毒性即浸出毒性。

11. 《国家危险废物名录》和《医疗废物分类名录》

《国家危险废物名录》于 1998 年 1 月发布，《医疗废物分类名录》于 2003 年 10 月 10 日发布。

12. 我国固体废物管理的法规框架

我国固体废物管理的法规框架为国际公约，国家法律，行政法规、规范性文件，部门规章、规范性文件，地方性法规或地方政府的行政规章及其规范性文件。

13. 固体废物管理标准

固体废物管理标准包括分类标准、监测标准、污染控制标准。

14. 固体废物控制标准

固体废物控制标准包括废物处置控制标准、设施控制标准。

固体废物的管理原则：应当从产生、收集、运输、贮存、再循环利用，到最终处置，实现废物的全过程控制，从而达到废物的减量化、资源化、无害化的目的。

全过程控制：指对固体废物的产生、收集、运输、利用、贮存、处理和处置的过程及各个环节实行管理和开展污染防治。

减量化：减少固体废物的产生量和排放量。

资源化：采取管理和工艺措施从固体废物中回收物质和能源，加速物质和能量的循环，创造经济价值的广泛的技术方法。

无害化：对已经产生又无法或暂时不能综合利用的固体废物，经过物理、化学、生物方法，进行对环境无害或低危害的安全处理、处置，达到废物的消毒、解毒或稳定化，以防止并减少固体废物的污染危害。

15. 固体废物管理体系

以环保主管部门为主，结合有关的工业主管部门以及城市建设主管部门，共同对固体废物实行全过程管理。

16. 固体废物的管理制度

固体废物的管理制度包括废物交换制度、废物审核制度、申报登记制度、排污收费制度、许可性制度、转移报告单制度。

17. 固体废物处置技术

固体废物的处置技术包标收集与运输、综合利用与资源化、焚烧处置(处理)、填埋处置等方面的技术。

转运：利用中转站将从各分散收集点较小的收集车清运的固体废物转装到大型运输工具并将其远距离运输至固体废物处理利用设施或处置场的过程。

破碎：通过人力或机械等外力的作用，破坏物体内部的凝聚力和分子间作用力而使物体破裂变碎的操作过程。

堆肥化：依靠自然界广泛分布的细菌、放线菌、真菌等微生物，人为地促进可生物降解的有机物向稳定的腐殖质生化转化的微生物学过程。

焚烧法：是一种高温热处置技术，以一定的过剩空气量与被处理的有机废物在焚烧炉内进行氧化燃烧反应，废物中的有害有毒物质在高温下氧化、热解而被破坏，是一种可同时实现废物无害化、减量化、资源化的处理技术。焚烧法处理效果的影响因素包括焚烧温度、停留时间、混合强度、过剩空气。

18. 焚烧技术的废气污染

焚烧可能产生粒状污染物、酸性气体、氮氧化物、重金属、CO、有机氯化物。

19. 焚烧厂的环境影响

焚烧厂的环境影响包括恶臭气体、渗滤液及洗车废水、运输机械噪声、废渣处置方式对环境的影响，以及焚烧烟气对环境的影响。

20. 生活垃圾填埋场的污染源

生活垃圾填埋场的污染源见表 11-11。

表 11-11 生活垃圾填埋场的污染源

年龄	pH	BOD_5/COD	重金属离子浓度	备注
年轻(小于 5 年)	较低	较高，可生化性好	较高	色度大
年老(大于 5 年)	较高(6～8)	较低，可生化性差	较低	氨氮浓度高

渗滤液：SS、BOD_5、COD、大肠菌群值。

大气主要污染物：TSP、NH_3、HS、CH_4S 及臭气。SS 场界排放限值≤1.0 mg/m^3。

21. 生活垃圾焚烧场选址原则

生活垃圾焚烧场选址符合当地城乡建设总体规划和环境保护规划的规定，并符合当地的大气污染防治、水资源保护、自然保护的要求。

22. 垃圾填埋场选址要求

垃圾填埋场选址总原则是：应以合理的技术、经济方案，尽量少的投资，达到最理想的经济效益，实现保护环境的目的。根据《生活垃圾填埋污染控制标准》的规定，生活垃圾填埋场选址要求是：生活垃圾填埋场选址应符合当地城乡建设总体规划要求，应与当地大气污染防治、水资源保护、自然保护相一致；生活垃圾填埋场应设在当地夏季主导风向的下风向，在人畜居栖点 500 m 以外，不得在自然保护区、风景名胜区、生活饮用水源地等处设置。

23. 垃圾填埋场的主要环境影响

(1)填埋场渗虑液泄漏或处理不当对地下水及地表水的污染；

(2)填埋场产生气体排放对大气造成污染；

(3)对周围景观的不利影响；

(4)填埋作业及垃圾堆体对周围地质环境影响和滑坡等；

(5)填埋机械噪声对公众的影响；

(6)填埋场滋生的害虫、昆虫，以及鸟类等在填埋场觅食的动物可能传播疾病；

(7)填埋场中的塑料袋、纸张可能飘出场外，造成污染；

(8)流经填埋场区的地表径流可能受到污染。

24. 垃圾填埋场环境影响评价工作内容

(1)场址选择：拟选场地的水文地质条件、工程地质条件、土壤自净能力等是否符合选址标准。

(2)自然环境质量现状评价：包括空气、地面水、地下水、声学、噪声与振动等方面的评价。

(3)工程污染因素分析：填埋场建设过程中和建成投产后可能产生的主要污染源及其污染物，以及产生的数量、种类、排放方式等，污染源一般有渗滤水、释放气、恶臭、噪声与振动。

(4)施工期影响评价：包括生活污水、机械噪声、振动以及二次扬尘等。

(5)水预测与评价：填埋场衬里结构的安全性以及渗滤水排出对周围水环境的影响；正常排放对地表水的影响；渗滤水经处理达标排放后，是否会对受纳水体产生影响及其影响程度；非正常渗滤对地下水的影响，如衬里破裂后渗滤水下渗对地下水的影响，包括渗透方向、渗透速度、迁移距离、土壤的自净能力及效果等方面。

(6)空气预测与评价：填埋场释放气体及恶臭对环境的影响，释放气体，根据排气系统的结构，预测和评价排气系统的可靠性、排气利用的可能性，及排气对环境的影响；恶臭，运输、填埋过程中及封场后可能对环境的影响，预测臭气的位置、种类、浓度及其影响范围。

(7)噪声：垃圾运输、场地施工、填埋操作、封场各阶段由各种机械产生的振动和噪声。

(8)污染防治措施：包括渗滤水的治理和控制措施以及填埋场衬里破裂的补救措施；释放气的导排或综合利用措施以及防臭措施；减振降噪措施。

(9)损益分析：污染防治设施投资以及所产生的经济、社会、环境效益。

(10)其他评价项目：包括土壤、生态、景观评价，以及风险评价。风险评价包括洪涝特征年产生的过量渗滤水以及垃圾释放气因物理、化学变异而产生垃圾爆炸等。

25. 危险废物的处置方法

危险废物的处置方法包括物理化学法、焚烧法、安全填埋。

26. 危险废物焚烧处置技术中的两个重要问题

危险废物焚烧处置技术中的两个重要问题是预处理和二恶英控制。

27. 危险废物焚烧处置预处理过程的要求

(1)对固体废物进入焚烧前按需要进行粉碎；

(2)对于要处理的废物焚烧前进行热值分析；

(3)防止不相容的废物混合。

28. 危险废物安全填埋

危险废物安全填埋是一种把危险废物放置或贮存在环境中，使其与环境隔绝的处置方法。

29. 危险废物焚烧场选址原则

各类焚烧场不允许建设在地表水环境质量Ⅰ类、Ⅱ类功能区和环境空气质量一类功能区；集中式危险废物焚烧场不允许建设在人口密集的居住区、商业区和文化区；各类焚烧场不允许建设在居民区主导风向的上风向地区；场址选择还需要考虑经济技术条件。总之，要符合国家法律法规规定，还要就社会环境、自然环境、场地环境、工程地质、水文地质、气候条件、应急救援等因素进行综合分析。

30. 危险废物安全填埋场址选择的要求

(1)应符合总体规划要求，场址应处于一个相对稳定的区域。

(2)应进行环境影响评价，并经环境保护行政主管部门批准。

(3)不应选在城市工农业发展规划区、农业保护区、自然保护区、风景名胜区等和其他需要特别保护的区域内。

(4)填埋场距飞机场、军事基地的距离应在 3 km 以上。

(5)填埋场场界应位于居民区 800 m 以外，并保证当地气象条件下对附近居民区大气环境不产生影响。

(6)填埋场场址必须位于百年一遇的洪水标高线以上，并在长远规划中的水库等人工蓄水淹没区和保护区之外。

(7)填埋场场址距地表水域的距离不应小于 150 m。

(8)填埋场场址的地质条件应符合以下要求：充分满足填埋场基础层的要求；现场或其附近有充足的黏土资源以满足构筑防渗层的需要；位于地下水饮用水水源地主要补给区范围之外，且下游无集中供水井；地质结构相对简单、稳定，没有断层。

(9)填埋场应避开破坏性地震及活动构造区，以及海啸及涌浪影响区等。

(10)填埋场场址必须有足够大的可使用面积以保证填埋场建成后具有 10 年或更长的试用期，在试用期内能充分接纳所产生的危险废物。

(11)应选在交通便利、运输距离较短、构造和运行费用低、能保证填埋场正常运行的地区。

31. 危险废物填埋入场要求

(1)禁止填埋的废物：医疗废物和与衬层具有不相容性反应的废物。

(2)可以直接入场的废物：有毒成分浓度符合标准的废物。

(3)需经预处理才能入场的废物：超标的废物，本身具有反应性和易燃性的废物，以及液体废物。

32. 医疗废物分类

医疗废物分为 5 类，包括感染性废物、病理性废物、损伤性废物、药物性废物、化学性废物。

33. 医疗废物的处置方法

医疗废物的处置方法包括焚烧处置法、高压蒸汽法、微波消毒法、化学消毒法、等离子热解法等。

34. 医疗废物焚烧处置关键

医疗废物焚烧处置的关键包括灭活传染性微生物以及毁形。

35. 医疗废物焚烧处置的特殊性

对医疗废物进行焚烧处置，要求炉门尺寸应该与医疗废物包装尺寸相配套；要求焚烧炉采用密闭的自动进料系统；焚烧后的飞灰必须按照危险废物进行安全填埋。

36. 医疗废物集中焚烧场场址选择原则

医疗废物集中焚烧场场址选择应符合《全国危险废物和医疗废物处置设施建设规划》及当地城乡总体发展规划，符合当地大气污染防治、水资源保护和自然生态保护的要求；还应满足工程地质条件和水文地质条件，考虑交通、运输距离、土地利用现状及基础设施状况等。

37. 一般工程项目固体废物的环境影响评价内容

内容包括污染源调查、防治措施的论证、提出危险废物的最终处置措施。

38. 危险废物和医疗废物集中处置的技术原则要点

要点包括场址选择；全时段的环境影响评价，主要关注营运期；全过程的环境影响评价，包括收集、运输、贮存、预处理、处置，不得产生二次污染；必须有环境风险评价；充分重视环境管理与环境监测。

39. 危险废物填埋预处理

应采用固化手段进行危险废物填埋预处理。固化材料包括水泥、塑料、玻璃、石灰。

40. 危险废物填埋场环境影响评价的污染源

污染源包括渗滤液、释放气、恶臭、噪声。

十、环境监测

1. 环境监测的定义

环境监测是为了特定目的，按照预先设计的时间和空间，用可以比较的环境信息和资料收集的方法，对一种或多种环境要素或指标进行间断或连续监测。

2. 制定环境监测计划的目的

首先是对在环境影响评价过程中所识别、预测的不利环境影响进行跟踪监测；其次是有能力及时发现在环境影响评价过程中未预计到的但实际发生的不利环境影响，以便及时采取补救措施。

3. 制定环境监测计划的作用

制定环境监测计划，可以了解环境现状、变化趋势，监督污染排放情况，反映建设项目各阶段环境影响，发现并解决问题。

4. 环境监测计划的基本内容

环境监测计划的基本内容包括选择合适的监测对象和环境要素；确定监测的范围；

选择监测方法；经费预算；审核制度；确定实施机构。

5. 制定环境监测方案的基本原则

制定环境监测方案，必须依据环保法规和环境质量标准，以及污染物排放标准中国家、行业和地方的相关规定；必须遵循科学性、实用性的原则；优先污染物优先监测；全面规划、合理布局。

6. 环境监测方案的基本内容

环境监测方案的基本内容包括现场调查与资料收集；监测项目；监测范围、点位布设和监测频次；样品采集、传输、前处理和分析测定；全程序质量控制和质量保证；监测方案的实施和承担者的资质要求。

7. 环境空气的监测范围的确定原则

环境空气的监测范围应根据建设项目的评价等级和污染物排放情况、所在地区的自然条件、大气质量状况和敏感区分布等因素来确定。

8. 环境空气的监测点布设

一级评价项目，监测点不应少于10个；二级评价项目，监测点不应少于6个；三级评价项目，要布设1～3个监测点。

9. 环境空气的监测时间和频次要求

监测周期和频次按评价等级而定。一级评价项目不得少于二期；二级可取一期不利季节，必要时也应作二期；三级必要时可作一期监测。每期监测时间，一级评价项目至少应取得有季节代表性的7天有效数据。

10. 地表水监测项目的确定原则

(1)选择国家和地方的地表水环境质量标准中要求控制的监测项目；

(2)选择危害大、影响范围广的污染物；

(3)选择国家水污染排放标准中要求控制的监测项目；

(4)所选监测项目有标准分析方法和全国同意监测分析方法；

(5)根据项目所在地污染源特征和水环境保护功能的划分，酌情增加某些选测项目。

11. 第一类污染物

第一类污染物为总汞、烷基汞、总镉、总铬、六价铬、总砷、总铅、总镍、苯并(a)芘、总铍、总银。其采样点一律在车间或车间处理设施的排放口，或设在专门处理此类污染物设施的出口。

12. 第二类污染物

第二类污染物采样点位一律设在排污单位的排污口。

13. 采样断面及分类

采样断面指在河流采样时，实施水样采集的整个剖面，包括背景断面、对照断面、控制断面、消减断面。

14. 背景断面

背景断面指为评价某一完整水系的污染程度，未受人类生活和上产活动影响，能够提供水环境背景值的断面。

15. 对照断面

对照断面指具体判断某一区域水环境污染程度时，包括该区域所有污染源处，能够提供这一区域水环境本底值的断面。对照断面一般在河流受纳评价项目污水进口的上游。

16. 控制断面，

控制断面指为了解水环境受污染程度及其变化情况的断面。控制断面在受纳评价项目的污水会合并混匀处。

17. 消减断面

消减断面指工业废水或生活污水在水体内流经一定距离而达到最大程度的混合，污染物受到稀释、降解，其主要污染物浓度有明显降低的断面。

18. 水污染物排放总量监测的 4 种方式

这 4 种方式包括物料衡算、环境监测与统计相结合、等比例采样实验室分析、自动在线监测。

19. 土壤环境监测布点方法

土壤环境监测布点方法包括网格法布点、对角线布点法、梅花形布点法、棋盘式布点法、蛇形布点法。

20. 土壤分类

Ⅰ类，主要是国家自然保护区、集中式生活应用水源地、茶园、牧场和其他保护地区的土壤，其土质应基本保持自然背景水平；Ⅱ类，主要适用于一般农田、蔬菜地、茶园、果园、牧场等土壤，其土质基本上对环境不造成污染、危害；Ⅲ类，主要适用于林地土壤及污染物容量较大的高背景值土壤和矿场附近的农田（蔬菜地除外）土壤，土质基本上对植物和环境不造成污染及危害。

21. 环境噪声监测项目

常规监测项目包括功能区噪声定期监测、道路交通噪声监测、区域环境噪声普查（白天）；非常规检测项目包括噪声源监测、区域环境噪声普查（夜间）、噪声高空监测。

22. 监测数据的五性

五性包括代表性、准确性、精密性、可比性、完整性。数据的准确性是指测定值与真值的符合程度，而其精密性则表现为测定值有无良好的重复性和再现性。

23. 灵敏度

灵敏度是指某方法对单位或单位量待测物质变化所产生的响应量的变化程度。

24. 检出限

检出限为某特定分析方法在给定的置信度内可从样品中检出待测物质的最小浓度或最小量，指定性检出。

25. 测定限

测定限为定量范围的两端，分别为测定上限与测定下限。我国规定，三倍检测限为测定下限。

26. 测定下限

在测定误差能满足预定要求的前提下，用特定方法能准确地定量测定待测物质的最小浓度或量，称为该方法的测定下限。

27. 最佳测定范围

最佳测定范围也称有效测定范围，指在限定误差能满足预定要求的前提下，特定方法的测定下限至测定上限之间的浓度范围。

28. 校准曲线

校准曲线包括标准曲线和工作曲线，前者用标准溶液系列直接测量，没有经过环境试样的预处理过程，而后者所使用的标准溶液经过了与试样相同的消解、净化、测量等全过程。

29. 三氧及三氮

三氧包括 COD、BOD、DO。三氮包括亚硝酸盐氮、硝酸盐氮、氨氮。

30. 湖库富营养化的主要指标

总氮和总磷是湖库富营养化的主要指标。

31. 验收监测方案的基本内容

验收监测方案的基本内容有：简述内容，包括任务由来、依据报告书结论意见、环保措施等；工程实施概况；验收监测执行标准；验收监测的内容；现场监测操作安全注意事项；对企业环保管理检查的内容。

32. 验收监测的工作内容

内容包括对设施建设、运行及管理情况检查；设施运行效率测试；污染物达标排放测试；设施建设后，排放污染物对环境影响的监测。

33. 验收监测方法标准选取原则

按以下次序选择验收监测方法标准：国家现行标准测试方法、行业现行的标准测试方法、国际现行的标准测试方法和国外现行的标准测试方法。对目前尚未建立标准方法的污染物测试，可参考国内外已成熟但未上升为标准的测试技术，或自行开发的测试方法。

十一、区域环境影响评价

1. 区域环境影响评价的定义

在一个相同的地区和相近的时间内相继开展多个建设项目，把此类开发项目看做一个整体，考虑所有的区域开发建设行为，开展区域开发环境影响评价，简称区域环境影响评价。

2. 区域环境影响评价特点

其特点包括广泛性和复杂性、战略性、不确定性、超前性、多样性。

3. 区域类型

区域类型有经济技术开发区、高新技术开发区、保税区、边境经济合作区、旅游渡假区、类似区域开发区。

4. 区域环境影响评价的原则

包括统一性、整体性、综合性、战略性、实用性、可持续性。

5. 区域环境影响评价的目的

其目的是通过区域开发活动环境影响评价以完善区域开发活动规划，保证区域开发的可持续发展。

6. 区域环境影响评价的意义

(1)从宏观角度为区域开发活动的选址、规模、性质、可行性进行论证，避免重大决策失误，最大限度减少对区域自然环境和资源的破坏；

(2)为区域开发各功能的合理布局和入区项目的筛选提供决策依据；

(3)有助于区域环境污染总量控制规划；

(4)可作为单项入区项目审批依据和基础，减少各单项工程环境影响评价工作内容。

7. 区域环境影响评价工作程序

工作程序为准备阶段→编大纲→编报告书。

8. 区域环境影响评价基本内容

基本内容包括环境现状调查与评价、规划方案分析与污染源分析、环境空气影响分析与评价、水环境影响分析与评价、固体废物管理与处置、环境容量与污染物总量控制、生态环境保护与生态建设、开发区总体规划论证与环保措施、公众参与、环境监测与管理。

9. 生态环境影响评价应回答的主要问题

生态环境影响评价应回答的主要问题包括规划合理性、总量控制、集中的污染控制措施。

10. 报告书中区域环境影响评价专题编写要求

(1)各种污染物最终排放量、排放地点和对周围大气、水质、土壤的环境质量影响；

(2)对可再生或不可再生资源的影响；

(3)对生活质量以及自然保护区、风景名胜区、名胜古迹的影响等；

(4)区域污染物排放总量控制分析。

11. 环境承载力

环境承载力为某一时期，某种状态或条件下，某地区的环境所能承受的人类活动作用的阈值。

12. 土地使用和生态适宜度分析

土地使用和生态适宜度分析指通过敏感因子选择、指标加权和分级评分的方法，确定开发区的各类用地与开发区自然、社会和环境特征的适应性，判断开发区土地利用的合理性。

13. 区域环境总量控制分类

区域环境总量控制分为容量总量控制、目标总量控制、指令性总量控制、最佳技术经济条件下总量控制。

14. 区域环境总量控制分析方法和要点

分析方法和要点包括污染物是否达标排放；环境质量是否达标；是否符合指令性总量控制要求；贯彻“增产不增污，以新代老，集中治理”的原则；经济技术可行。

15. 区域环境管理指标选取原则

区域环境管理指标选取原则为科学性、规范性、适应性和针对性。

16. 区域环境管理指标类型

区域环境管理指标分为直接指标和间接指标。

17. 区域环境目标的可达性分析

区域环境目标的可达性分析内容包括投资角度，以及提高环境管理技术、污染防治和污染负荷消减可行性。环境影响评价的技术要求见表 11-12。

表 11-12 环境影响评价的技术要求

<table>
<tr><th colspan="2"></th><th>工作内容(开发区评价重点)</th><th>编制要求及章节设置</th></tr>
<tr><td rowspan="2">规划环境影响评价</td><td rowspan="2">报告书篇章或说明</td><td rowspan="2">(1)规划分析;
(2)环境现状调查与分析;
(3)环境影响识别与确定环境目标和评价指标;
(4)环境影响分析与评价;
(5)针对各规划方案,拟定环境保护对策和措施,确定环境可行的推荐规划方案;
(6)开展公众参与;
(7)拟订监测、跟踪评价计划;
(8)编写规划环境影响报告书、篇章或者说明</td><td>(1)总则;
(2)规划的概述与分析;
(3)环境现状分析;
(4)环境影响分析与评价,突出对主要环境影响的分析与评价;
(5)规划方案与减缓措施;
(6)监测与跟踪评价;
(7)公众参与;
(8)困难和不确定性;
(9)执行总结</td></tr>
<tr><td>(1)前言;
(2)环境现状分析;
(3)环境影响分析与评价;
(4)环境影响的减缓措施</td></tr>
<tr><td rowspan="2">开发区</td><td>评价实施方案</td><td rowspan="2">(1)识别开发区的区域开发活动可能带来的主要环境影响以及可能制约开发区发展的环境因素;
(2)分析确定开发区主要相关环境介质的环境容量,研究提出合理的污染物排放总量控制方案;
(3)从环境保护角度论证开发区环境保护方案,包括污染集中治理设施的规模、工艺和布局的合理性,优化污染物排放口及排放方式;
(4)对拟议的开发区各规划方案进行环境影响分析比较和综合论证,提出完善开发区规划的建议和对策</td><td>(1)开发区规划简介;
(2)开发区及其周边地区的环境状况;
(3)规划方案的初步分析;
(4)开发活动环境影响识别和评价因子选择;
(5)评价范围和评价标准(指标);
(6)评价专题设置和实施方案</td></tr>
<tr><td>报告书</td><td>(1)总论;
(2)开发区总体规划和开发现状;
(3)环境状况调查和评价;
(4)规划方案分析与污染源分析;
(5)环境影响预测与评价;
(6)环境容量与污染物排放总量控制;
(7)开发区总体规划的综合论证和环境保护措施;
(8)公众参与;
(9)环境管理与环境监测计划;
(10)结论</td></tr>
<tr><td rowspan="2">建设项目</td><td>大纲</td><td rowspan="2">(1)工程分析;
(2)环境现状调查与评价;
(3)环境影响识别;
(4)环境影响分析;
(5)环境保护措施及其技术;
(6)经济损益分析;
(7)公众参与;
(8)拟订环境监测与管理计划;
(9)编制报告书或表</td><td>(1)总则;
(2)建设项目概况与初步工程分析;
(3)拟建地区的环境简况;
(4)环境影响因素识别与评价因子筛选;
(5)环境保护目标、评价等级、评价范围、评价标准及评价时段;
(6)环境影响评价的主要内容和评价重点;
(7)环境影响评价专题设置及实施方案;
(8)评价工作成果;
(9)评价工作的组织、计划安排</td></tr>
<tr><td>报告书</td><td>(1)总则;
(2)建设项目概况与工程分析;
(3)环境现状调查与评价;
(4)对环境可能造成影响的分析、预测和评价;
(5)对环境保护措施及其技术、经济论证;
(6)清洁生产、环境风险评价、污染物排放总量控制;
(7)对环境影响的经济损益分析;
(8)对建设项目实施环境管理与监测的建议;
(9)公众意见调查;
(10)环境影响评价结论</td></tr>
</table>

第十二章　注册环境影响评价工程师相关规定

2004年，人事部和原国家环境保护总局发文(国人部发［2004］13号)，决定在环境影响评价行业建立环境影响评价工程师职业资格制度。自此，国家将环境影响评价技术人员列入国家专业技术人员范围。国家相继发布了一系列文件，加强了对环境影响评价技术人员的管理，提高了环境影响评价文件的编写质量，确保了我国国民经济的可持续发展。

本章将介绍该项制度，其中包括环境影响评价工程师考试办法、如何进行环境影响评价工程师登记、如何接受继续教育，以及再次登记等内容，供广大环境影响评价从业人员学习。

第一节　环境影响评价工程师职业资格制度暂行规定

《环境影响评价工程师职业资格制度暂行规定》(国人部发［2004］13号)如下。

一、总则

第一条　为加强对环境影响评价专业技术人员的管理，规范环境影响评价行为，提高环境影响评价专业技术人员素质和业务水平，维护国家环境安全和公众利益，依据《中华人民共和国环境影响评价法》与《建设项目环境保护管理条例》及国家职业资格证书制度的有关规定，制定本规定。

第二条　本规定适用于从事规划和建设项目环境影响评价、技术评估和环境保护验收等工作的专业技术人员。

第三条　本规定所称环境影响评价工程师，是指取得《中华人民共和国环境影响评价工程师职业资格证书》，并经登记后，从事环境影响评价工作的专业技术人员。英文名称：Environmental Impact Assessment Engineer。

第四条　国家对从事环境影响评价工作的专业技术人员实行职业资格制度，纳入全国专业技术人员职业资格证书制度统一管理。

第五条　凡从事环境影响评价、技术评估和环境保护验收的单位，应配备环境影响评价工程师。

第六条　人事部和国家环境保护总局(以下简称环保总局)共同负责环境影响评价工程师职业资格制度的实施工作。

二、考试

第七条 环境影响评价工程师职业资格实行全国统一大纲、统一命题、统一组织的考试制度。原则上每年举行1次。

第八条 环保总局组织成立“环境影响评价工程师职业资格考试专家委员会”。环境影响评价工程师职业资格考试专家委员会负责拟定考试科目、编写考试大纲、组织命题与研究建立考试题库等工作。环保总局组织专家对考试科目、考试大纲、考试试题进行初审，统筹规划培训工作。培训工作按照培训与考试分开、自愿参加的原则进行。

第九条 人事部组织专家审定考试科目、考试大纲和试题。会同环保总局对考试进行监督、检查、指导和确定考试合格标准。

第十条 凡遵守国家法律、法规，恪守职业道德，并具备以下条件之一者，可申请参加环境影响评价工程师职业资格考试：

(1)取得环境保护相关专业(附件1，下同)大专学历，从事环境影响评价工作满7年；或取得其他专业大专学历，从事环境影响评价工作满8年。

(2)取得环境保护相关专业学士学位，从事环境影响评价工作满5年；或取得其他专业学士学位，从事环境影响评价工作满6年。

(3)取得环境保护相关专业硕士学位，从事环境影响评价工作满2年；或取得其他专业硕士学位，从事环境影响评价工作满3年。

(4)取得环境保护相关专业博士学位，从事环境影响评价工作满1年；或取得其他专业博士学位，从事环境影响评价工作满2年。

第十一条 环境影响评价工程师职业资格考试合格，颁发人事部统一印制，人事部和环保总局用印的《中华人民共和国环境影响评价工程师职业资格证书》。

三、登记

第十二条 环境影响评价工程师职业资格实行定期登记制度。登记有效期为3年，有效期满前，应按有关规定办理再次登记。

第十三条 环保总局或其委托机构为环境影响评价工程师职业资格登记管理机构。人事部对环境影响评价工程师职业资格的登记和从事环境影响评价业务情况进行检查、监督。

第十四条 办理登记的人员应具备下列条件：

(1)取得《中华人民共和国环境影响评价工程师职业资格证书》；

(2)职业行为良好，无犯罪记录；

(3)身体健康，能坚持在本专业岗位工作；

(4)所在单位考核合格。

再次登记者，还应提供相应专业类别的继续教育或参加业务培训的证明。

第十五条 环境影响评价工程师职业资格登记管理机构应定期向社会公布登记人员

的情况。

四、职责

第十六条　环境影响评价工程师在进行环境影响评价业务活动时，必须遵守国家法律、法规和行业管理的各项规定，坚持科学、客观、公正的原则，恪守职业道德。

第十七条　环境影响评价工程师可主持进行下列工作：

(1)环境影响评价；

(2)环境影响后评价；

(3)环境影响技术评估；

(4)环境保护验收。

第十八条　环境影响评价工程师应在具有环境影响评价资质的单位中，以该单位的名义接受环境影响评价委托业务。

第十九条　环境影响评价工程师在接受环境影响评价委托业务时，应为委托人保守商务秘密。

第二十条　环境影响评价工程师对其主持完成的环境影响评价相关工作的技术文件承担相应责任。

第二十一条　环境影响评价工程师应当不断更新知识，并按规定参加继续教育。

五、附则

第二十二条　通过全国统一考试，取得环境影响评价工程师职业资格证书的人员，用人单位可根据工作需要聘任工程师职务。

第二十三条　在全国实施环境影响评价工程师职业资格考试之前，对长期从事环境影响评价工作，具有较高理论水平和丰富实践经验，并受聘担任工程类高级专业技术职务的人员，可通过考核认定取得环境影响评价工程师职业资格证书。

第二十四条　环境影响评价的技术文件种类、登记管理办法及相关规定由环保总局另行制定。

第二十五条　获准在中华人民共和国境内就业的外籍人员及港、澳、台地区的专业人员，符合国家有关规定和本规定要求的，也可按照规定的程序申请参加考试、登记

第二十六条　本规定自2004年4月1日起施行。

第二节　环境影响评价工程师职业资格考试实施办法

《环境影响评价工程师职业资格制度暂行规定》(国人部发［2004］13号)如下。

第一条　环境影响评价工程师职业资格考试在人事部、国家环境保护总局(以下简称“环保总局”)的领导下进行。两部门共同成立环境影响评价工程师职业资格考试办公室(以下简称考试办公室，设在环保总局)，负责考试相关政策的研究及管理工作。

第二条　环境影响评价工程师职业资格考试时间定于每年的第2季度。

第三条　环境影响评价工程师考试设《环境影响评价相关法律法规》、《环境影响评价技术导则与标准》、《环境影响评价技术方法》和《环境影响评价案例分析》4个科目。考试分4个半天进行，各科目的考试时间均为3小时，采用闭卷笔答方式。

第四条　符合《暂行规定》的报名条件者，均可报名参加环境影响评价工程师职业资格考试。

第五条　截止2003年12月31日前，长期在环境影响评价岗位上工作，并符合下列条件之一的，可免试《环境影响评价技术导则与标准》和《环境影响评价技术方法》2个科目，只参加《环境影响评价相关法律法规》和《环境影响评价案例分析》2个科目的考试。

(1)受聘担任工程类高级专业技术职务满3年，累计从事环境影响评价相关业务工作满15年。

(2)受聘担任工程类高级专业技术职务，并取得环保总局核发的“环境影响评价上岗培训合格证书”。

第六条　考试成绩实行两年为一个周期的滚动管理办法。参加全部4个科目考试的人员必须在连续的两个考试年度内通过全部科目；免试部分科目的人员必须在一个考试年度内通过应试科目考试。

第七条　参加考试须由本人提出申请，携带所在单位出具的有关证明材料到考试办公室确定的考试管理机构报名。考试管理机构按规定程序和报名条件审查合格后，向申请人核发准考证。应考人员凭准考证及有关证明在指定的时间、地点参加考试。

第八条　环保总局根据情况确定考点设置的区域和数量。考点原则上设在省会城市和直辖市的大、中专院校或高考定点学校。考点设置所在地的省、自治区、直辖市人事部门负责对考试考务的实施工作进行指导、检查和监督。

第九条　环境影响评价工程师职业资格考试大纲由环保总局负责组织编写、出版和发行。任何单位和个人不得盗用环保总局的名义编写、出版各种考试用书和复习资料。

第十条　坚持考试与培训分开、应考人员自愿参加培训的原则，凡参与考试工作的人员，不得参加考试和与考试有关的培训工作。

第十一条　环保总局统筹规划培训工作，承担环境影响评价工程师职业资格考试培训工作的机构，应具备场地、师资等条件。

第十二条　环境影响评价工程师职业资格考试、培训及有关项目的收费标准，须经价格主管部门批准，并向社会公布，接受群众监督。

第十三条　考务管理工作要严格执行考试工作的有关规章和制度，遵守保密制度，严防泄密，切实做好试卷命制、印刷、发送和保管过程中的保密工作。

第十四条　加强对考试工作的组织管理，认真执行考试回避制度，严肃考试工作纪律和考场纪律。对弄虚作假等违反考试有关规定者，按规定严肃处理，并追究当事人和有关领导的责任。

注册环境影响评价工程师职业资格考试自2005年起施行，每年大约3月份公布当年的考试大纲和职业资格考试教材。环境影响评价工程师职业资格考试大纲是考试命题的依据，同时也是编写职业资格考试培训教材的依据。希望参加当年考试的人员认真学习领悟。

第三节　环境影响评价工程师职业资格登记管理暂行办法

《环境影响评价工程师职业资格登记管理暂行办法》(环发［2005］24 号)如下。

一、总则

第一条　为保证环境影响评价工程师职业资格制度的实施，加强对环境影响评价工程师职业资格的登记管理，根据人事部、国家环境保护总局联合颁布的《环境影响评价工程师职业资格制度暂行规定》，制定本办法。

第二条　本办法所称环境影响评价工程师，是指取得《中华人民共和国环境影响评价工程师职业资格证书》(以下简称“职业资格证书”)，并经登记后，从事环境影响评价、环境影响技术评估和竣工环境保护验收监测或调查等工作(以下简称“环境影响评价及相关业务”)的专业技术人员。

第三条　环境影响评价工程师职业资格实行定期登记制度。环境影响评价工程师须受聘并登记于一个有环境影响评价及相关业务资质(以下简称“资质”)的单位，并以该单位的名义接受委托业务。未经登记的人员，不得以环境影响评价工程师的名义从事环境影响评价及相关业务。

第四条　国家环境保护总局环境影响评价工程师职业资格登记管理办公室(以下简称“登记管理办公室”)为环境影响评价工程师职业资格登记管理机构，负责环境影响评价工程师职业资格的登记及相关管理工作。

第五条　登记管理办公室定期向社会公布经登记人员的情况。

二、登记

第六条　环境影响评价工程师应当在取得职业资格证书后，3 年内向登记管理办公室申请登记。登记有效期为 3 年。未在规定时间内申请登记的，其职业资格证书自动失效。环境影响评价工程师职业资格按设定的类别(附件 1)进行登记。申请登记的类别不得超过两个。

第七条　申请登记者应具备下列条件：

(1)取得《职业资格证书》，具备与登记类别相应的环境影响评价及相关业务能力；

(2)职业行为良好，无犯罪记录；

(3)能够坚持在本专业岗位工作，身体健康，年龄在 70 周岁以下；

(4)所在单位考核合格。

第八条　申请登记类别 1 者，须提交以下材料：

(1)环境影响评价工程师登记申请表(附件 2)；

(2)《职业资格证书》；

(3)身份证复印件及近期一寸免冠正面照片 3 张；

(4)所在单位出具的劳动合同或人事关系证明；

(5)所在单位资质证书复印件。

申请登记类别 2～16 者除提供上述材料外，还需提供以下证明材料之一：

(1)国家环境保护总局颁发的相应类别环境影响评价项目负责人岗位培训合格证书复印件；

(2)环境影响评价工程师职业资格考试专家委员会成员受聘证明；

(3)国家环境保护总局出具的相应类别业务考核合格证明(以下简称“业务考核合格证明”)。

第九条 登记管理办公室应当自受理申请 20 日内为申请人办理登记。办理登记时，在《职业资格证书》中的“登记情况”栏目内加盖登记专用印章，并颁发《中华人民共和国环境影响评价工程师登记证》(以下简称“登记证”)。登记证按统一格式编号(附件 3)。

第十条 有下列情形之一者，不予登记：

(1)不具备完全民事行为能力的；

(2)申请之日前 3 年内，在环境影响评价及相关业务中有重大过失并受过行政处罚或撤职以上行政处分的；

(3)在申请登记过程中有弄虚作假行为的；

(4)未按规定办理登记手续，以环境影响评价工程师的名义从事环境影响评价及相关业务的。

三、再次登记和变更登记

第十一条 登记有效期届满需要继续以环境影响评价工程师名义从事环境影响评价及相关业务的，应当于有效期满 3 个月前办理再次登记。再次登记的有效期为 3 年。自登记有效期满起 6 个月内仍未办理再次登记的，其职业资格证书自动失效。

第十二条 再次登记者除符合本办法第七条规定外，还应在登记期内具备环境影响评价及相关业务工作业绩，并接受继续教育。再次登记者应提交以下材料：

(1)环境影响评价工程师再次登记申请表(附件 4)；

(2)申请人在登记期内的环境影响评价及相关业务工作业绩证明；

(3)申请人在登记期内接受的符合规定的继续教育证明；

(4)《职业资格证书》和《登记证》。

第十三条 登记者的受聘单位名称、资质等级发生变更或登记者单位调动时，应自变更之日起 30 日内向登记管理办公室申请单位变更登记。因登记者单位调动发生的变更登记，一年内只可申请一次。

第十四条 申请单位变更登记者，应提交以下材料：

(1)环境影响评价工程师变更登记申请表(附件 5)；

(2)近期一寸免冠正面照片3张；

(3)《职业资格证书》和《登记证》。

因单位名称变更申请变更登记者，还应提交所在单位变更后的法人证书复印件；

因单位资质变更申请变更登记者，还应提交所在单位变更后的资质证书复印件；

因单位调动申请变更登记者，还应提交原单位出具的调出证明、现聘用单位出具的劳动合同或人事关系证明及现聘用单位的资质证书复印件。

第十五条　已登记一个类别者可申请变更为两个登记类别。

申请增加登记类别者，应符合本办法第七条的规定，并提交以下材料：

(1)环境影响评价工程师变更登记申请表；

(2)近期一寸免冠正面照片3张；

(3)与增加类别相应的业务考核合格证明；

(4)《职业资格证书》和《登记证》。

第十六条　再次登记同时可申请变更登记类别。每次只可申请变更一个登记类别。未获准再次登记者不予变更登记类别。申请变更登记类别者，在提交本办法第十二条规定材料的同时，还应提交以下材料：

(1)环境影响评价工程师变更登记申请表；

(2)近期一寸免冠正面照片3张；

(3)与变更类别相应的业务考核合格证明。

第十七条　登记管理办公室应当自受理申请20日内为申请人办理再次登记或变更登记。办理再次登记和变更登记时，在《职业资格证书》中的“登记情况”栏目内加盖登记专用印章，《登记证》内容发生变化的，重新换发《登记证》。

四、监督管理

第十八条　环境影响评价工程师主持的环境影响评价及相关业务的业务领域应与登记类别一致，且不得超出所在单位资质等级及业务范围的规定。

第十九条　环境影响评价工程师应在主持编制的环境影响报告书(表)、环境影响技术评估报告、环境保护竣工验收监测(调查)报告(表)等技术文件(以下简称“环境影响评价相关技术文件”)上签字，并注明其登记证号。

第二十条　环境影响评价工程师有下列情形之一者，登记管理办公室视情节轻重，予以通报批评或暂停业务三至十二个月：

(1)有效期满未申请再次登记的；

(2)私自涂改、出借、出租和转让登记证的；

(3)未按规定办理变更登记手续或变更登记后仍使用原登记证从事环境影响评价及相关业务的；

(4)以个人名义承揽环境影响评价及相关业务的；

(5)接受环境影响评价及相关业务委托后，未为委托人保守商务秘密的；

(6)主持编制的环境影响评价相关技术文件质量较差的；

(7)超出登记类别所对应的业务领域或所在单位资质等级、业务范围从事环境影响评价及相关业务的；

(8)在环境影响评价及相关业务活动中未执行法律、法规及环境影响评价相关管理规定的。

第二十一条 环境影响评价工程师有下列情形之一者，登记管理办公室予以注销登记：

(1)不具备完全民事行为能力的；

(2)有效期满未获准再次登记的；

(3)脱离环境影响评价及相关业务工作岗位3年以上的；

(4)在两个或两个以上单位以环境影响评价工程师的名义从事环境影响评价及相关业务的；

(5)以他人名义或允许他人以本人名义从事环境影响评价及相关业务的；

(6)以不正当手段取得环境影响评价工程师职业资格或登记的；

(7)在环境影响评价及相关业务活动中不负责任或弄虚作假，致使环境影响评价相关技术文件失实的；

(8)因环境影响评价及相关业务工作失误，造成严重环境污染和生态破坏后果的；

(9)受刑事处罚的。

第二十二条 环境影响评价工程师自被注销登记之日起，不得再以环境影响评价工程师的名义从事环境影响评价及相关业务，其职业资格证书自动失效。因有本办法第二十一条中第六至九款情形予以注销登记者，自注销之日起3年内，不得重新参加环境影响评价工程师职业资格考试。

第二十三条 各级环境保护行政主管部门对在本辖区内开展环境影响评价及相关业务的环境影响评价工程师的业务活动进行日常监督和检查，发现有本办法第二十条和二十一条规定情形的，应及时向上级环境保护行政主管部门报告。

五、附则

第二十四条 对不予登记或注销登记持有异议者，可在收到通知15日内向国家环境保护总局申请复议。

第二十五条 登记证要妥善保管。登记证遗失，应及时向登记管理办公室报告，在登记管理办公室指定的报刊上刊登遗失声明后，办理补办手续。

第二十六条 申请人提供的接受继续教育的证明应符合《环境影响评价工程师继续教育管理暂行规定》的要求。《环境影响评价工程师继续教育管理暂行规定》由国家环境保护总局另行颁布。

第二十七条 登记管理办公室的工作人员在登记管理工作中玩忽职守、滥用职权、徇私舞弊的，按有关规定给予行政处分；构成犯罪的，依法追究其刑事责任。

第二十八条 本办法自2005年7月1日起施行。

《环境影响评价工程师职业登记管理暂行办法》(环发［2005］24号)涉及的附件1～

附件5分别为：

(1)环境影响评价工程师职业资格登记类别设定；

(2)环境影响评价工程师登记申请表；

(3)环境影响评价工程师登记证编号格式；

(4)环境影响评价工程师再次登记申请表；

(5)环境影响评价工程师变更登记申请表。

环境影响评价工程师可按16个登记类别进行登记。

环境影响评价工程师职业资格登记类别设定

编号	登记类别	所对应的业务领域
1	一般项目环境影响报告表	可主持编制除输变电及广电通讯类、核工业类以外项目的环境影响报告表
2	特殊项目环境影响报告表	可主持编制输变电及广电通信类、核工业类项目的环境影响报告表
3	轻工纺织化纤类环境影响评价	(1)可主持编制下列项目环境影响报告书： 各种化学纤维、棉、毛、丝、绢等制造以及服装、鞋帽、皮革、毛皮、羽绒及其制品的生产、加工等项目； 食品、饮料、酒类、烟草、纸及纸制品、印刷业、人造板、家具、记录媒介的制造及加工等项目。 (2)可主持编制一般项目环境影响报告表
4	化工石化医药类环境影响评价	(1)可主持编制下列项目环境影响报告书： 基本化学原料、化肥、农药、有机化学品、合成材料、感光材料、日用化学品及专用化学品的生产加工与制造等项目； 人造原油、原油、石油制品、焦碳(含煤气)的加工制造等项目； 各种化学药品原药、化学药品制剂、中药材及中成药、动物药品、生物制品的制造及加工等项目； 转基因技术推广应用、物种引进等高新技术项目。 (2)可主持编制一般项目环境影响报告表
5	冶金机电类环境影响评价	(1)可主持编制下列项目环境影响报告书： 普通机械、金属加工机械、通用设备、轴承和阀门、通用零部件、铸锻件、机电、石化、轻纺等专用设备、农林牧渔水利机械、医疗机械、交通运输设备、航空航天器、武器弹药、电气机械及器材电子及通信设备、仪器仪表及文化办公用机械、家用电器及金属制品的制造、加工及修理等项目； 拆船、电器拆解、电镀、金属制品表面处理等项目； 电子加工等项目； 黑色金属、有色金属、贵金属、稀有金属的冶炼及压延加工等项目。 (2)可主持编制一般项目环境影响报告表
6	建材火电类环境影响评价	(1)可主持编制下列项目环境影响报告书： 水泥、玻璃、陶瓷、石灰、砖瓦、石棉等各种工业及民用建筑材料制造与加工项目； 各种火电、脱硫工程、蒸汽、热水生产、垃圾发电等项目。 (2)可主持编制一般项目环境影响报告表
7	农林水利类环境影响评价	(1)可主持编制下列项目环境影响报告书： 农、林、牧、渔业的资源开发、养殖及其服务项目； 防沙治沙工程项目； 水库、灌溉、引水、堤坝、水电、潮汐发电等项目。 (2)可主持编制一般项目环境影响报告表
8	采掘类环境影响评价	(1)可主持编制下列项目环境影响报告书：地质勘查、露天开采、煤炭、石油及天然气、金属和非金属矿、盐矿采选等项目； (2)可主持编制一般项目环境影响报告表

续表

编号	登记类别	所对应的业务领域
9	交通运输类环境影响评价	(1)可主持编制下列项目环境影响报告书： 铁路、公路、地铁、城市交通、桥梁、隧道、港口、码头、航道、水运枢纽、光纤光缆等项目； 管线、管道、仓储建设及相关工程等项目； 各种民用、军用机场及其相关工程等项目。 (2)可主持编制一般项目环境影响报告表
10	社会区域类环境影响评价	(1)可主持编制下列项目环境影响报告书： 房地产、停车场、污水处理厂、城市固体废物处理(处置)、进口废物拆解、自来水生产和供应、园林、绿化等城市建设及综合整治项目； 卫生、体育、文化、教育、旅游、娱乐、 商业、餐饮、社会福利、社会服务设施、展览馆、博物馆、游乐场等项目； 流域开发、海岸带开发、围海造地、围垦造地；开发区建设、城市新区建设和旧区改建的区域性开发等项目。 (2)可主持编制一般项目环境影响报告表
11	海洋工程类环境影响评价	(1)可主持编制下列项目环境影响报告书：海底管道、海底缆线铺设、海洋石油勘探开发等项目； (2)可主持编制一般项目环境影响报告表
12	输变电及广电通讯类环境影响评价	(1)可主持编制下列项目环境影响报告书： 移动通信、无线电寻呼等电讯、雷达和电信等项目； 输变电工程及电力供应等项目； 邮电、广播、电影、电视等项目。 (2)可主持编制各类项目环境影响报告表
13	核工业类环境影响评价	(1)可主持编制下列项目环境影响报告书： 核设施、核技术应用等项目； 伴生放射性矿物资源开发利用、放射性天然铀、钍伴生矿的开采、加工和利用及废渣的处理和贮存等项目。 (2)可主持编制各类项目环境影响报告表
14	环境影响技术评估	可主持编制环境影响技术评估报告
15	竣工环境保护验收监测	可主持编制竣工环境保护验收监测报告(表)
16	竣工环境保护验收调查	可主持编制竣工环境保护验收调查报告(表)

环境影响评价工程师登记申请表的封面及内容表格如下：

环境影响评价工程师登记

申　请　表

单　位

姓　名

所在省(自治区、直辖市)

职业资格证书编号____

填报时间__________年__________月__________日

国家环境保护总局制

填 表 说 明

1. 本申请表由申请人逐项如实填写(如用计算机打印，申请表封面应由申请人签名)，字迹工整清晰。由于字迹潦草、难以认清所产生的后果，责任自负。

2. 申请人不需填写“登记证编号”与“备注”。

3. 只申请登记类别1者不需填写“业务考核情况”。

4. “业务考核情况”中填写环境影响评价项目负责人岗位培训合格证书或业务考核合格证明上的相应内容。

5. 如需要填写的内容较多，可另加附页。

环境影响评价工程师登记申请表

登记证编号：

<table>
<tr><td colspan="2">姓　名</td><td></td><td>性　别</td><td></td><td rowspan="4">照　片</td></tr>
<tr><td colspan="2">出生年月</td><td></td><td>民　族</td><td></td></tr>
<tr><td colspan="2">职称/职务</td><td></td><td>最高学历</td><td></td></tr>
<tr><td colspan="2">毕业院校、专业</td><td colspan="3"></td></tr>
<tr><td colspan="2">参加工作时间</td><td colspan="4"></td></tr>
<tr><td colspan="2">身份证编号</td><td colspan="2"></td><td>健康状况</td><td></td></tr>
<tr><td colspan="2">通讯地址</td><td colspan="4"></td></tr>
<tr><td colspan="2">邮　编</td><td></td><td>联系电话</td><td colspan="2"></td></tr>
<tr><td colspan="2">电子邮件</td><td></td><td>传　真</td><td colspan="2"></td></tr>
<tr><td rowspan="3">聘用单位</td><td>名　称</td><td colspan="4"></td></tr>
<tr><td colspan="2">环境影响评价资质证书编号</td><td colspan="3">国环评证　　字第　　　　号</td></tr>
<tr><td>联系人</td><td></td><td>联系电话</td><td colspan="2"></td></tr>
<tr><td colspan="2" rowspan="2">申请登记类别</td><td colspan="4">1、</td></tr>
<tr><td colspan="4">2、</td></tr>
<tr><td colspan="2">职业资格证书编号</td><td colspan="2"></td><td>颁发日期</td><td></td></tr>
<tr><td rowspan="6">业务考核情况</td><td>类　别</td><td>考核时间</td><td colspan="2">考核合格证书编号</td><td>颁发日期</td></tr>
<tr><td></td><td></td><td colspan="2"></td><td></td></tr>
<tr><td></td><td></td><td colspan="2"></td><td></td></tr>
<tr><td></td><td></td><td colspan="2"></td><td></td></tr>
<tr><td></td><td></td><td colspan="2"></td><td></td></tr>
<tr><td></td><td></td><td colspan="2"></td><td></td></tr>
<tr><td rowspan="8">主要工作经历</td><td>起止时间</td><td colspan="4">在何地、何单位做何工作</td></tr>
<tr><td></td><td colspan="4"></td></tr>
<tr><td></td><td colspan="4"></td></tr>
<tr><td></td><td colspan="4"></td></tr>
<tr><td></td><td colspan="4"></td></tr>
<tr><td></td><td colspan="4"></td></tr>
<tr><td></td><td colspan="4"></td></tr>
<tr><td></td><td colspan="4"></td></tr>
</table>

所在单位考核意见	（公章） 负责人 年 月 日
登记管理办公室审核意见	（公章） 负责人 年 月 日
备注	登记有效期： 自 年 月起至 年 月止

环境影响评价工程师登记证编号格式及登记类别代码如下：

环境影响评价工程师登记证编号格式

环境影响评价工程师登记证编号为 12 位，具体编排方法如下：

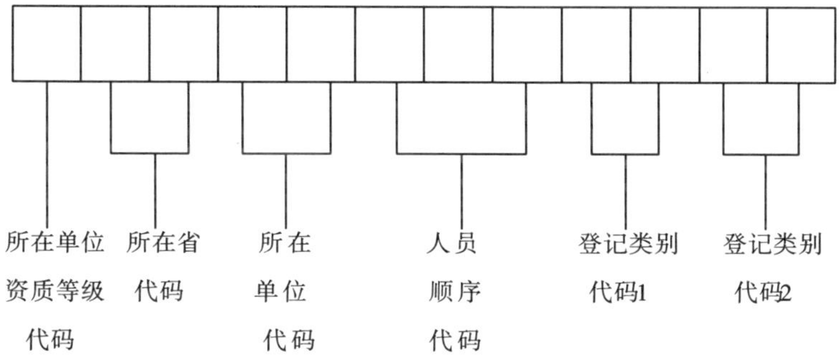

代码编排说明：

1. 所在单位资质等级代码分为 A(甲级环境影响评价资质)、B(乙级环境影响评价资质)和 C(竣工环境保护验收监测单位或环境影响技术评估单位)三类。

2. 只登记一个类别者，“登记类别代码 2”为“00”。

3. 各登记类别代码见下表：

登记类别代码表

编　号	登　记　类　别	代　码
1	一般项目环境影响报告表	01
2	特殊项目环境影响报告表	02
3	轻工纺织化纤类环境影响评价	03
4	化工石化医药类环境影响评价	04
5	冶金机电类环境影响评价	05
6	建材火电类环境影响评价	06
7	农林水利类环境影响评价	07
8	采掘类环境影响评价	08
9	交通运输类环境影响评价	09
10	社会区域类环境影响评价	10
11	海洋工程类环境影响评价	11
12	输变电及广电通讯类环境影响评价	12

续表

编　号	登　记　类　别	代　码
13	核工业类环境影响评价	13
14	环境影响技术评估	14
15	竣工环境保护验收监测	15
16	竣工环境保护验收调查	16

环境影响评价工程师再次登记申请表的封面及内容表格如下：

环境影响评价工程师再次登记

申　请　表

单　位
姓　名
所在省
（自治区、直辖市）
职业资格证书编号____
填报时间__________年__________月__________日

国家环境保护总局制

填表说明

1. 本申请表由申请人逐项如实填写(如用计算机打印，申请表封面应由申请人签名)，字迹工整清晰。由于字迹潦草、难以认清所产生的后果，责任自负。

2. 申请人不需填写“登记证编号”和“备注”栏。

3. 本申请表中的“登记期内”是指上次登记(或再次登记)至本次再次登记之间。

4. “登记期内主要业绩”填写申请人在登记期内编制的环境影响报告书(表)、环境影响报告书技术评估报告、竣工环境保护验收监测(调查)报告(表)等相关工作业绩，并提供报告书(表)、报告(表)主要内容说明及相关页复印件等证明材料。

5. 申请变更登记者，须同时填写《环境影响评价工程师变更登记申请表》。

6. 如需要填写的内容较多，可另加附页。

环境影响评价工程师再次登记表

登记证编号：

<table>
<tr><td colspan="2">姓　名</td><td></td><td>性　别</td><td></td><td rowspan="4">照　片</td></tr>
<tr><td colspan="2">出生年月</td><td></td><td>民族</td><td></td></tr>
<tr><td colspan="2">职称/职务</td><td></td><td>最高学历</td><td></td></tr>
<tr><td colspan="2">毕业院校、专业</td><td colspan="3"></td></tr>
<tr><td colspan="2">参加工作时间</td><td colspan="4"></td></tr>
<tr><td colspan="2">身份证编号</td><td></td><td>健康状况</td><td colspan="2"></td></tr>
<tr><td colspan="2">通讯地址</td><td colspan="4"></td></tr>
<tr><td colspan="2">邮　编</td><td></td><td>联系电话</td><td colspan="2"></td></tr>
<tr><td colspan="2">电子邮件</td><td></td><td>传　真</td><td colspan="2"></td></tr>
<tr><td rowspan="3">聘用单位</td><td>名　称</td><td colspan="4"></td></tr>
<tr><td colspan="2">环境影响评价资质证书编号</td><td colspan="3">国环评证　字第　号</td></tr>
<tr><td>联系人</td><td></td><td>联系电话</td><td colspan="2"></td></tr>
<tr><td colspan="3">是否同时申请变更登记</td><td colspan="3">□是　□否</td></tr>
<tr><td colspan="2">职业资格证书编号</td><td colspan="2"></td><td>颁发日期</td><td></td></tr>
<tr><td colspan="2">原登记证编号</td><td colspan="2"></td><td>上次登记时间</td><td></td></tr>
<tr><td rowspan="5">登记期内主要工作经历</td><td>起止时间</td><td colspan="4">在何地、何单位做何工作</td></tr>
<tr><td></td><td colspan="4"></td></tr>
<tr><td></td><td colspan="4"></td></tr>
<tr><td></td><td colspan="4"></td></tr>
<tr><td></td><td colspan="4"></td></tr>
<tr><td>登记期内主要业绩及奖惩情况</td><td colspan="5"></td></tr>
</table>

<table>
<tr><td colspan="4">登记期内接受继续教育情况</td></tr>
<tr><td>起止时间</td><td>主要内容</td><td>相当学时</td><td>组织单位</td></tr>
<tr><td></td><td></td><td></td><td></td></tr>
</table>

<table>
<tr><td colspan="2">登记期内登记变更情况</td></tr>
<tr><td>时间</td><td>登 记 变 更 内 容</td></tr>
<tr><td></td><td></td></tr>
<tr><td>所在单位考核意见</td><td>（公章）
负责人 年 月 日</td></tr>
</table>

登记管理办公室审核意见	（公章） 负责人　　　　年　月　日
备注	登记有效期： 自　　年　　月起至　　年　　月止

环境影响评价工程师变更登记申请表的封面及内容表格如下：

环境影响评价工程师变更登记

申　请　表

单　位

姓　名

所在省

（自治区、直辖市）

职业资格证书编号____

填报时间__________年__________月__________日

国家环境保护总局制

填表说明

1. 本申请表由申请人逐项如实填写(如用计算机打印，申请表封面应由申请人签名)，字迹工整清晰。由于字迹潦草、难以认清所产生的后果，责任自负。

2. 申请人不需填写“登记证编号”和“备注”栏。

3. 请在相应“变更事项”中划“√”。

4. “登记类别的变更内容”中请详细填写申请增加的类别或类别变更的具体内容。

5. 如需要填写的内容较多，可另加附页。

环境影响评价工程师变更登记申请表

登记证编号：

<table>
<tr><td colspan="2">姓　名</td><td></td><td colspan="2">性　别</td><td colspan="2"></td><td rowspan="4">照　片</td></tr>
<tr><td colspan="2">出生年月</td><td></td><td colspan="2">民　族</td><td colspan="2"></td></tr>
<tr><td colspan="2">职称/职务</td><td></td><td colspan="2">最高学历</td><td colspan="2"></td></tr>
<tr><td colspan="2">毕业院校、专业</td><td colspan="5"></td></tr>
<tr><td colspan="2">参加工作时间</td><td colspan="6"></td></tr>
<tr><td colspan="2">身份证编号</td><td colspan="3"></td><td colspan="2">健康状况</td><td></td></tr>
<tr><td colspan="2">通讯地址</td><td colspan="6"></td></tr>
<tr><td colspan="2">邮　编</td><td></td><td colspan="2">联系电话</td><td colspan="3"></td></tr>
<tr><td colspan="2">电子邮件</td><td></td><td colspan="2">传　真</td><td colspan="3"></td></tr>
<tr><td rowspan="3">现聘用单位</td><td>名　称</td><td colspan="6"></td></tr>
<tr><td colspan="2">环境影响评价资质证书编号</td><td colspan="5">国环评证　　字第　　号</td></tr>
<tr><td>联系人</td><td></td><td colspan="2">联系电话</td><td colspan="3"></td></tr>
<tr><td colspan="2">变更事项</td><td colspan="6">□变更单位名称　□变更单位资质　□人员调动
□变更登记类别　□增加登记类别</td></tr>
<tr><td colspan="2">职业资格证书编号</td><td colspan="3"></td><td colspan="2">颁发日期</td><td></td></tr>
<tr><td rowspan="6">原登记情况</td><td colspan="2" rowspan="2">登记类别</td><td colspan="5">1.</td></tr>
<tr><td colspan="5">2.</td></tr>
<tr><td colspan="2">登记证编号</td><td colspan="2"></td><td colspan="2">颁发日期</td><td></td></tr>
<tr><td colspan="2">登记单位名称</td><td colspan="5"></td></tr>
<tr><td colspan="2">登记单位环境影响
评价资质证书编号</td><td colspan="5">国环评证　　字第　　号</td></tr>
<tr><td colspan="2">登记类别的变更内容</td><td colspan="6"></td></tr>
<tr><td colspan="8">与变更内容相关的业务考核情况</td></tr>
<tr><td colspan="2">类　别</td><td colspan="2">考核时间</td><td colspan="2">考核合格证书编号</td><td colspan="2">颁发时间</td></tr>
<tr><td colspan="2"></td><td colspan="2"></td><td colspan="2"></td><td colspan="2"></td></tr>
<tr><td colspan="2"></td><td colspan="2"></td><td colspan="2"></td><td colspan="2"></td></tr>
</table>

<table>
<tr><td rowspan="7">主要工作经历</td><td>起止时间</td><td>在何地、何单位做何工作</td></tr>
<tr><td></td><td></td></tr>
<tr><td></td><td></td></tr>
<tr><td></td><td></td></tr>
<tr><td></td><td></td></tr>
<tr><td></td><td></td></tr>
<tr><td></td><td></td></tr>
<tr><td>登记变更事项的原因</td><td colspan="2"></td></tr>
<tr><td>现所在单位考核意见</td><td colspan="2">（公章）
负责人　　年　月　日</td></tr>
<tr><td>登记管理办公室审核意见</td><td colspan="2">（公章）
负责人　　年　月　日</td></tr>
<tr><td>备注</td><td colspan="2">登记有效期：
自　　年　　月起至　　年　　月止</td></tr>
</table>

《环境影响评价工程师职业资格登记工作的具体事项》(国家环境保护总局［2005］52号公告)如下。

为保证环境影响评价工程师职业资格制度的顺利实施，加强环境影响评价专业技术人员管理，根据《环境影响评价工程师职业资格登记管理暂行办法》(环发(2005)24号，以下简称《管理办法》)的有关规定现将环境影响评价工程师职业资格登记工作的具体事项公告如下：

(1)环境影响评价工程师职业资格实行定期登记制度。环境影响评价工程师须受聘于有环境影响评价及相关业务资质的单位，并以该单位的名义接受委托业务。

(2)环境影响评价工程师职业资格登记工作自2005年11月15日起开始，由国家环保总局环境影响评价工程师职业资格登记管理办公室(以下简称“登记管理办公室”)具体负责。

(3)环境影响评价机构、环境影响技术评估机构或环保系统环境监测机构的专业技术人员可按本公告的要求，在取得《中华人民共和国环境影响评价工程师职业资格证书》(以下简称《职业资格证书》)后三年内申请登记。

(4)环境影响评价工程师职业资格按照《管理办法》中设定的十六个类别进行登记。申请登记人员应符合《管理办法》第七条中规定的基本条件，并暂按一个登记类别进行申请。所在单位为环境影响评价机构的人员可申请类别1～13；所在单位为环境影响技术评估机构的人员可申请类别14；所在单位为环保系统环境监测机构的人员可申请类别15；所在单位为从事建设项目竣工环境保护验收调查的环境影响评价或技术评估机构的人员可申请类别16。

(5)申请登记人员，需提交以下材料：

①环境影响评价工程师登记申请表。

②《职业资格证书》原件。

③身份证复印件及近期一寸免冠正面照片3张。

④专职受聘证明(其中，事业单位编制人员应提交所在单位出具的人事关系证明；企业或事业单位聘用人员应提交所在单位出具的劳动合同及为其缴纳社会保险的凭证；离退休后的返聘或聘用人员应提交离退休证明及所在单位出具的返聘证明或劳动合同)。

⑤所在单位相关资质证明(其中环境影响评价机构的人员应提交所在单位法人资格证书和建设项目环境影响评价资质证书正、副本复印件；非环境影响评价机构的人员应提交所在单位法人资格证书正、副本复印件)。

⑥除环境影响评价工程师职业资格考试专家委员会成员外，申请登记类别2－16的人员，还需按本公告附件要求提交与登记类别相应的业务能力证明材料。

(6)申请登记人员除提交上述材料外，还应通过www.china－eia.com网址登录“环境影响评价工程师职业资格登记管理系统”，在线提交登记申请表。

(7)登记管理办公室自受理申请20个工作日内办理相关登记手续，在准予登记人员《职业资格证书》中的“登记情况”栏内加盖登记专用印章，并为其颁发《中华人民共和国环境影响评价工程师登记证》(以下简称《登记证》)。

(8)登记管理办公室在对申请登记人员情况进行审查过程中，发现申请登记人员有下列情形的，不予登记：

①提交材料不全或不符合要求的；

②有《管理办法》第十条规定情形的；

③在两个或两个以上单位申请登记的；

④申请登记的单位名称与其所持有的环境影响评价岗位证书中的单位名称不一致的；

⑤网上未提交申请表或网上提交内容与书面材料中的相关内容不一致的；

⑥未按环境影响评价相关管理规定开展业务的。

(9)已经登记人员应严格按照《管理办法》的有关规定从事环境影响评价及相关业务。

(10)已经登记人员申请变更登记的，应按《管理办法》的规定提交相关材料。其中，因单位调动申请变更登记的，还应提交原单位出具的解除人事(或聘用)关系证明或离退休证明，并按本公告第五条第四、第五款的要求提交现单位专职受聘证明和现单位的相关资质证明。因单位调动申请变更登记的，一年内只予办理一次。增加登记类别的变更登记暂不予以办理。

(11)登记有效期届满需要继续以环境影响评价工程师名义从事环境影响评价及相关业务的，应当于有效期满 3 个月前办理再次登记。再次登记按照《管理办法》的要求进行，具体事宜另行公告。

(12)《登记证》遗失的，应向登记管理办公室提交申请补办的书面报告和在有国内统一刊号的报刊上刊登的遗失声明。

(13)为方便办理，书面申请材料可由申请人所在单位统一寄送。

以下为业务能力证明材料的有关要求。

申请登记类别 2～16 者，需提交以下与登记类别相应的业务能力证明材料：

(1)申请登记类别 2～12 者，需提交以下证明材料之一：

①作为项目负责人，主持编制的至少 8 项省级以上环境保护行政主管部门审批通过的相应类别环境影响报告书(其中，申请登记类别 2 者，亦可提交相应类别环境影响报告表)清单、首页和人员名单页复印件及报告书(表)主持单位出具的相应证明；

②在有国内统一刊号(CN)的期刊和有国际统一书号(ISSN)的国外期刊上发表的至少 5 篇相应类别环境影响评价专业论文的清单及期刊、论文首页复印件；

③正式出版的有统一书号(ISBN)的相应类别环境影响评价专业著作(本人独立撰写章节累计不少于 10 万字)清单及首页、人员名单页复印件；

④作为国家环境保护总局组织的相应类别环境影响评价培训授课教师，近五年内独立承担的至少 20 学时培训授课时间的情况说明；

⑤国家环境保护总局颁发的相应类别环境影响评价项目负责人岗位培训合格证书复印件或登记管理办公室颁发的相应类别业务培训合格证书复印件(培训信息可登录 www.china－eia.com 网址查询)。

(2)申请登记类别 13 者，需提交以下证明材料之一：

①第一项中的(一)栏至(三)栏之一；

②《中华人民共和国注册核安全工程师执业资格证书》和《中华人民共和国注册核

安全工程师注册证》复印件(注册单位须与登记单位一致)。

(3)申请登记类别 14 者，需提交以下证明材料之一：

①作为项目负责人，近五年内主持编制的至少 30 项省级以上环境保护行政主管部门审批通过的环境影响报告书技术评估报告清单、首页复印件及报告主持单位出具的相应证明；

②在有国内统一刊号(CN)的期刊和有国际统一书号(ISSN)的国外期刊上发表的至少 8 篇环境影响评价或技术评估专业论文的清单及期刊、论文首页复印件；

③正式出版的有统一书号(ISBN)的环境影响评价或技术评估专业著作(本人独立撰写章节累计不少于 10 万字)清单及首页、人员名单页复印件；

④国家环境保护总局环境工程评估中心颁发的环境影响技术评估培训结业证书复印件或登记管理办公室颁发的相应类别业务培训合格证书复印件。

(4)申请登记类别 15－16 者，需提交以下证明材料之一：

①作为项目负责人，近五年内主持编制的至少 5 项环境保护行政主管部门验收通过的建设项目竣工环境保护验收监测或调查报告清单、首页和人员名单页复印件及报告主持单位出具的相应证明；

②在有国内统一刊号(CN)的期刊和有国际统一书号(ISSN)的国外期刊上发表的至少 5 篇建设项目竣工环境保护验收监测或调查专业论文的清单及期刊、论文首页复印件；

③正式出版的有统一书号(ISBN)的建设项目竣工环境保护验收监测或调查专业著作(本人独立撰写章节累计不少于 10 万字)清单及首页、人员名单页复印件；

④作为国家环境保护总局组织的建设项目竣工环境保护验收监测或调查培训授课教师，近五年内独立承担的至少 40 学时培训授课时间的情况说明；

⑤国家环境保护总局颁发的建设项目竣工环境保护验收监测或调查培训合格证书复印件。

上述材料中的报告书(表)、报告首页和人员名单页复印件应经主持单位审核并加盖印章；期刊、论文、著作首页和人员名单页复印件应经所在单位审核并加盖印章。报告书(表)、报告清单应包括项目名称、类别、主持单位名称、完成时间、负责审批或验收的环保部门及其审批或验收文件的文号等相关信息；专业论文清单应包括论文名称、期刊名称、刊(书)号、期号及主要作者、单位等相关信息；专业著作清单应包括著作名称、书号、出版时间、出版社名称、本人独立撰写的章节目录、字数等相关信息。

第四节　环境影响评价工程师继续教育暂行规定

2007 年 6 月 25 日，国家环境保护总局环发［2007］97 号文：《关于印发〈环境影响评价工程师继续教育暂行规定〉的通知》如下。

第一条　根据《全国专业技术人员继续教育暂行规定》，《环境影响评价工程师职业资格制度暂行规定》和《环境影响评价工程师职业资格登记管理暂行办法》的有关要求，为做好环境影响评价工程师的继续教育工作，提高环境影响评价工程师专业技术水平，有效履行环境影响评价工程师岗位职责，制定本规定。

第二条　环境影响评价工程师管理实行继续教育制度。凡经登记的环境影响评价工程师，应按本规定要求接受继续教育。环境影响评价工程师接受继续教育情况将作为其申请再次登记的必备条件之一。

第三条　环境影响评价工程师继续教育的主要任务是更新和补充专业知识，不断完善知识结构，拓展和提高业务能力。

第四条　环境影响评价工程师继续教育工作应坚持理论联系实际、讲求实效的原则，以环境影响评价相关领域的最新要求和发展动态为主要内容，可以采取多种形式进行。

第五条　国家环境保护总局统筹规划和统一管理全国环境影响评价工程师继续教育工作，制订和发布相关管理规定。国家环境保护总局环境影响评价工程师职业资格登记管理办公室(以下简称“登记管理办公室”)负责继续教育工作的组织实施和日常管理。

第六条　环境影响评价工程师在其职业资格登记有效期内接受继续教育的时间应累计不少于48学时。

第七条　下列形式和学时计算方法作为环境影响评价工程师接受继续教育学时累计的依据：

(1)参加登记管理办公室举办的环境影响评价工程师继续教育培训班，并取得培训合格证明的，接受继续教育学时按实际培训时间计算；

(2)参加登记管理办公室认可的其他培训班，并取得培训合格证明的，接受继续教育学时按实际培训时间计算；

(3)承担第(一)项中环境影响评价工程师继续教育培训授课任务的，接受继续教育学时按实际授课学时的两倍计算；

(4)参加环境影响评价工程师职业资格考试命题或审题工作的，相当于接受继续教育48学时；

(5)在正式出版社出版过有统一书号(ISBN)的环境影响评价相关专业著作，本人独立撰写章节在5万字以上的，相当于接受继续教育48学时；

(6)在有国内统一刊号(CN)的期刊或在有国际统一书号(ISSN)的国外期刊上，作为第一作者发表过环境影响评价相关论文1篇(不少于2000字)的，相当于接受继续教育16学时。

第八条　环境影响评价工程师所在单位应保证环境影响评价工程师接受继续教育的时间、经费和其他必要条件。

第九条　环境影响评价评价工程师申请职业资格再次登记时，应提交在登记期内接受的符合本规定第七条要求的继续教育证明。环境影响评价工程师接受继续教育时间未达到规定要求的，登记管理办公室不予办理再次登记。

第十条　本规定自发布之日起施行。

第五节　关于环境影响评价工程师职业资格再次登记的公告

《关于环境影响评价工程师职业资格再次登记的公告》(中华人民共和国环境保护部公告［2008］第43号)如下。

为保证环境影响评价工程师职业资格再次登记工作的顺利进行，根据《环境影响评价工程师职业资格登记管理暂行办法》(环发〔2005〕24号，以下简称《管理办法》)的有关规定，现将环境影响评价工程师职业资格再次登记工作的具体事项公告如下。

(1)环境影响评价工程师职业资格登记有效期届满，需要继续以环境影响评价工程师名义从事环境影响评价及相关业务的，应于有效期满3个月前办理再次登记，再次登记的有效期为3年。自登记有效期满起6个月内仍未办理再次登记的，其环境影响评价工程师职业资格证书自动失效。

(2)申请再次登记人员应具备下列条件：

①在登记期内具备环境影响评价及相关业务工作业绩；

②在登记期内完成《环境影响评价工程师继续教育暂行规定》(环发〔2007〕97号)要求的继续教育；

③职业行为良好，无犯罪记录；

④能够坚持在本专业岗位工作，身体健康，年龄在70周岁以下；

⑤所在单位考核合格。

(3)申请再次登记人员登记期内的环境影响评价及相关业务工作业绩应符合下列要求。

①登记类别为《管理办法》中设定的第1～13类的，在登记期内需具备以下业绩之一：

A、作为项目负责人，编制至少1项环境保护行政主管部门审批通过的建设项目环境影响报告书；

B、作为项目负责人或主要章节负责人，编制至少3项环境保护行政主管部门审批通过的建设项目环境影响报告表或环境影响报告书；

C、作为项目审核(定)人，审核(定)至少3项环境保护行政主管部门审批通过的建设项目环境影响报告书(表)。

②登记类别为《管理办法》中设定的第14类的，在登记期内作为项目负责人或审核(定)人编制、审核(定)至少3项建设项目环境影响报告书(表)的技术评估报告。

③登记类别为《管理办法》中设定的第15～16类的，在登记期内需具备以下业绩之一：

A、作为项目负责人，编制至少1项环境保护行政主管部门验收通过的建设项目竣工环境保护验收监测(调查)报告；

B、作为项目负责人或主要章节负责人，编制至少3项环境保护行政主管部门验收通过的建设项目竣工环境保护验收监测(调查)表或验收监测(调查)报告；

C、作为项目审核(定)人，审核(定)至少3项环境保护行政主管部门验收通过的建设项目竣工环境保护验收监测(调查)报告(表)。

(4)申请再次登记人员应提交以下材料。

①环境影响评价工程师再次登记申请表(附件)。

②与本公告第三项中最低业绩要求相应的登记期内环境影响评价及相关业务工作业绩证明材料：

A、登记类别为《管理办法》中设定的第 1～13 类的，提交相关建设项目环境影响报告书(表)首页和人员名单页复印件；

B、登记类别为《管理办法》中设定的第 14 类的，提交相关环境影响报告书(表)的技术评估报告首页和人员名单页复印件；

C、登记类别为《管理办法》中设定的第 15～16 类的，提交相关建设项目竣工环境保护验收监测(调查)报告(表)首页和人员名单页复印件。

③在登记期内接受的继续教育证明材料：

A、参加登记管理办公室举办或认可的环境影响评价工程师继续教育培训班的，提交培训证明复印件；

B、正式出版有统一书号(ISBN)的环境影响评价相关专业著作(本人独立撰写章节在 5 万字以上)的，提交著作清单及封面、版权页和编写人员名单复印件；

C、在有国内统一刊号(CN)或有国际统一刊号(ISSN)的期刊上作为第一作者发表环境影响评价相关论文(不少于 2000 字)的，提交论文清单及期刊封面、目录和论文首页复印件。

④所在单位劳动关系证明：

A、事业单位事业编制人员应提交所在单位人事部门或有人事管理权的上级人事部门提供的人事关系(正式在编)证明原件；

B、事业单位聘用人员和企业单位人员一般应提交社会保险管理机构出具的登记有效期内在所在单位参加社会保险(养老、医疗、失业)的三年清单凭证或证明原件。登记期内曾发生单位调动的人员，可只提交调入新单位以来在新单位参加社会保险的清单凭证或证明原件；

C、离退休后的返聘或聘用人员应提交离退休证明及现所在单位出具的返聘证明或劳动合同复印件。

⑤近期一寸免冠正面照片 3 张。

⑥《中华人民共和国环境影响评价工程师职业资格证书》(以下简称《职业资格证书》)和《中华人民共和国环境影响评价工程师登记证》(以下简称《登记证》)原件。

(5)登记管理办公室自受理申请 20 个工作日内为符合条件的申请人办理再次登记。办理再次登记时，在《职业资格证书》中的“登记情况”栏目和《登记证》中的“再次登记记录”栏目内进行记录并加盖印章。

(6)申请再次登记同时可申请变更登记类别。申请变更登记类别人员，除提交本公告第四项规定的材料外，还应提交与变更类别相应的业务能力证明材料。业务能力证明材料应符合原国家环境保护总局公告 2005 年第 52 号的有关要求。未获准再次登记人员不予变更登记类别。

(7)因申请人所在单位名称、资质发生变更或申请人发生单位调动，需在申请再次登记同时申请变更登记的，除按本公告第四项规定提交材料外，还应按《管理办法》和原国家环境保护总局公告 2005 年第 52 号的规定，一并提交其他相关材料。《环境影响评价工程师变更登记申请表》不需重复填报。

(8)为方便办理，申请材料可由申请人所在单位统一寄送。

环境影响评价工程师再次登记申请表的封面及内容表格如下：

环境影响评价工程师再次登记

申 请 表

单 位

姓 名

所在省(自治区、直辖市)

职业资格证书编号____

填报时间________年________月________日

中华人民共和国环境保护部制

填 表 说 明

本申请表由计算机打印填写。

[1] 情况说明：此栏需说明变更原因及变更前后的具体情况，如变更前后单位名称、单位资质情况、登记类别等。

[2] 登记期内：指上次登记(或再次登记)至本次登记之间。

[3] 工作业绩类型：指建设项目环境影响报告书(表)、评估报告或竣工环境保护验收调查(监测)报告(表)。

[4] 本人承担工作：可在“项目负责人”、“审核(定)人”或“主要章节负责人”中选择填写。

[5] 申请变更登记类别人员业务考核情况：指与拟变更的登记类别相关的业务考核情况。同时申请再次登记和变更登记类别的人员需根据实际情况选择填写和打印 1～5 项中的相关项。

[6] 备注：申请人不需填写此栏。

一、基本情况

环境影响评价工程师再次登记申请表

<table>
<tr><td colspan="2">姓　名</td><td></td><td>性　别</td><td></td><td rowspan="4">照　片</td></tr>
<tr><td colspan="2">出生年月</td><td></td><td>民　族</td><td></td></tr>
<tr><td colspan="2">职称/职务</td><td></td><td>健康状况</td><td></td></tr>
<tr><td colspan="2">身份证件号</td><td colspan="3"></td></tr>
<tr><td colspan="2">通讯地址</td><td colspan="4"></td></tr>
<tr><td colspan="2">邮　编</td><td></td><td>联系电话</td><td colspan="2"></td></tr>
<tr><td colspan="2">手　机</td><td></td><td>传　真</td><td colspan="2"></td></tr>
<tr><td rowspan="3">登记情况</td><td>登记单位</td><td colspan="4"></td></tr>
<tr><td>登记类别</td><td></td><td>登记证编号</td><td colspan="2"></td></tr>
<tr><td>登记有效期</td><td colspan="4">自　　年　月　日至　　年　月　日</td></tr>
<tr><td colspan="2">是否同时申请变更登记</td><td colspan="4">□是　　　　□否</td></tr>
<tr><td colspan="2">变更事由</td><td colspan="4">□单位名称变更　□单位资质变更　□单位调动　□登记类别变更
情况说明[1]：</td></tr>
<tr><td colspan="2" rowspan="5">登记期内[2]
主要工作和经历</td><td>起止时间</td><td colspan="3">在何地、何单位做何工作</td></tr>
<tr><td></td><td colspan="3"></td></tr>
<tr><td></td><td colspan="3"></td></tr>
<tr><td></td><td colspan="3"></td></tr>
<tr><td></td><td colspan="3"></td></tr>
<tr><td colspan="2" rowspan="4">登记期内的等级
变更情况</td><td>时　间</td><td colspan="2">登记变更内容</td><td>登记证号变更情况</td></tr>
<tr><td></td><td colspan="2"></td><td></td></tr>
<tr><td></td><td colspan="2"></td><td></td></tr>
<tr><td></td><td colspan="2"></td><td></td></tr>
</table>

二、登记期内的环境影响评价及相关工作业绩

序号	工作业绩类型[3]	项目名称	项目主持单位	本人承担工作[4]	项目完成时间	审批(验收)部门	审批(验收)文号

三、登记期内接受继续教育情况

时 间	主 要 内 容	相当学时
合 计		

四、申请变更登记类别人员业务考核情况[5]

1. 持有环境影响评价工程师职业资格登记管理办公室颁发的相应类别登记培训合格证书或环境保护部颁发的建设项目竣工环境保护验收监测培训合格证书 □

类　别	培训时间	培训合格证书编号	颁发日期

2. 作为项目负责人，主持编制至少 8 项省级以上环境保护行政主管部门审批通过的相应类别环境影响报告书，或近五年内主持编制至少 5 项环境保护行政主管部门验收通过的建设项目竣工环境保护验收监测(调查)报告 □

序　号	项目名称	主持单位	完成时间	审批(验收)部门	审批(验收)文号

3. 在有国内或国际统一刊号的期刊上发表至少 5 篇相应类别专业论文 □

序　号	论文名称	发表时间	期刊名称	刊号、期号

4. 在正式出版的有统一书号的相应类别专业著作中本人独立撰写章节累计不少于 10 万字 □

序　号	著作名称	本人撰写章节及字数	书　号	出版时间	出版社名称

5. 作为环境保护部组织的相应类别环境影响评价工程师登记培训授课教师，近五年内独立承担至少 20 学时授课时间，或作为环境保护部组织的建设项目竣工环境保护验收监测培训授课教师，近五年内独立承担至少 40 学时授课时间 □

序　号	培训班名称	时　间	学　时

五、审核意见

申请人意见	本人签名：　　　　　年　月　日
所在单位考核意见	（公章） 负责人签名：　　　　　年　月　日
登记管理办公室审核意见	（公章） 负责人签名：　　　　　年　月　日
备注[6]	登记证编号： 登记有效期：自　　年　　月　　日起至　　年　　月　　日止

主要参考文献

周敬宣. 2010. 环境规划新编教程. 武汉：华中科技大学出版社.
赵济洲. 2009. 环境影响评价从业人员实用手册. 北京：中国纺织出版社.
陈学民. 2011. 环境评价概论. 北京：化学工业出版社.
张承中. 2007. 环境规划与管理. 北京：高等教育出版社.
金腊华，徐峰俊. 2008. 环境评价与规划. 北京：化学工业出版社.